周期表

10	11	12	13	14	15	16		
							ヘリウム 1s² 24.59	**1**
			10.81 ₅**B** ホウ素 [He]2s²p¹ 8.30 2.0	12.01 ₆**C** 炭素 [He]2s²p² 11.26 2.5	14.01 ₇**N** 窒素 [He]2s²p³ 14.53 3.0	16.00 ₈**O** 酸素 [He]2s²p⁴ 13.62 3.5	19.00 ₉**F** フッ素 [He]2s²p⁵ 17.42 4.0	20.18 ₁₀**Ne** ネオン [He]2s²p⁶ 21.56	**2**
			26.98 ₁₃**Al** アルミニウム [Ne]3s²p¹ 5.99 1.5	28.09 ₁₄**Si** ケイ素 [Ne]3s²p² 8.15 1.8	30.97 ₁₅**P** リン [Ne]3s²p³ 10.49 2.1	32.07 ₁₆**S** 硫黄 [Ne]3s²p⁴ 10.36 2.5	35.45 ₁₇**Cl** 塩素 [Ne]3s²p⁵ 12.97 3.0	39.95 ₁₈**Ar** アルゴン [Ne]3s²p⁶ 15.76	**3**
58.69 ₂₈**Ni** ニッケル [Ar]3d⁸4s² 1.8	63.55 ₂₉**Cu** 銅 [Ar]3d¹⁰4s¹ 7.73 1.9	65.38 ₃₀**Zn** 亜鉛 [Ar]3d¹⁰4s² 9.39 1.6	69.72 ₃₁**Ga** ガリウム [Ar]3d¹⁰4s²p¹ 6.00 1.6	72.63 ₃₂**Ge** ゲルマニウム [Ar]3d¹⁰4s²p² 7.90 1.8	74.92 ₃₃**As** ヒ素 [Ar]3d¹⁰4s²p³ 9.81 2.0	78.97 ₃₄**Se** セレン [Ar]3d¹⁰4s²p⁴ 9.75 2.4	79.90 ₃₅**Br** 臭素 [Ar]3d¹⁰4s²p⁵ 11.81 2.8	83.80 ₃₆**Kr** クリプトン [Ar]3d¹⁰4s²p⁶ 14.00 3.0	**4**
106.4 ₄₆**Pd** パラジウム [Kr]4d¹⁰ 2.2	107.9 ₄₇**Ag** 銀 [Kr]4d¹⁰5s¹ 7.58 1.9	112.4 ₄₈**Cd** カドミウム [Kr]4d¹⁰5s² 8.99 1.7	114.8 ₄₉**In** インジウム [Kr]4d¹⁰5s²p¹ 5.79 1.7	118.7 ₅₀**Sn** スズ [Kr]4d¹⁰5s²p² 7.34 1.8	121.8 ₅₁**Sb** アンチモン [Kr]4d¹⁰5s²p³ 8.64 1.9	127.6 ₅₂**Te** テルル [Kr]4d¹⁰5s²p⁴ 9.01 2.1	126.9 ₅₃**I** ヨウ素 [Kr]4d¹⁰5s²p⁵ 10.45 2.5	131.3 ₅₄**Xe** キセノン [Kr]4d¹⁰5s²p⁶ 12.13 2.7	**5**
195.1 ₇₈**Pt** 白金 [Xe]4f¹⁴5d⁹6s¹ 2.2	197.0 ₇₉**Au** 金 [Xe]4f¹⁴5d¹⁰6s¹ 9.23 2.4	200.6 ₈₀**Hg** 水銀 [Xe]4f¹⁴5d¹⁰6s² 10.44 1.9	204.4 ₈₁**Tl** タリウム [Xe]4f¹⁴5d¹⁰6s²p¹ 6.11 1.8	207.2 ₈₂**Pb** 鉛 [Xe]4f¹⁴5d¹⁰6s²p² 7.42 1.8	209.0 ₈₃**Bi** ビスマス [Xe]4f¹⁴5d¹⁰6s²p³ 7.29 1.9	(210) ₈₄**Po** ポロニウム [Xe]4f¹⁴5d¹⁰6s²p⁴ 8.42 2.0	(210) ₈₅**At** アスタチン [Xe]4f¹⁴5d¹⁰6s²p⁵ 9.5 2.2	(222) ₈₆**Rn** ラドン [Xe]4f¹⁴5d¹⁰6s²p⁶ 10.75	**6**
(281) ₁₁₀**Ds** ダームスタチウム [Rn]5f¹⁴6d⁹7s¹	(280) ₁₁₁**Rg** レントゲニウム [Rn]5f¹⁴6d¹⁰7s¹	(285) ₁₁₂**Cn** コペルニシウム [Rn]5f¹⁴6d¹⁰7s²	(278) ₁₁₃**Nh** ニホニウム [Rn]5f¹⁴6d¹⁰7s²p¹	(289) ₁₁₄**Fl** フレロビウム [Rn]5f¹⁴6d¹⁰7s²p²	(289) ₁₁₅**Mc** モスコビウム [Rn]5f¹⁴6d¹⁰7s²p³	(293) ₁₁₆**Lv** リバモリウム [Rn]5f¹⁴6d¹⁰7s²p⁴	(293) ₁₁₇**Ts** テネシン [Rn]5f¹⁴6d¹⁰7s²p⁵	(294) ₁₁₈**Og** オガネソン [Rn]5f¹⁴6d¹⁰7s²p⁶	**7**

| 152.0 ₆₃**Eu** ユウロピウム [Xe]4f⁷6s² 1.2 | 157.3 ₆₄**Gd** ガドリニウム [Xe]4f⁷5d¹6s² 6.15 1.2 | 158.9 ₆₅**Tb** テルビウム [Xe]4f⁹6s² 5.86 1.2 | 162.5 ₆₆**Dy** ジスプロシウム [Xe]4f¹⁰6s² 5.94 1.2 | 164.9 ₆₇**Ho** ホルミウム [Xe]4f¹¹6s² 6.02 1.2 | 167.3 ₆₈**Er** エルビウム [Xe]4f¹²6s² 6.11 1.2 | 168.9 ₆₉**Tm** ツリウム [Xe]4f¹³6s² 6.18 1.2 | 173.0 ₇₀**Yb** イッテルビウム [Xe]4f¹⁴6s² 6.25 1.1 | 175.0 ₇₁**Lu** ルテチウム [Xe]4f¹⁴5d¹6s² 5.43 1.2 | ランタノイド |
| (243) ₉₅**Am** アメリシウム [Rn]5f⁷7s² 1.3 | (247) ₉₆**Cm** キュリウム [Rn]5f⁷6d¹7s² 6.09 1.3 | (247) ₉₇**Bk** バークリウム [Rn]5f⁹7s² 6.30 1.3 | (252) ₉₈**Cf** カリホルニウム [Rn]5f¹⁰7s² 6.30 1.3 | (252) ₉₉**Es** アインスタイニウム [Rn]5f¹¹7s² 6.52 1.3 | (257) ₁₀₀**Fm** フェルミウム [Rn]5f¹²7s² 6.64 1.3 | (258) ₁₀₁**Md** メンデレビウム [Rn]5f¹³7s² 6.74 1.3 | (259) ₁₀₂**No** ノーベリウム [Rn]5f¹⁴7s² 6.84 1.3 | (262) ₁₀₃**Lr** ローレンシウム [Rn]5f¹⁴6d¹7s² | アクチノイド |

ベーシック化学

高校の化学から
大学の化学へ

竹内敬人 著　Yoshito Takeuchi

Basic Chemistry

化学同人

◆ まえがき ◆

　本書は平成 24（2012）年度から使われている文部科学省学習指導要領・高等学校化学に準拠した教科書（以下，新教科書）で学習してきた，大学初年級の理工系学生をターゲットに書かれている．

　いわゆる「ゆとり教育」からの方向転換によって，新教科書のページ数は旧教科書に比べてかなり増えた（化学 2 科目で 600 ページ弱から 800 ページ弱）．とはいえ，高校の教科書に載っているからといって，そのすべてを諸君がマスターしているとは限らない．

　そこで本書では，1 ～ 14 章の各章を二つに分けた．各章の冒頭には見開き 2 ページの「基本事項」をおき，高校化学のエッセンス（といっても本書で扱う範囲だが）を箇条書きに，簡潔にまとめた．それに続く本篇はオーソドックスな構成になっており，大学初年級にマッチしたレベルにまとめてある．

　本書で学ぶ諸君はまず自分が「基本事項」を理解しているかどうかをチェックしていただきたい．不安があれば，先に進む前にこの部分を復習しておくのが効率のよい勉強法である．また本書で扱う内容はいわゆる一般化学で，無機化学，有機化学，高分子化学などは扱っていない．それらは，本書を学んだ後に続く学習の対象だからである．

　化学を専門にする学生諸君は，本書を土台にして，さらに進んだ勉強をしてほしい．非化学系の学生諸君には，それぞれの専門分野で出くわす化学関連の話題に対処する際の参考にしていただきたい．

　本書の執筆に際して筆者が特に意識したことは演習問題の充実であり，ここには二つの特長がある．一つは例題と章末問題をセットにしたこと，もう一つは詳しい解答をつけたことである．計算問題については（問題の多くは計算問題だが）ときとしてはうるさいと感じられるほど，ていねいに計算過程を示した．なお，章末問題の解答は化学同人のウェブサイトに掲載されている．下記の URL にアクセスしてほしい．

http://www.kagakudojin.co.jp/appendices/kaito/index.html

　「化学の勉強は腕力である」と筆者は信じ，また学生諸君にもそのように説いてきた．腕力は実験の場でものをいうのはもちろんだが，座学でも「手を抜かずに計算してみる」，「反応式を書いてみる」など，腕力が必要となる場面が多い．腕力を惜しんでは力はつかない．

　筆者が強く意識していることがもう一つある．それはいわゆる国際化への対応である．化学の世界では情報の発信・受信は英語が主流である．大学初年級の諸君に今すぐ英語力をつけよとはいわない．しかし，重要な学術用語の英語になじんでおけば，将来おおいに役に立つ．また，国際化は用語だけの問題ではなく，組織にもかかわってくる．国際純正・応用化学連合 (IUPAC) とその活動の一端をやや詳しく紹介したのはそのためである．

　執筆に際してはミスがないように努力したが，完全というのは難しいことである．読者諸氏にお願いだが，もしミスを見つけたら編集部にお知らせいただきたい．それらは化学同人のウェブサイトを通じて，遅滞なく他の読者の方々にもお知らせする．

　最後になるが，最大の努力を払って本書を仕上げてくださった化学同人編集部・大林史彦氏に感謝する．また，初期の段階でたいへんお世話になった同元編集部・杉坂恵子氏にも御礼を申し上げたい．

2015 年 1 月

竹内　敬人

目次

0章 はじめに整理しておきたいこと … 1

- 基本事項 0-1 物質の量 … 1
- 基本事項 0-2 化学反応式 … 2
- 基本事項 0-3 国際純正・応用化学連合 … 3
- 基本事項 0-4 日本化学会 … 4
- 《化学マメ知識》近代化学の誕生 … 5

1章 原子の構造 … 6

- 基本事項 1-1 原子 … 6
- 基本事項 1-2 電子配置 … 7
- 1-1 原子スペクトル … 8
- 1-2 量子論 … 9
- 1-3 ボーアモデル … 9
- 1-4 量子力学の導入 … 14
- 1-5 シュレーディンガー方程式 … 15
- 1-6 電子の軌道 … 18
- 1-7 構成原理 … 21
- ◆章末問題 … 22

2章 元素の性質 … 24

- 基本事項 2-1 元素の種類 … 24
- 基本事項 2-2 元素の性質の周期性 … 24
- 2-1 原子の性質の周期性 … 26
- 2-2 結合の極性 … 29
- 2-3 周期表と電子配置 … 30
- ◆章末問題 … 33

3章 化学結合とその理論 … 34

- 基本事項 3-1 結合の様式 … 34
- 3-1 共有結合の理論：原子価結合法 … 36
- 3-2 共有結合の理論：分子軌道法（MO法）… 38
- 3-3 等核二原子分子の分子軌道 … 40
- ◆章末問題 … 43
- 《化学マメ知識》18世紀の化学結合理論 … 43

4章 分子の構造 — 44

基本事項 4-1 分子 …… 44	4-4 VSEPR 理論 …… 53
4-1 混成軌道 …… 46	◆章末問題 …… 55
4-2 分子の形 …… 49	《化学マメ知識》分子模型は昔からあった …… 45
4-3 ベンゼン …… 52	《化学マメ知識》いろいろなベンゼン？ …… 55

5章 気体とその性質 — 56

基本事項 5-1 気体 …… 56	5-3 気体分子運動論 …… 62
基本事項 5-2 気体の法則 …… 56	◆章末問題 …… 66
5-1 気体の状態方程式 …… 58	《化学マメ知識》アリストテレスの説が
5-2 気体のさまざまな性質 …… 61	打ち破られるまで …… 67

6章 液体とその性質 — 68

基本事項 6-1 液体の性質 …… 68	6-2 状態図 …… 72
基本事項 6-2 沸点と凝固点 …… 68	◆章末問題 …… 74
6-1 液体の性質 …… 70	《化学マメ知識》今も昔も変わらない蒸留 …… 69
	《化学マメ知識》石油化学工業に欠かせない分留 …… 75

7章 溶液とその性質 — 76

基本事項 7-1 溶液・分散系 …… 76	7-1 希薄溶液 …… 78
基本事項 7-2 気体の溶解 …… 77	7-2 浸透圧 …… 80
基本事項 7-3 固体の溶解 …… 77	7-3 ラウールの法則 …… 81
	◆章末問題 …… 83

8章 固体と結晶構造 ... 84

基本事項 8-1	固体と結晶 ... 84		8-6	金属結晶 ... 90
基本事項 8-2	結晶格子 ... 85		8-7	イオン結晶 ... 91
8-1	結晶の構造 ... 86		8-8	共有結合の結晶 ... 92
8-2	面心立方格子 ... 87		8-9	分子結晶 ... 94
8-3	六方最密構造 ... 88		8-10	X線結晶解析 ... 94
8-4	体心立方格子 ... 89		8-11	アモルファス(非晶質) ... 96
8-5	単純立方格子 ... 90		◆章末問題 ... 97

9章 化学反応とエネルギー ... 98

基本事項 9-1	化学反応と熱 ... 98		9-4	エントロピー ... 109
基本事項 9-2	いろいろな反応熱 ... 98		9-5	熱力学第三法則 ... 113
9-1	熱化学 ... 100		9-6	自由エネルギー ... 114
9-2	エンタルピー ... 102		◆章末問題 ... 118
9-3	結合エネルギー ... 107			

10章 化学平衡 ... 120

基本事項 10-1	化学平衡と平衡定数 ... 120		10-4	さまざまな平衡 ... 128
基本事項 10-2	平衡移動 ... 120		10-5	平衡定数と自由エネルギー ... 130
基本事項 10-3	電解質 ... 121		◆章末問題 ... 132
10-1	液相平衡：質量作用の法則 ... 122		《化学マメ知識》アンモニア合成の歴史	
10-2	気相平衡 ... 123		(ハーバー・ボッシュ法以前) ... 121	
10-3	電離平衡 ... 126		《化学マメ知識》世界を変えたハーバー・ボッシュ法・133	

11章 反応速度とエネルギー ... 134

基本事項 11-1	反応速度 ... 134		11-4	反応機構の理論 ... 145
11-1	一次反応 ... 136		◆章末問題 ... 148
11-2	二次反応 ... 139		《化学マメ知識》元素を予言した	
11-3	アレニウス式 ... 141		メンデレーエフの周期表 ... 149	

12章 酸・塩基 150

基本事項 12-1 酸・塩基 ……………… 150	12-4 塩の加水分解 ……………………… 159
基本事項 12-2 酸・塩基の電離 ………… 150	12-5 HSAB 則 …………………………… 163
12-1 酸・塩基の理論 …………………… 152	◆章末問題 ……………………………… 164
12-2 中和反応 …………………………… 155	《化学マメ知識》意外に新しい酸と塩基の歴史 165
12-3 滴定曲線 …………………………… 156	

13章 酸化・還元 166

基本事項 13-1 酸化・還元 ……………… 166	13-2 金属の酸化・還元反応 …………… 169
基本事項 13-2 原子の酸化数 …………… 166	13-3 酸化数の変化 ……………………… 170
基本事項 13-3 酸化・還元反応 ………… 167	13-4 酸化・還元反応式の組立て ……… 173
13-1 酸化・還元滴定 …………………… 168	◆章末問題 ……………………………… 175

14章 電池と電気分解 176

基本事項 14-1 化学電池 ………………… 176	14-5 電気分解の反応 …………………… 186
基本事項 14-2 電気分解 ………………… 177	14-6 電気分解の法則 …………………… 187
14-1 電池に用いられる電極 …………… 178	14-7 代表的な電気分解 ………………… 188
14-2 代表的な電池 ……………………… 179	14-8 金属の精錬 ………………………… 189
14-3 電池の起電力 ……………………… 180	◆章末問題 ……………………………… 190
14-4 電池の起電力と自由エネルギー … 182	

参考書など ………………………………………………………………………………… 193
索　引 ……………………………………………………………………………………… 195

0章

はじめに整理しておきたいこと

基本事項 0-1　物質の量

◆ モ ル ◆

【モル (mol)】[*1] 0.012 kg（つまり 12 g）の ^{12}C に含まれている炭素原子の数と同数の単位粒子を含む物質の量〔現在 IUPAC（基本事項 0-3 参照）によって採用されている定義による〕.

【物質量】[*2] モルを単位として表した粒子の量.

【SI（国際単位系）】[*3] メートル法の後継として国際的に定められた単位系.

【基本物理量 (base quantity)】一定の体系の下で次元が確定し，定められた単位の倍数として表すことができる物理量のうち，基本となる7種類の物理量（表 0.1）.

【組立単位 (derived unit)】基本物理量の累乗の乗除によって作られる単位（見返しを参照）.

*1　本書ではモルではなく mol を用いる．なお英語の教科書では，単位として用いるときは mol，文章の中で用いるときは mole とする例が多いようである．

*2　物質量は SI 基本単位の quantity of substance の訳語である．しかし日本語では日常語の「物質の量」と似ていて混同しやすい．あまり適当とはいえない用語（訳語）である．

*3　Système International d'Unités あるいは the international system of units (SI) ともいう．

表 0.1　基本物理量

基本量	記号	次元の記号
長さ (nass)	l	L
質量 (mass)	m	M
時間 (time)	t	T
電流 (electric current)	I	I
熱力学温度 (thermodynamic temperature)	T	Θ
物質量 (amount of substance)	n	N
光度 (luminous intensity)	I_v	J

◆ 相対原子質量 (relative atomic mass) ◆

【アヴォガドロ定数 (Avogadro constant)】物質 1 mol，たとえば 0.012 kg の ^{12}C に含まれている原子の数．その値は $6.02214179(30) \times 10^{23}\ mol^{-1}$.

【相対原子質量】^{12}C 原子1個の質量を12として他原子の質量を定めるスケール（表 0.2）.

表 0.2　相対原子質量

原子	1個の質量 ($\times 10^{-24}$ g)	相対質量	質量数[*4]
^1H	1.6735	1.0078	1
^{12}C	19.926	12（基準）	12
^{16}O	26.560	15.99	16
^{23}Na	38.175	22.99	23
^{35}Cl	58.066	34.969	35
^{238}U	395.28	238.05	238

*4　ある原子について，原子核に含まれる陽子と中性子の数の和（第1章参照）.

*5 長く atomic weight という用語が用いられていたので，現在でもこの用語が使われることがある．同じことが後出の molecular weight にもいえる．

■ Lorenzo Romano Amedeo Carlo Avogadro di Quaregna e di Cerreto
1776〜1856，イタリアの貴族，科学者．生前は全く無名で，アヴォガドロの法則が世に認められるようになったのは彼の死後の 1860 年だった．

*6 定義の仕方は一通りではないが，本書では 0 ℃，1.013×10^5 Pa (1 atm) の状態を標準状態とする．

◆ 原子量，分子量，式量 ◆

【元素の原子量（atomic mass*5）】各同位体の相対質量に存在比をかけて得られた積の和．単位はない．

　　例　炭素の原子量 $= 12 \times 0.9833 + 13.00 \times 0.0107 = 12.01$

【分子量(molecular mass)】分子に含まれる原子の原子量の総和．
【式量】分子が存在しない物質で，組成式やイオン式に含まれる原子の原子量の総和．
【モル質量】原子量・分子量・式量に単位 $\mathrm{g\,mol^{-1}}$ をつけたもの．

◆ アヴォガドロの法則 ◆

【アヴォガドロの仮説(1811年)】同温，同圧の条件では，すべての気体は同体積中に同数の分子を含む．
【アヴォガドロの法則(Avogadro's law)】後に仮説は証明され，法則となった．
【気体 1 mol の体積】実測によると，0 ℃，1.013×10^5 Pa の状態（標準状態*6，standard state）では，多くの気体 1 mol の体積は 22.4 L．
【気体の物質量】標準状態の体積から次のように求められる．

　　物質量(mol) ＝ 標準状態の気体の体積(L)/$22.4\,\mathrm{L\,mol^{-1}}$

基本事項 0-2　化学反応式

◆ 化学反応式 ◆

【化学反応式(chemical equation)】化学反応を，化学式を用いて表した式．反応式ともいう．化学反応では質量保存則が成立しているので，反応の前後で原子の種類と個数の変化はない．

　　例　メタンの燃焼
　　　　$CH_4 + 2O_2 \rightarrow CO_2 + 2H_2O$ 　　　　　　　　　　　　　　(0.1)

【イオン反応式(ionic equation)】イオンが関係する反応を化学反応式で表す場合，反応に関与するイオンをイオン式で示した反応式．原子の種類と数が等しいだけではなく，電荷の総和も左右両辺で等しい．

　　例　$Cu^{2+} + Zn \rightarrow Cu + Zn^{2+}$ 　　　　　　　　　　　　　　(0.2)

【化学反応式の書き方】次の手順で書く．
　①反応物の化学式を左辺に，生成物の化学式を右辺に書き，その間を矢印→で結ぶ．
　②両辺の各原子の種類と数が等しくなるように，各化学式の前に最も簡単な整数の比になるように整数の係数をつける．係数が 1 の場合は省略する．
　③反応の前後で変化しなかった物質(溶媒の水や触媒など)は反応式中には書

かない.
　④未定係数法：反応が複雑で係数が簡単に求められない場合に，係数を未知数として，両辺の各原子の数についての連立方程式を解いて係数を求める方法(13-4節).

基本事項 0-3　国際純正・応用化学連合

◆ IUPAC ◆

- 国際純正・応用化学連合（International Union of Pure and Applied Chemistry: IUPAC，アイユーパック）は化学の世界での国際連合に相当する組織である．
- 20世紀初頭まで，元素や化合物の名称は国によって，場合によっては化学者によって異なるというありさまだった．
- この状態を解決し，化学の進歩・発展を促すために，1919年にスイスのジュネーブで世界各国の化学者が集まって議論し，活動したのがその始まり．
- 現在，50以上の国と地域（というより，国や地域を代表する化学者集団．日本では日本化学会）がIUPACに加盟している．
- 現在IUPACは元素や化合物の命名だけではなく，化学用語の選定や定義に重要な役割を果たしている．
- それだけではなく化学教育や環境問題など，化学に関係の深い多くの分野についてさまざまな活動をしている．
- IUPACの活動の詳細は，そのウェブサイト（http://www.iupac.org：ただし英語）に詳しい.
- Green Bookは物理化学で用いられる量・単位・記号・定数などをまとめた本．本書では原則としてGreen Bookの記述に従っている．日本語版はJ. G. フレイ，H. L. ストラウス 著，日本化学会 監修，『物理化学で用いられる量・単位・記号 第3版』，講談社サイエンティフィク(2009).

◆ Gold Book ◆

- Gold Book（正式には The Compendium of Chemical Terminology）はIUPACが刊行している書籍で，化学用語の国際的に認められた定義がまとめられている．
- いくつかの重要な用語について，Gold Bookに示された定義（とその和訳）を以下に紹介する．
- 以下の例からわかるように，Gold Bookの定義はやや専門的である[*7].

[*7] しかし将来に備えて，そのような用語集があり，その中の用語が世界で広く用いられているのを知っておくことは無駄ではあるまい．

◆ Gold Bookによる用語の定義の例 ◆

【原子（atom）】Smallest particle still characterizing a chemical element. It consists of a nucleus of a positive charge (Z is the proton number and e the elementary charge) carrying almost all its mass (more than 99.9%)

and Z electrons determining its size.

（和訳）化学元素を定義する最小の粒子．この定義は今なお用いられている．原子のほとんどの質量（99.9% 以上）を占め，正電荷をもつ原子核（Z はプロトンの数，e は電荷）と，原子の大きさを決める Z 個の電子からなる．

【元素（化学元素，chemical element）】(1) A species of atoms; all atoms with the same number of protons in the atomic nucleus.

(2) A pure chemical substance composed of atoms with the same number of protons in the atomic nucleus. Sometimes this concept is called the elementary substance as distinct from the chemical element as defined under 1, but mostly the term chemical element is used for both concepts.

（和訳）(1) すべての原子がその原子核に同数の電子を含む原子の一種．

(2) その原子核に同数の電子を含む純（化学）物質[*8]．

【単体】日本では「単一の元素からできている純物質」を単体と呼び，対応する英語を simple substance としている（文部省編　学術用語集・化学編ほか）．しかし Gold Book には simple substance の語はないし，調べた範囲では，最近の欧米の化学教科書にも使用例を見かけない．日本での単体は Gold Book では元素物質 (elementary substance) に対応しているようである．

【分子 (molecule)】An electrically neutral entity consisting of more than one atom ($n > 1$). Rigorously, a molecule, in which $n > 1$ must correspond to a depression on the potential energy surface that is deep enough to confine at least one vibrational state.

（和訳）1 個以上（$n > 1$）の原子からなる電気的に中性な化学種（entity）[*9]．厳密にいうと，$n > 1$ であるような分子は，ポテンシャルエネルギー面上にある，少なくとも一つの振動状態を限定するはっきりしたくぼみに対応しなければならない[*10]．

[*8] (2) の概念は (1) で定義された化学元素と区別するために，ときとして元素物質 (elementary substance) と呼ばれる．しかしほとんどの場合は，化学元素という用語が (1)，(2) 両方の意味で用いられる．

[*9] entity という用語は Gold Book でもよく使われているが，対応する日本語の化学用語はないので，とりあえず「化学種」とした．

[*10] 最後の一文の大意は「あるレベルの安定性をもつことが分子として認められるための条件である」．

基本事項 0-4　日本化学会

- 「日本化学会」の前身「化学会」の誕生は 1878 年（明治 11 年）にさかのぼり，世界で 6 番目に古い化学の学会である．化学の分野では後発であった日本が比較的早く学会を設立できたのは，若い大学生，大学卒業生の向学心と努力の賜物である．

- 現在，日本化学会の活動は多岐に渡っており，基礎・応用研究の推進，化学産業の興隆の面で重要な役割を果たしている．また化学教育の振興も主要な活動の一つであり，さまざまなプログラムが用意されている．学会誌である「化学と工業」と「化学と教育」は最新の研究や技術を易しく解説した月刊誌であり，大学の化学を学び始めた学生に大いに役立つ．

- 大学またはこれに準ずる学校に在籍する学生であって，化学または化学工業に関心のある者は日本化学会に「学生会員」として入会できる．日本化学会についての詳細はウェブサイト (www.chemistry.or.jp) でも知ることができる．

化学の学会の設立年

国　名	設立年
イギリス	1841
フランス	1857
ドイツ	1867
ロシア	1867
アメリカ	1876
日　本	1878

化学マメ知識

近代化学の誕生

■錬金術の時代

「化学 (chemistry)」の名はエジプト語の khemeia からきたという。実際，古代エジプトのいろいろな技術，たとえばミイラ作りには多くの化学的操作が含まれている．エジプトに限らず，酒造りの技術は人間の歴史とほとんど同じくらい古いし，金属の精錬も化学に基礎をおいた古い技術である．このように，技術としての化学は長い歴史をもつ．

エジプトでは，アレキサンダー大王が建設したアレクサンドリアが世界の学問の中心となり，ヘレニズム時代が始まった．そしてギリシャ哲学，東方の神秘主義，エジプト由来の技術が一体となって生まれたのが「錬金術 (alchemy)」である．アリストテレスが唱えた，万物は火，空気，水，土からなるという「四元素」説は古代から中世にかけて絶対の権威をもっていた．アリストテレスの説によると「すべての事物は完全になろうという自然の傾向をもつ．ゆえにすべての金属は金になろうとする傾向をもつ」．これが錬金術のいわば理論的根拠だった．

錬金術は本来の「金を作る」以外の面でむしろその有用性を示した．コンスタンチノーブルを包囲したアラビアの木造船軍団は，化学薬品の混合物である「ギリシャの火」によって散々悩まされた．これは，当時の木造船を攻撃するのにうってつけの武器であった．

やがて錬金術はアレクサンドリアからアラビアに伝わった．アルカリやアルコールなどの化学用語はアラビア語に語源をもつ．アル al はアラビア語の接頭辞で the に相当する．khemeia はアラビア語では al-kimiyat となり，これが後にヨーロッパ人に受け継がれて alchemy となった．

アラビアの錬金術師たちは水銀と硫黄から金を作ろうと(無駄な)努力を重ねたが，その結果，蒸留装置など多くの器具が開発され，種々のアルカリや酸が利用されるようになった．だが，錬金術師たちが金を作ることを目標としている限り，錬金術が近代化学に移行することはなかった．

■そして近代化学へ

10 から 11 世紀にかけてイスラム世界はその力を失い，十字軍などもあって，イスラム世界とヨーロッパ世界の交流が始まった．これが近代化学誕生のきっかけとなった．近代化学は 17 世紀後半，つまりニュートンと同時代人のボイルに始まり，ラボアジエによって確立された．

ボイルはアイルランドの貴族の家に生まれ，早くから科学に関心をもち，オックスフォードやロンドンで，ニュートンや彼を中心とする知的サークル，「見えない大学」を作った．彼の主張は主著『懐疑的化学者』に盛り込まれている．彼は，アリストテレスの権威や錬金術師たちの主張を鵜呑みにせず(つまりアリストテレスの説に対しても懐疑的に考え)，自らの実験や観察に基づいた学問を展開すべきであると論じた．これこそ近代科学の精神である．

原子の構造

*1 0-3 節参照．

*2 電荷，電気量を表す組立単位．クーロン．

■ Sir Joseph John Thomson
1856～1940，イギリスの物理学者．ニックネームのJ.Jで呼ばれることが多い．1906年ノーベル物理学賞受賞．

トムソン

■ Ernest Rutherford, 1st Baron Rutherford of Nelson 1871～1937，イギリスの物理学者．1908年ノーベル化学賞受賞．原子核の発見者なのに，なぜか化学賞を受賞した．この年の物理学賞は天然色写真を研究したリップマン (Jonas Ferdinand Gabriel Lippmann；1845～1921) に与えられたが，彼の写真術は普及しなかった．

■ Sir James Chadwick
1891～1974，イギリスの物理学者．1935年ノーベル物理学賞受賞．ラザフォードの弟子であり，（ガイガーカウンターの）ガイガーにも学んだ．

基本事項 1-1　原子

◆ 原子，元素と分子*1 ◆

【原子 (atom)】化学元素を定義する最少の粒子で元素の最小単位で，共通の構成要素．原子核 (nucleus) と電子 (electron) からなる．

【元素 (element)】原子核内に同数の陽子をもつ原子からなる純粋な化学物質．

【元素記号 (symbol of elements)・原子記号 (atomic symbol)】1個，2個，または3個の文字で元素の種類を表す記号．用語としては元素記号がおもに用いられていたが，Gold Book には atomic symbol だけが記載されている．なお，『学術用語集・化学編』(文部省編) にはどちらの記載もない．

【分子 (molecule)】基本事項 0-3 参照．

◆ 原子の構成要素 (表 1.1) ◆

【電子】トムソンが発見 (1897 年)．単位負電荷をもつ粒子．原子には原子核中の陽子数と同数の電子が含まれる．

【原子核】ラザフォードが発見 (1911 年)．直径 10^{-15}～10^{-14} m 程度で，原子自身の大きさの約1万分の1だが，原子の質量のほとんどを占めている．

【陽子】質量約 1.67×10^{-27} kg，単位正電荷 1.60×10^{-19} C*2（電気素量，elementary charge）をもつ．

【中性子】チャドウィックが発見 (1932 年)．陽子とほぼ同じ質量をもつが電荷はもたない．

表 1.1　原子を作る粒子

	質量(kg)	電荷(C)	相対質量
陽 子	1.672648×10^{-27}	$+1.602189 \times 10^{-19}$	1836
電 子	9.109534×10^{-31}	$-1.602189 \times 10^{-19}$	1
中性子	1.674954×10^{-27}	0	1839

◆ 有核原子 ◆

【散乱実験】薄い金属箔に α 線（ヘリウムの原子核）を照射すると，その一部が大きな角度で散乱されることを見出したラザフォードらの実験．原子核の発見につながった．

【有核原子 (nuclear atom)】ラザフォードが散乱実験に基づいて提案．原子は原子核とその周りを回る電子からなる．

◆ 原子番号と質量数 ◆

【原子番号(atomic number)】原子核中の陽子の数.
【原子量（atomic weight, atomic mass）】質量数 12 の炭素 ^{12}C の 12 分の 1 を単位として決めた原子の質量. 英語では atomic mass ともいう.
【質量数(mass number)】原子中の陽子と中性子の数の和. 質量数は原子の質量にほぼ等しい.
【原子の表記法】必要に応じて元素記号の左下に原子番号, 左上に質量数を書く ($^{12}_{6}C$). 質量数のみを書く場合(^{12}C)も多い.
【同位体(isotope)】原子番号は等しいが中性子数, したがって質量数の異なる原子(表 1.2).

表 1.2 同位体の存在比

元素	同位体	質量数	存在比(%)
水素($_1H$)	^1H	1	99.9885
	^2H	2	0.0116
	^3H	3	ごく微量(放射性同位体)
炭素($_6C$)	^{12}C	12	98.93
	^{13}C	13	1.07
	^{14}C	14	ごく微量(放射性同位体)
酸素($_8O$)	^{16}O	16	99.757
	^{17}O	17	0.0038
	^{18}O	18	0.205
塩素($_{17}Cl$)	^{35}Cl	35	75.76
	^{37}Cl	37	24.24

【放射性同位体（ラジオアイソトープ, radioisotope）】原子核が不安定で, 放射線やエネルギーを放出しながら壊変して他の原子に変化するもの.
【ウラン $_{92}U$】天然に存在する放射性同位体の中で原子番号が最大. 半減期は, $^{235}_{92}U$ は約 7 億年, $^{238}_{92}U$ は 44.6 億年.

基本事項 1-2　電子配置

◆ 電子殻 ◆

【電子殻(electron shell)】電子が原子核の周りに作る層(図 1.1).
【電子殻の命名】原子核に近い内側から順に, K 殻, L 殻, M 殻, N 殻, …と呼ばれる. 各電子殻に収容される電子の最大数は, K 殻から順に 2 個, 8 個, 18 個, …, $2n^2$ 個.
【電子配置】原子内で電子が各電子殻に配置される仕方.
【価電子】最外殻に含まれる電子. 原子の化学的性質に深くかかわる.

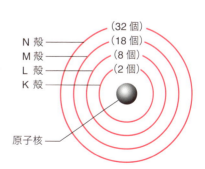

図 1.1　電子殻のモデル図と最大収容電子数

1-1 原子スペクトル

有核原子モデルの欠陥

「原子は原子核と，円軌道を描いて原子核の周りを回転する電子からなる」というラザフォードの有核原子モデルには大きな欠陥があった．電磁気学によると，正電荷をもつ粒子（原子核）の周りを回転する負電荷をもつ小さい粒子（電子）は，次第にエネルギーを失って原子核に落ち込む．このモデルでは，原子は不安定で存在できないことになる．

■ Johann Jakob Balmer
1825～1898，スイスの科学者．彼は数学に優れていたが，数学者としてはさしたる業績をあげることなく，学校教師として一生を終えた．

■ Johannes Robert Rydbery
1854～1919，スウェーデンの科学者．1924年にノーベル物理学賞を受賞したジークバーンは彼の弟子である．

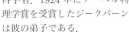

リュードベリ

原子スペクトル

19世紀後半の物理学者の関心を集めていた原子スペクトル（atomic spectrum）の研究がこの問題を解決するきっかけとなった．金属またはその化合物をバーナーで加熱すると，炎はその金属固有の色に着色される（炎色反応，flame test）．この光をプリズムで分光すると，いくつかの強い線スペクトル（line spectrum），すなわち原子スペクトルが得られ，またその波長は金属に固有である．たとえば，ナトリウムの炎は可視部に 58.90 と 58.96×10^{-8} m の線スペクトルを示す．

また，気体を高真空にしたガラス管に封じ込め，高電圧をかけると放電して光を放つ．この光をプリズムで分光すると，不連続な一群の線スペクトルが観測される．この線スペクトルも同様に試料に固有である．

バルマーによれば，低圧にした水素の放電実験で得られる光を分光して得られた一連の線スペクトルの波長は簡単な式で表される（1885年）．リュードベリは，これらの線スペクトルの波数（wave number）σ[*3]を式(1.1)で示した（1889年）．

$$\sigma = \frac{1}{\lambda} = R_\infty \left\{ \left(\frac{1}{n_i^2}\right) - \left(\frac{1}{n_j^2}\right) \right\} \text{ m}^{-1} \tag{1.1}$$

*3 単位長さに含まれる波の数．ここでは 1 m が単位長さ．

ここで n_i, n_j ($n_i < n_j$) は正の整数，R_∞ は各原子に固有の定数で，後にリュードベリ定数（Rydberg constant）と呼ばれた．水素原子の R_∞ は 1.097363×10^7 m^{-1} であった．

しかし，原子スペクトルが連続スペクトルでなく一群の線スペクトルになる理由，またスペクトルの波長が決まる理由はわからないままであった．

*4 1-3節参照．

> **例題 1.1 リュードベリ定数**
> リュードベリ定数を用いて，水素原子に以下の遷移[*4]が起こるときに放出される電磁波の波長（λ）を計算せよ．
> (1) $n = 2 \rightarrow n = 1$
> (2) $n = 3 \rightarrow n = 2$
> 【解】(1)を例にする．式(1.1)に $n_1 = 1$, $n_2 = 2$ を代入すると

$$\sigma = \frac{1}{\lambda} = 1.097363 \times 10^7 \times \left\{\left(\frac{1}{1^2}\right) - \left(\frac{1}{2^2}\right)\right\} \text{m}^{-1}$$

$$\therefore \lambda = \frac{4}{3} \times \frac{1}{1.097363 \times 10^7} = 1.215 \times 10^{-7} \text{m} \approx 122 \text{ nm}$$

(2) 同様に，式(1.1)に $n_1 = 2$, $n_2 = 3$ を代入すると，$\lambda = 656$ nm となる．

1-2 量子論

プランクの量子仮説

19世紀後半，黒体[*5]から放出される放射（黒体放射，black-body radiation）の波長と相対強度の関係が，理論に基づいた予測と一致しなかった．これに対してプランクは「黒体放射の際に固体表面から放出される振動数 ν の電磁波は，固体の表面にあって同じ振動数で振動している振動子から生じる」(1900年) と主張した（プランクの量子仮説，quantum hypothesis）．この振動子がもつエネルギー ε は式(1.2)で与えられる不連続な値をとる．

$$\varepsilon = nh\nu \tag{1.2}$$

ここで n は正の整数，ν は振動子の振動数，h は系によらない定数で，後にプランク定数（Planck constant）[*6]（$= 6.626 \times 10^{-34}$ J s）と呼ばれた．

プランクの量子仮説によると，力学系がもちうるエネルギー値は不連続である．しかし，当時の科学者はエネルギー不連続説を受け入れなかった．プランク自身も，当初これは黒体放射の問題を解決するための仮説で，自然界の一般的原理とは考えなかった．

光電効果

光を当てると金属はエネルギーを吸収し，内部の電子が高エネルギー状態になり（励起，excitation），表面から電子（光電子，photoelectron）が放出される．この現象を光電効果（photoelectron effect）という．

光電子の放出は物質に一定の振動数以上の光を照射した場合にだけ起こる．このときの振動数（限界振動数），またそのときの波長（限界波長）は物質の種類によって決まっており，入射光の強度にはよらない．

アインシュタインは量子仮説を光電効果の説明に応用して成功した（1905年）．その結果，量子仮説はミクロの世界の一般原理として次第に受け入れられるようになった．

1-3 ボーアモデル

ボーアは量子仮説を原子構造と結びつけて有核原子モデルの欠陥を解決し

[*5] あらゆる波長の電磁波を完全に吸収する理想的な物体．

■ Max Karl Ludwig Planck
1858～1947，ドイツの物理学者．1918年ノーベル物理学賞受賞．量子論の父といわれ，彼の名を取ったドイツの「マックス・プランク研究所」は現在，世界最高の研究所の一つである．科学者としては最も恵まれた生涯であったが，個人的には第一次大戦中に長男を失い，第二次世界大戦中にはヒトラー暗殺計画に荷担したという罪で次男が処刑される悲運に見舞われた．

[*6] $\hbar = h/2\pi$ で定義される換算プランク定数が用いられることもある．

■ Albert Einstein
1879～1955，ドイツ生まれのユダヤ人物理学者．1921年ノーベル物理学賞受賞．相対性理論の構築などの業績で世界的著名人となった彼は，第二次世界大戦後は平和運動に没頭した．また彼はバイオリンを愛好し，しばしば人前で演奏し，専門家から「まずまず」と評価されたという．

アインシュタイン

■ Niels Hendrick David Bohr
1885〜1962，デンマークの物理学者．1922年ノーベル物理学賞受賞．1911年からラザフォードの元で原子模型の研究を開始した．彼は核分裂の可能性を予測したが，それが原子爆弾開発の理論的根拠となったことは否めない．

ボーア

た．彼は原子スペクトルの不連続性を説明するのに，ニュートン力学(古典力学)とプランクの量子仮説を組み合わせ，以下の仮説(ボーアモデル)を立てた．

> **ボーアモデル**
> ① 原子の中の電子には，ある決まったエネルギーをもつ状態（定常状態，stationary state）だけが許される（つまり電子がもつエネルギーは不連続である）．
> ② 電子が高エネルギー定常状態から低エネルギー定常状態に移動する（遷移）ときにエネルギーが放出される．そのエネルギー $h\nu$ は二つの定常状態のエネルギー差に等しい．
> ③ どの定常状態においても，電子は原子核を中心とする円軌道を描いて回転している．
> ④ 円運動している電子に許される状態は，その角運動量 $m_e \upsilon r$ が $h/2\pi$ の整数倍のものだけである(量子条件，式1.3)．すなわち
>
> $$量子条件：m_e \upsilon r = \frac{nh}{2\pi} \quad (n = 1, 2, 3, \cdots) \tag{1.3}$$
>
> ここで m_e は電子の質量，υ は電子の速度，r は電子と原子核の間の距離，すなわち電子が描く軌道の半径である．

電子のエネルギーと軌道半径

水素原子がもつ電子のエネルギーは，ボーアモデルに基づいて以下のように求められる．

原子核の周りを定常的に円運動している電子では，クーロン力と遠心力がつりあっている(式1.4)．

$$\frac{e^2}{4\pi\varepsilon_0 r^2} = \frac{m_e \upsilon^2}{r} \tag{1.4}$$

ここで ε_0 は真空の誘電率である．

式(1.3)と(1.4)から，水素原子での電子の軌道半径 r を表す式(1.5)が得られる．

$$r = \frac{n^2 \varepsilon_0 h^2}{\pi m_e e^2} \quad (n = 1, 2, 3, \cdots) \tag{1.5}$$

n は正の整数であるから軌道半径の値は必然的に不連続となり，したがって軌道半径は量子化(quantize)される．n は量子数(quantum number)と呼ばれ，原子核と電子の距離，すなわち軌道半径を決める値である．

例題 1.2　水素原子の軌道半径

ボーアの量子条件，式(1.3)と釣り合いの式(1.4)から，水素原子での電子の軌道半径 r を求める式(1.5)が得られることを確かめよ．

【解】$m_e \upsilon r = nh/2\pi$ だから，$\upsilon = nh/2\pi m_e r$ となる．この式を式(1.4)に代入する．

$$\frac{e^2}{4\pi\varepsilon_0 r^2} = \left(\frac{m_e}{r}\right)\left(\frac{nh}{2\pi m_e r}\right)^2$$

$$\therefore \ r = \frac{n^2 \varepsilon_0 h^2}{\pi m_e e^2} \quad (n = 1,\ 2,\ 3,\ \cdots) \tag{1.5}$$

式(1.5)で $n = 1$ のときの r を a_0 とおくと，a_0 は水素原子の電子の最小軌道の半径である(式 1.6)．

$$a_0 = \frac{\varepsilon_0 h^2}{\pi m_e e^2} \tag{1.6}$$

$a_0 = 5.2918 \times 10^{-11}$ m をボーア半径(Bohr radius)と呼ぶ．

電子のエネルギー

電子のもつエネルギー E は，運動エネルギー $m\upsilon^2/2$ と位置エネルギー $-e^2/4\pi\varepsilon_0 r$ の和である(式 1.7)．

$$E = \frac{m_e \upsilon^2}{2} - \frac{e^2}{4\pi\varepsilon_0 r} \tag{1.7}$$

式(1.4)を変形すれば $m_e \upsilon^2 = e^2/4\pi\varepsilon_0 r$ となるから，これを式(1.7)に代入して整理すると，υ を含まない式(1.8)が得られる．

$$E = -\frac{m_e e^4}{8\varepsilon_0^2 n^2 h^2} \quad (n = 1,\ 2,\ 3,\ \cdots) \tag{1.8}$$

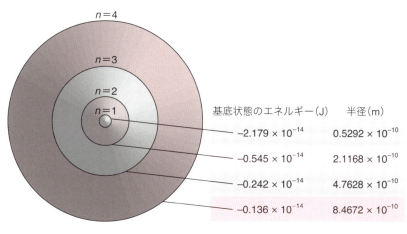

図 1.2　ボーアモデルの模式図

nは整数だから，電子のエネルギーもまた不連続になる．

原子に含まれる電子は，反対電荷をもつ原子核によって引きつけられ，$n=\infty$に対応する自由電子よりも安定なので，エネルギー値は負の値をとる．

原子の最も安定な定常状態は$n=1$のときで，nが増えるにつれてエネルギーも大きくなり，負の値から自由電子の値(ゼロ)に近づく．

水素の原子スペクトル

ボーアモデルによると，水素原子から放出される電磁波のエネルギーΔEは，二つの定常状態n_i，n_jにある軌道のエネルギー差$E_i - E_j$である(式1.9)．

$$E = -\frac{m_e e^4}{8\varepsilon_0^2 n^2 h^2} \qquad n = 1, 2, 3$$

$$\Delta E = h\nu = |E_i - E_j| = -\frac{m_e e^4}{8\varepsilon_0^2 h^2}\left(\frac{1}{n_i^2} - \frac{1}{n_j^2}\right) \tag{1.9}$$

問題の電磁波の波長は次式で与えられる．

$$\frac{1}{\lambda} = \frac{\Delta E}{ch} = -\frac{m_e e^4}{8\varepsilon_0^2 ch^3}\left(\frac{1}{n_i^2} - \frac{1}{n_j^2}\right) \tag{1.10}$$

例題1.3にならってΔEを求め，式(1.10)を用いて各遷移に対応する電磁波の波長を計算でき，n_jをそれぞれ$n_i + 1$，$n_i + 2$，$n_i + 3$，…として計算した一連の波長は，電子が励起状態$n_i + 1$，$n_i + 2$，$n_i + 3$，…から定常状態n_iに戻るときに放出する電磁波の波長に該当する．

■ Theodore Lyman
1874〜1954，アメリカの物理学者．月のライマンクレーターは彼を記念したものである．
■ Louis Karl Heinrich Friedrich Paschen
1865〜1947，ドイツの物理学者．長くチューインゲン大学教授を務めた．

これらの計算値は，水素原子について観測されたスペクトルの波長とよく一致した．すなわちそれぞれ$n_i = 1$の場合がライマン系列(Lyman series)，$n_i = 2$の場合がバルマー系列(Balmer series)，$n_i = 3$の場合がパッシェン系列(Paschen series)と呼ばれていた一連の線スペクトルを再現した．こうしてボーア理論は水素原子スペクトルを完全に予測できた．

観測された水素の原子スペクトルの模式図を図1.3に示す．観測された水素の原子スペクトルがどのような遷移から生じたかがボーアモデルで無理なく説明される．

> **例題1.3 水素原子のスペクトル**
> 水素原子で，軌道n_1にある電子が軌道n_2に励起された．
> (1) 励起に必要なエネルギーを計算せよ．
> (2) その際に吸収される電磁波の波長を計算せよ．
>
> 【解】この問題を解くには式(1.8)の定数項の計算が必要である．定数項の次元と数値に分けて計算する．

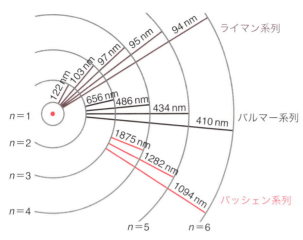

図 1.3 水素の原子スペクトル

$$\text{定数の次元} = \frac{\text{kg C}^4}{(\text{J}^{-1}\text{C}^2\text{ m}^{-1})^2 \times (\text{Js})^2} = \text{kg}(\text{m}^2/\text{s}^2) = \text{J}$$

$$\text{数値} = -\frac{(9.109 \times 10^{-31}) \times (1.602 \times 10^{-19})^4}{8 \times (8.854 \times 10^{-12})^2 \times (6.626 \times 10^{-34})^2} = -2.179 \times 10^{-18}$$

(1) 励起エネルギー ΔE

$$E_1 = -\frac{(9.109 \times 10^{-31}\text{ kg}) \times (1.602 \times 10^{-19}\text{ C})^4}{8 \times (8.854 \times 10^{-12}\text{ J}^{-1}\text{C}^2\text{ m}^{-1})^2 \times (6.626 \times 10^{-34}\text{ J s})^2} = -2.179 \times 10^{-18}\text{ J}$$

$$E_2 = \frac{1}{2^2} \times (-2.179 \times 10^{-18})\text{ J} = -0.545 \times 10^{-18}\text{ J}$$

$$\therefore \quad \Delta E = E_2 - E_1 = 1.634 \times 10^{-18}\text{ J}$$

(2) $\lambda = \dfrac{hc}{\Delta E} = \dfrac{6.626 \times 10^{-34}\text{ J s} \times 2.998 \times 10^8\text{ m s}^{-1}}{1.634 \times 10^{-18}\text{ J}}$

$\qquad = 1.216 \times 10^{-7}\text{ m} \approx 122\text{ nm}$

ボーアモデルの限界

　ボーアモデルは水素の原子スペクトルを完全に説明できた．また，さまざまな改良を加えた結果，ボーアモデルはヘリウムイオン He^+ のような，電子が1個だけの水素類似原子のスペクトルを説明できた．しかし，多電子原子のスペクトルの説明は不成功に終わった．すなわち，ボーアモデルでは化学結合を十分に説明できなかった．

1-4 量子力学の導入

物質波

　ボーアモデルの限界を超えて原子構造理論をさらに発展させたのは，電子を粒子としてではなく，波として扱う新理論だった．粒子(具体的には電子)が波として振る舞うのであれば，その挙動を古典物理学の波動と同様に扱うことができる．

　ド・ブロイは物質が波動性を示す理論を，アインシュタインの関係式 $E = h\nu$ と相対性理論での光の運動量(質量 × 速度) p，速度 v，エネルギー E との間の関係式 $E = vp$ を組み合わせた．

　彼の理論によれば，運動量 $p = mv$ であるすべての粒子に対して，式(1.11)で表される波長 λ の波，すなわち物質波(matter wave)が伴う(1924 年)．

$$\lambda = \frac{h}{p} \tag{1.11}$$

■ Louis Victor Pierre Raymond, 7ᵉ duc de Broglie 1892 〜 1987，フランスの物理学者．1929 年ノーベル物理学賞受賞．ルイ 14 世時代からの名門貴族ブロイ家の直系の子孫．

ド・ブロイ

表 1.3 に，式(1.11)で計算した物質波の波長の例を示す．

表 1.3　物質波の波長(300 K)

粒子	質量(g)	速度(m s⁻¹)	波長(m)
電子	9.1×10^{-28}	1.2×10^5	6.1×10^{-9}
He 原子	6.6×10^{-24}	1.4×10^3	0.071×10^{-9}
Xe 原子	2.2×10^{-22}	2.4×10^2	0.012×10^{-9}

例題 1.4　物質波の波長

　質量 1.0 g の弾丸が速度 3×10^2 m s⁻¹ で発射されたとして，この弾丸に伴う物質波の波長を求めよ．銃の種類によって発射速度は著しく異なるが，この値は拳銃のそれに相当する．

【解】 $J = m^2\,kg\,s^{-2}$ であるから，式(1.11)を用いて

$$\lambda = \frac{h}{mv} = \frac{6.626 \times 10^{-34}\,J\,s}{1.0 \times 10^{-3}\,kg \times 3 \times 10^2\,m\,s^{-1}}$$

$$= \frac{6.626 \times 10^{-34}\,m^2\,kg\,s^{-1}}{1.0 \times 10^{-3}\,kg \times 3 \times 10^2\,m\,s^{-1}} = 2.21 \times 10^{-33}\,m$$

マクロな物質に伴う物質波の波長は X 線や γ 線よりもはるかに短く，測定不能である．

　マクロな物質に伴う物質波の波長は著しく短くなり，波長を実験的に求めることは困難である．しかしミクロな粒子，たとえば電子に対しては，測定可能な範囲の波長の物質波が伴う．実際，電子線の波の特徴である回折現象が観測され(1927 年)，ド・ブロイの説が立証された．

不確定性原理

物質波の概念は，マクロな系での理論をミクロな系用の理論に適用する際には注意が必要であることを示す．ハイゼンベルグは「ミクロな粒子の位置と運動量を同時に正確に決定できず，粒子の位置に関する不確定性 Δx と運動量に関する不確定性 Δp の積は $h/2\pi$ より小さくなれない」と述べた（1927 年）．

$$\Delta x \Delta p \geqq \frac{h}{2\pi} \tag{1.12}$$

これをハイゼンベルグの不確定性原理（uncertainty principle）という．速度，あるいは運動量を測定するために粒子に何らかの観測用の電磁波を当てれば，電磁波と粒子との衝突によって，粒子のそれまでの位置や運動量が変化してしまう観測者効果が原因の一つである．

位置に関する不確定性を減らそうとすると，運動量（したがって速度）に関する不確定性が増大し，その逆も成立する．結論として，位置と運動量（速度）の不確定性を同時に減らすことはできない．

■ Werner Karl Heisenberg
1901～1976，ドイツの物理学者．1932 年ノーベル物理学賞受賞．ナチ時代にユダヤ人物理学者を擁護したため，ナチス党員の物理学者から「白いユダヤ人」と呼ばれて強い攻撃に晒されたこともある．

ハイゼンベルグ

例題 1.5　不確定性原理

原子内の電子の位置を 0.02×10^{-9} m の精度で決定できたとき，その速度の不確定性はいくらか．

【解】

$$\Delta p = \frac{h}{2\pi \Delta x} = \frac{6.626 \times 10^{-34}\,\text{J s}}{6.28 \times 0.02 \times 10^{-9}\,\text{m}} = \frac{6.626 \times 10^{-34}\,\text{m}^2\,\text{kg s}^{-1}}{6.28 \times 0.02 \times 10^{-9}\,\text{m}}$$
$$= 5.28 \times 10^{-24}\,\text{m kg s}^{-1}$$
$$\Delta v = \frac{\Delta p}{m} = \frac{5.28 \times 10^{-24}\,\text{m kg s}^{-1}}{9.11 \times 10^{-31}\,\text{kg}} = 5.80 \times 10^{6}\,\text{m s}^{-1}$$

電子の速度は条件によって異なるが，真空中の光速 2.998×10^8 m s^{-1} の半分程度とすると，この電子の速度に関する不確定性はかなり大きいことになる．

1-5 シュレーディンガー方程式

波としての電子

波は古典物理学の重要な分野の一つであり，その理論も完成している．電子の波動性を認めれば，古典物理学を電子の挙動に適用できることになる．

シュレーディンガーは，ド・ブロイの式(1.11)は自由運動している粒子に適用できるだけではなく，核外電子のように束縛されている粒子にも適用できると考えた．この考えを発展させて，彼は波動力学（wave mechanics）の体系を提案した（1926 年）．同じ頃，ハイゼンベルグは別の考えに基づいた行列力学（matrix mechanics）の体系を提案した（1925 年）．これらはその後発展した量

■ Erwin Josef Alexander Schrödinger
1887～1961，オーストリアの物理学者．1933 年ノーベル物理学賞受賞．ユダヤ系であり，ナチの台頭によっていくつかの国で亡命生活を余儀なくさせられた．

シュレーディンガー

子力学(quantum mechanics)の原型である．

　量子力学では系の状態は波動関数（wave function）で記述される．シュレーディンガーによると，物理系がもちうる全エネルギー E（固有値，Eigenvalue）はある方程式を解くことによって得られる．その方程式は古典力学で波動を扱う式と似ているので，シュレーディンガーの波動方程式（wave equation），あるいは単にシュレーディンガー方程式と呼ばれる．一方向（x 方向）に運動している粒子(電子)の波動方程式は式(1.12)で表される．

$$-\frac{h^2}{8\pi^2 m}\frac{d^2\Psi}{dx^2} + V\Psi = E\Psi \tag{1.12}$$

ここで m は電子の質量，V は位置エネルギー〔$V(x)$ であり，座標 x の関数〕，Ψ は波動関数．

一次元井戸形ポテンシャル

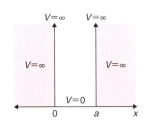

図 1.4　一次元井戸形ポテンシャル

　シュレーシンガー方程式の最も簡単な実例は一次元井戸形ポテンシャル，すなわち幅 a の井戸に閉じ込められた電子についての方程式である．電子の位置エネルギー V は井戸の中（$0 < x < a$）では 0，井戸の外（$x \leq 0$, $x \geq a$）では無限大 ∞ とする．

　井戸の中ではシュレーディンガー方程式は

$$\frac{d^2\Psi}{dx^2} = -\frac{2mE}{\hbar^2}\Psi \quad (\text{かつ } x = 0 \text{ および } x = a \text{ で } \Psi = 0) \tag{1.14}$$

となる．これを解くと

$$\Psi(x) = \sqrt{\frac{2}{a}}\sin\frac{n\pi x}{a} \tag{1.15}$$

となる．式 (1.15) には量子数 n が自然に導入された．エネルギー値は次式になる．

$$E = \frac{n^2 h^2}{8ma^2} \quad (n = 1, 2, 3, \cdots) \tag{1.16}$$

例題 1.6　一次元井戸形ポテンシャル

　長さ 0.3 nm の一次元井戸形ポテンシャルに閉じ込められた電子が $n = 2$ 準位から $n = 1$ 準位に遷移するとき放出される電磁波の振動数と波長を計算せよ．光速は $3.00 \times 10^8 \text{ m s}^{-1}$ とする．

【解】井戸形ポテンシャル準位 n のエネルギーは以下の式で表される．

$$E = \frac{n^2 h^2}{8 m_e a^2} = n^2 \frac{(6.626 \times 10^{-34})^2 (\text{J s})^2}{8(9.110\times 10^{-31}\text{ kg})(0.3\times 10^{-9})^2(\text{m})^2} = n^2 (6.69\times 10^{-19})(\text{J})$$

$n=2$ の準位から $n=1$ の準位に遷移するとき放出される電磁波の振動数と波長は

$$\nu = \frac{\Delta E}{h} = \frac{(2^2-1^2) \times 6.69 \times 10^{-19} \text{J}}{6.626 \times 10^{-34} \text{J s}} = 3.03 \times 10^{15} \text{s}^{-1}$$

$\nu = \dfrac{c}{\lambda}$ だから

$$\lambda = \frac{c}{\nu} = \frac{3.00 \times 10^8 \text{m s}^{-1}}{3.03 \times 10^{-15} \text{s}^{-1}} = 99 \times 10^{-9} \text{m} = 99 \text{nm}$$

波動関数の規格化

波動関数 Ψ はそれだけでは物理的意味をもたない．しかし Ψ の絶対値の 2 乗は，原子核に近いある場所で電子が見出される確率を数学的に表したもので，きわめて重要である．1 個の電子については，電子が存在する確率を全領域についての積分は 1 となる．すなわち，$\int \Psi^2 dx = 1$ となるようにしなければならない．これを波動関数の規格化 (normalization) という．

水素類似原子

一次元井戸形ポテンシャルを三次元に拡張すれば，水素原子，あるいは水素類似原子一般の波動方程式(1.17)が得られる．

$$-\frac{h^2}{8\pi^2 m}\nabla^2\Psi + V\Psi = E\Psi \tag{1.17}$$

ここで，$\nabla^2 = (\partial^2/\partial x^2) + (\partial^2/\partial y^2) + (\partial^2/\partial z^2)$ である．水素類似原子（電荷の大きさ $= Z$）のポテンシャルエネルギーは

$$V = -\frac{Ze^2}{4\pi\varepsilon_0 r} \tag{1.18}$$

である．式(1.18)を式(1.17)に代入すると

$$\nabla^2\Psi + \frac{8\pi^2 m}{h^2}\left(E + \frac{Ze^2}{4\pi\varepsilon_0 r}\right)\Psi = 0 \tag{1.19}$$

詳細は省略するが，この波動方程式を解くと，水素類似原子のエネルギーはボーアの理論によるものと同じになる．

1-6 電子の軌道

量子数

1個の電子に対する波動関数を軌道関数(オービタル,orbital)という.電子の挙動を表す波動方程式に基づく理論は確立されたが,波動方程式は原子構造を直接示していない.そこで波動関数の2乗が電子密度に対応することを用いると,原子構造を直接的に表示するための軌道関数の視覚化が可能になる.

一次元井戸形ポテンシャルでの電子の運動は一次元であるから,その運動はただ1個の量子数nで記述できる.しかし電子の運動は三次元空間に広がるので,その波動関数を記述するのに3個の量子数が必要になる.それらは

主量子数(principal quantum number) n
方位量子数(azimuthal quantum number) l
磁気量子数(magnetic quantum number) $m\,(m_l)$

と呼ばれる.

また,電子の自転による角運動量が量子化されるため,第4の量子数であるスピン磁気量子数(spin quantum number)m_sが必要になる.スピン磁気量子数は,$m_s = +1/2,\ -1/2$の値をとる.量子数の記号,可能な数値を表1.4に示す.スピン磁気量子数だけが整数にはならない.

表1.4 4種の量子数

名称	記号	可能な数値
主量子数	n	1, 2, 3, …
方位量子数	l	0, 1, 2, 3, …, n−1
磁気量子数	$m\,(m_l)$	0, ±1, ±2, …, ±l
スピン磁気量子数	m_s	+1/2, −1/2

要点は,lが1ならmは−1,0,+1になり,lが2ならmは−2,−1,0,+1,+2(以下同様)となる点である.

水素原子および水素類似原子のエネルギーは主量子数nのみで決まり,その式の形はボーアモデルによる式に等しい.

例題 1.7 軌道と量子数

主量子数$n = 3$のとき軌道関数の種類は何種類あるか.またそれぞれの量子数の組合せを示せ.

【解】以下の9種類.

n	l	m
3	0	(0)
3	1	−1
3	1	0
3	1	1
3	2	−2
3	2	−1
3	2	0
3	2	1
3	2	2

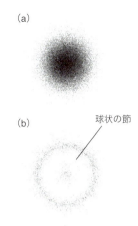

図 1.5 電子雲の模式図
電子が存在する確率が高い部分ほど黒くなっている．(a)は水素の1s，(b)は水素の2s軌道を表す．

軌道関数を主量子数，方位量子数の組合せで簡便に表現する方法が広く用いられている(表1.5)．たとえば，量子数が($n = 1$, $l = 0$)の軌道関数は1s，量子数が($n = 2$, $l = 1$)の軌道関数はmの値に関係なく2pと呼ばれる．主量子数は数字で，方位量子数は記号で表すところがポイントである．

表 1.5 方位量子数の記号表

l の値	0	1	2	3	4
記号	s	p	d	f	g

軌道関数 Ψ は数式であり，視覚化は困難だが，電子の存在確率を表す Ψ^2 は視覚化可能である．核外の各点での Ψ^2 値を濃淡で示すと，雲のような模様が描かれる．この表現を電子雲（electron cloud）という（図1.5）．

さらに電子が存在する確率の合計が（たとえば）90％になるような体積最小の部分を選び，そこに境界面を描くと軌道関数が視覚化される（図1.6）．

多電子原子の電子配置

多電子原子では電子間相互作用を考慮する必要が生じるので，波動方程式を解くことは難しい．しかし，多電子原子の各電子は原子核と他の電子が作る平均的な球対称電場の中で運動すると仮定すると，各電子の軌道関数は水素類似原子の場合と同様，3個の量子数，n, l, m_l とスピン磁気量子数 m_s で規定される．水素類似原子のエネルギーは主量子数 n だけで決まるが，多電子原子では主として n と l で決まる．n が等しい値の場合は，l が大きいほどエネルギーが高い．

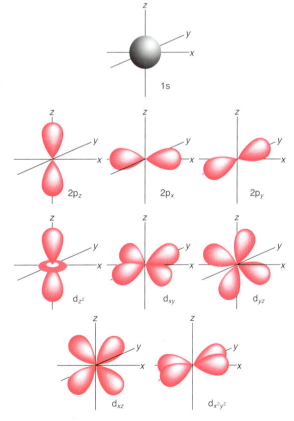

図 1.6 視覚化された軌道関数

排他原理

3個の量子数，n, l, m_l で規定される一つの軌道には，電子は最高2個までしか入れない．この2個の電子の m_s は必ず異なっていなければならず（スピン逆平行という），このような2個の電子を電子対（electron pair）という．したがって，ある原子がもつ全電子は，それぞれに固有の四つの量子数で規定され，同一量子数のセットをもつ電子は各原子について1個だけである．これをパウリの排他原理（Pauli exclusion principle）という．

同じ n 値をもつ軌道の一群を殻（電子殻）という．殻に対してはK，L，Mなどの記号を用いる（表1.6）．K殻からN殻までの電子殻について，量子数，記号，入りうる電子の最大数を表1.6に示す．

■ Wolfgang Ernst Pauli
1900～1958，オーストリア生まれのスイスの物理学者．1945年ノーベル物理学賞受賞．オーストリアがドイツに併合されたため，ナチの台頭によって一時アメリカに亡命せざるを得なかった．

パウリ

表1.6　各軌道に入りうる電子の最大数

n	殻	l	記号	電子の最大数*
1	K	0	1s	2 $(2 = 2 \times 1^2)$
2	L	0	2s	2 $(8 = 2 \times 2^2)$
		1	2p	6
3	M	0	3s	2
		1	3p	6 $(18 = 2 \times 3^2)$
		2	3d	10
4	N	0	4s	2
		1	4p	6 $(32 = 2 \times 4^2)$
		2	4d	10
		3	4f	14

＊全軌道が電子で満たされた場合の電子の総数．

電子配置

表1.6のK，Lなどは図1.1で用いたものと記号としては同じだが，図1.1ではL殻に入る8個の電子に区別がない．一方，表1.6ではL殻に入る8個の電子は，主量子数は共通であるが，他の三つの量子数で規定された，それぞれ性質が異なる電子である．

基底状態にある原子では，電子はパウリの排他原理に従いながら低いエネルギー準位の軌道から順に埋めていく．図1.7に各軌道のエネルギー準位を示す．エネルギーの高い部分では軌道間のエネルギー差が小さく，ときとして逆転することがある．図1.8に各原子の基底状態での電子配置を示す．明らかに原子の外殻の電子配置は原子番号とともに周期的に変化する．これが第2章で述べる周期律（periodic law）の根拠である．

表1.6の記号を用いて，原子の電子配置を表すことができる．たとえば，基底状態にある水素原子はK殻に電子を1個もつから，その電子配置は1sである．同じく基底状態にある炭素原子 $_6$C はK殻に2個，L殻に4個，合計6個の電子をもつので，その電子配置は $1s^2 2s^2 2p^2$ となる．本章では第2，第3周期の元素とその化合物をおもに扱う．

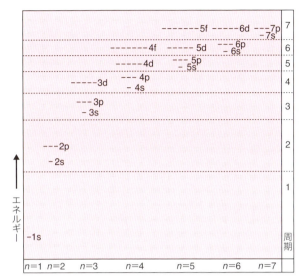

図 1.7 電子のエネルギー準位図
各縦列はそれぞれ K 殻から始まる電子殻に対応する．
それぞれの線に入ることができる電子は最大 2 個．

1-7 構成原理

構成原理

各電子は二つの規則に従いながら，軌道を順に埋めていく．

① すべての電子は四つの量子数がすべて同一のセットをもつことはできないというパウリの排他原理．

② 同じエネルギーの複数の軌道（たとえば 3 個の 2p 軌道）に電子が入る場合，可能な限りスピンを平行にして異なる軌道に入るというフントの規則（Hund's rule）．

①と②をあわせたものを構成原理（Aufbau principle）という．図 1.8 に，構成原理に従った原子の電子配置を示す．

炭素原子が水素化合物を作る場合の電子配置は，フントの規則によると

$$_6C \quad 1s^2 2s^2 2p_x^1 2p_y^1$$

となる．炭素と水素から生じる化合物は CH_2 となるべきだが，実際には安定な化合物はメタン CH_4 であり，それを説明するためには，軌道の混成（4-1 節）の概念が導入された．

■ Friedrich Hermann Hund
1896～1997，ドイツの物理学者．101 歳までの長寿を全うし，その間に 250 以上の論文を執筆した．

フント

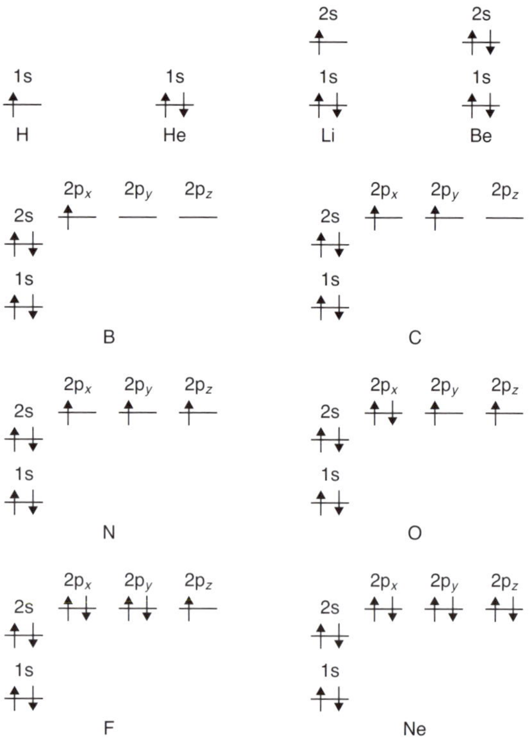

図1.8 構成原理に基づく原子の電子配置

H: 1s ↑

He: 1s ↑↓

Li: 1s ↑↓, 2s ↑

Be: 1s ↑↓, 2s ↑↓

B: 1s ↑↓, 2s ↑↓, 2p_x ↑

C: 1s ↑↓, 2s ↑↓, 2p_x ↑, 2p_y ↑

N: 1s ↑↓, 2s ↑↓, 2p_x ↑, 2p_y ↑, 2p_z ↑

O: 1s ↑↓, 2s ↑↓, 2p_x ↑↓, 2p_y ↑, 2p_z ↑

F: 1s ↑↓, 2s ↑↓, 2p_x ↑↓, 2p_y ↑↓, 2p_z ↑

Ne: 1s ↑↓, 2s ↑↓, 2p_x ↑↓, 2p_y ↑↓, 2p_z ↑↓

例題 1.8　多電子原子の電子配置

図 1.8 にならって，$_{17}$Cl, $_{20}$Ca 原子の，基底状態での電子配置を書け．

【解】$_{17}$Cl　11〜17 個目までの電子配置を示せばよい．

3s ↑↓, 3p_x ↑↓, 3p_y ↑↓, 3p_z ↑

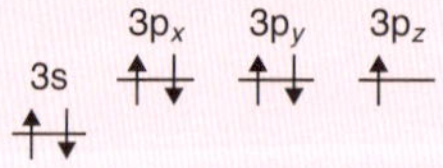

$_{20}$Ca　11〜20 個目までの電子配置を示せばよい．

4s ↑↓, 3s ↑↓, 3p_x ↑↓, 3p_y ↑↓, 3p_z ↑↓

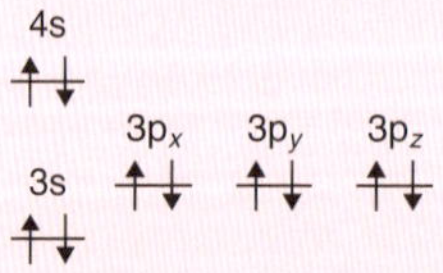

章末問題

1.1　リュードベリ定数

例題 1.1 にならって，水素原子に以下の遷移が起こるときに放出される電磁波の波長(λ)を計算せよ．

(1) $n = 4 \rightarrow n = 2$
(2) $n = 5 \rightarrow n = 2$

1.2 水素原子の軌道半径
式(1.6)から，ボーア半径が 5.2918×10^{-11} m であることを確かめよ．

1.3 水素の原子スペクトル
水素原子の軌道 n_2 にある電子を軌道 n_∞ に遷移させる電磁波の波長を計算せよ．

1.4 物質波の波長
1.0 m s^{-1} の速度で飛んでいる質量 2 mg の蚊にともなう物質波の波長を求めよ．

1.5 不確定性原理
速度 $\Delta v = 0.100$ m s^{-1} で運動している電子の位置に関する不確定性 Δx を，不確定性原理に基づいて計算せよ．

1.6 一次元井戸形ポテンシャル
長さ 1.0 nm の一次元井戸形ポテンシャルの中に閉じ込められた電子が，$n = 1, 2, 3$ の量子状態でもつエネルギーを，電子の質量を 9.109×10^{-31} kg として計算せよ．

1.7 軌道と量子数
以下に示す量子数の組の中で，水素原子に許されないものを指摘せよ．
(1) $n = 2$, $l = 1$, $m = 1$
(2) $n = 1$, $l = 1$, $m = 0$
(3) $n = 8$, $l = 7$, $m = -6$
(4) $n = 1$, $l = 0$, $m = -2$

1.8 多電子原子の電子配置
ケイ素，リン，硫黄の各原子の基底状態での 3s, 3p 電子の電子配置を図 1.8 にならって書け．

2章 元素の性質

基本事項 2-1　元素の種類

◆ 典型元素と遷移元素 ◆

【典型元素 (main group element)】1, 2族と, 12〜18族の元素. 第2周期と第3周期に属する典型元素は, 原子番号が一つ増えるにつれて, その性質が著しく変化する.

【アルカリ金属】H以外の1族元素. Li, Na, Kなど.

【アルカリ土類金属】Be, Mg以外[*1]の2族元素. Ca, Sr, Baなど.

【ハロゲン】17族元素. F, Cl, Br, Iなど.

【貴ガス(希ガス)】18族元素. He, Ne, Arなど.

【遷移元素 (transition element)】3〜11族の元素. 左右に隣り合った元素もよく似た性質を示す.

*1 この区別をしない考え方も有力である.

◆ 金属元素と非金属元素 ◆

【金属元素 (metallic element)】金属光沢があり, 電気や熱をよく導く. 全元素の約80％を占め, 周期表の左下から中央を占める.

【金属性(陽性, positive)】価電子を失って陽イオンになりやすい性質.

【非金属元素 (nonmetal)】金属元素以外の元素. 主として周期表の右上を占める.

【非金属性(陰性, negative)】電子を得て陰イオンになりやすい性質(希ガスを除く).

基本事項 2-2　元素の性質の周期性

◆ 原子やイオンの大きさ(図 2.1) ◆

【原子半径 (atomic radius)】金属の場合, 結晶のX線結晶解析で求めた原子間距離を2で割った値. ただしこの値は結晶構造(第8章)によって左右される.

【イオン半径 (ionic radius)】イオン結晶のX線結晶解析で求める.

【周期性】若干の不確かさを別にすれば, 原子, イオンの大きさには明白な周期性がある.

【典型元素のイオン半径 (ionic radius)】同一周期に属する陽イオンでは, 原子番号の増加に伴いイオン半径は小さくなる.

【イオンともとの原子の比較】陽イオンの半径はもとの原子の半径より小さい.

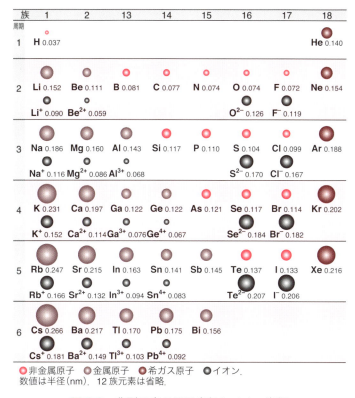

図 2.1 典型元素の原子半径とイオン半径

逆に陰イオンの半径はもとの原子の半径より大きい．
【同族原子間の比較】イオン半径は高周期になると増大するが，遷移元素が加わると 1 周期の中に含まれる元素の数が変化するので単純には増加しない．

◆ 周期表 ◆

【周期律(periodic law)】元素の性質(たとえば価電子数，図2.1)が周期的に変化するという規則．
【周期表*2 (periodic table)】周期律に基づいて，性質の類似した元素が同じ縦の列に並べた表．
【周期(period)】周期表の横の行．上から順に第1周期，第2周期，…，と呼ぶ．
【族(group)】周期表の縦の列．左から順に1族，2族，…，と呼ぶ．
【同族元素】同じ族に属する元素．

*2 周期表にはいろいろなタイプのものがあるが，本書の見返しに示したような長周期型が一般的である．また，周期や族の番号のつけ方にもわが国で用いられているものとは異なる方式があるので，外国の教科書を参照するときには注意を要する．

2-1 原子の性質の周期性

価電子の数

第2,第3周期の元素の価電子数は周期表で右に一つ進むごとに1個増える（図2.2）．すなわち周期性を示す．

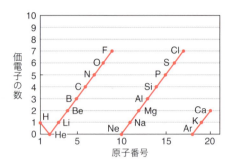

図2.2 価電子数の周期性

イオン化エネルギー (ionization energy)

中性原子から電子を取り除くのに必要なエネルギーをイオン化エネルギーという．特に最初の電子を除くのに必要なエネルギーを第1イオン化エネルギー (first ionization energy) といい，$Na(g) \rightarrow Na^+(g) + e^-(g)$ の反応熱に相当する（第9章）．

第1イオン化エネルギーは顕著な周期性を示す（図2.3b）．同一周期の原子では，原子番号の増大に連れて大きくなり，閉殻構造をもつ希ガスで最大となる．同一族の原子では，原子番号が増大するにつれて減少する．

電子を失って陽イオンになりやすい性質（イオン化エネルギーが小さい）を陽性または電気陽性（electropositive）といい，電子を得やすく（電子親和力（後述）が大きい）陰イオンになりやすい性質を陰性または電気陰性（electronegative）という．

原子から2個目の電子を取り除くのに必要なエネルギーを第2イオン化エネルギーという．第3,第4イオン化エネルギーも同様に定義される．その傾

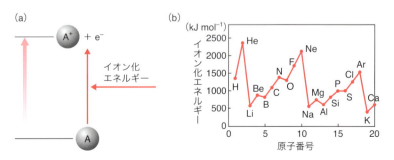

図2.3 原子の第1イオン化エネルギー
(a) イオン化エネルギーの定義，(b) 原子番号とイオン化エネルギー．

向は第1イオン化エネルギーに類似するが，内殻電子を取り除くのに必要な
エネルギーは大きい．

例題 2.1　イオン化エネルギー

下表のデータから，性質(a)〜(c)と一番よく対応するのは原子X, Y, Zのうちどれか．
(a) 塩素と1価のイオン性化合物を作る．
(b) 塩素と共有結合を作る．
(c) +2の酸化数を取ることが多い．

イオン化エネルギー（kJ mol^{-1}）

原子	第1	第2	第3	第4
X	738	1450	7730	10550
Y	800	2427	3658	25024
Z	495	4563	6912	9540

【解】Xは第1, 第2イオン化エネルギーが小さいから，2個の電子をもつ2族（アルカリ土類金属）元素と推定できる．同様に，Yは13族，Zは1族と推定できる．ちなみにX, Y, ZはそれぞれMg, B, Naである．
(a) Z, (b) Y, (c) X.

電子親和力

電子親和力(electron affinity)は中性原子が電子を得る過程，たとえば反応

$$F(g) + e^-(g) \to F^-(g) \quad \text{(吸熱)}$$

あるいはその逆反応

$$F^-(g) \to F(g) + e^-(g) \quad \text{(発熱)}$$

の反応熱（反応エンタルピー）である（図 2.4 a）．気相で電子を獲得する原子の種類は多くないのでデータはイオン化エネルギーほど豊かではないが，図 2.4 (b)に示すように，電子親和力は金属よりも非金属のほうが一般的に大きい．

例題 2.2　電子親和力

図 2.4 を見ずに，以下の各組の原子を電子親和力が小さい順に並べよ．
(1) O, S　(2) F, Cl, Br, I
【解】(1) O < S, (2) I < Br < F < Cl（FとClの順序が逆転している）．

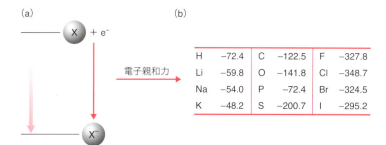

図 2.4　電子親和力
(a) 電子親和力の定義，(b) 電子親和力の値(kJ mol^{-1}, 発熱)．

■ Linus Carl Pauling
1901～1994，アメリカの化学者．1954年ノーベル化学賞，1962年ノーベル平和賞受賞．二つのノーベル賞の単独受賞という輝かしい業績を上げた．晩年，大量のビタミンCや他の栄養素を摂取する健康法を提唱したのは，ノーベル賞のハットトリックを狙ったためではと噂された．

ポーリング

電気陰性度

原子の電気陰性の大きさは，原子が電子を引きつける尺度，電気陰性度 (electronegativity) で定義される．ポーリングは，二原子分子 AB, AA, BB の結合エネルギー差で，2個の原子 A と B の電気陰性度の差を定義した．AB, AA, BB の結合エネルギーをそれぞれ D(A-B), D(A-A), D(B-B) とすると，結合がいくらかイオン結合性を帯びるため，異核二原子分子のほうが等核二原子分子より安定になるから，D(A-B) は D(A-A) と D(B-B) の幾何平均より大きい．したがって，次式に示す Δ(A-B) は正である．

$$\Delta(\text{A-B}) = D(\text{A-B}) - \sqrt{D(\text{A-A}) \times D(\text{B-B})} > 0 \quad (2.1)$$

Δ(A-B) の値は結合のイオン性が大きいほど，つまり D(A-B) が D(A-A) や D(B-B) より大きいほど大きくなる．ポーリングはこの値を用いて，原子 A，B の電気陰性度 χ_A, χ_B を次式で定義した．

$$|\chi_A - \chi_B| = \sqrt{\Delta(\text{A-B})} \quad (2.2)$$

表 2.1　典型元素の電気陰性度 χ (ポーリング)

H 2.1						
Li 0.97	Be 1.5	B 2.0	C 2.5	N 3.1	O 3.5	F 4.1
Na 1.0	Mg 1.2	Al 1.5	Si 1.7	P 2.1	S 2.4	Cl 2.8
K 0.90	Ca 1.0	Ga 1.8	Ge 2.0	As 2.2	Se 2.5	Br 2.7
Rb 0.89	Sr 1.0	In 1.5	Sn 1.72	Sb 1.82	Te 2.0	I 2.2
Cs 0.86	Ba 0.97	Tl 1.4	Pb 1.5	Bi 1.7	Po 1.8	At 1.9

> **例題 2.3　電気陰性度**
>
> 表 2.1 を見ずに，以下の各組の 3 個の元素を，電気陰性度が大きくなる順に並べよ．
>
> (1) C, N, O　(2) S, Se, Cl　(3) Si, Ge, Sn　(4) Tl, S, Ge
>
> 【解】(1) C < N < O，(2) S < Se < Cl，(3) Si < Sn < Ge (Ge の電気陰性度がやや変則的である)，(4) Tl < Ge < S.

■ Robert Sanderson Mulliken
1896～1986，アメリカの化学者．1966年ノーベル化学賞受賞．シカゴ大学教授を22年間勤めた．父親はマサチューセッツ工科大学(MIT)の教授．

マリケン

一方，マリケンはイオン化エネルギーと電子親和力の相加平均に比例する電気陰性度を定義した．

$$電気陰性度 = \frac{(イオン化エネルギー) + (電子親和力)}{2} \quad (1/\text{eV}) \quad (2.3)$$

マリケン，ポーリングのどちらの電気陰性度を用いても（いくつかの例外は

あるにしても），原子が電子を得てそれを保つ傾向は，周期表を左から右に，下から上に進むにつれて大きくなる．これは元素の化学的性質を理解するうえで重要である．

表 2.1 からはさらに多くの有益な情報が引き出せる．互いに結合している 2 個の原子の電気陰性度の差は半定量的ではあるが，双極子モーメントや結合エネルギーのような結合に関する情報と関連させることができる．

2-2 結合の極性

双極子モーメント

2 種の原子 A, B（$\chi_A > \chi_B$）が作る結合 A-B では，図 2.5 の矢印で表されるような電荷の偏りがあり，距離 r を隔てた一対の正負の電荷 $+q$ と $-q$（絶対値は等しい）は，（電気的）双極子（electric dipole）を作る．双極子の向きは + から − 方向に →印を書いて表す．その大きさ rq が双極子モーメント（dipole moment）である．双極子モーメントは大きさ μ（単位はデバイ D）と向きをもつベクトル量である（図 2.5）．ただし，実験で大きさは求められるが，向きは決められない．

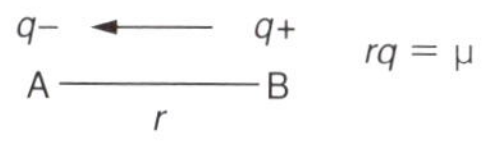

分子の各結合の双極子モーメントのベクトル和を分子双極子モーメント（molecular dipole moment）と呼ぶ．分子構造に対称性があれば，各結合の双極子モーメントが相殺され，ベクトル和が小さくなる．たとえば四塩化炭素 CCl_4 は極性の大きい C-Cl 結合を含んでいるが，分子双極子モーメントがゼロになる．これに対して，対称性を欠くクロロホルム（$CHCl_3$）は分子双極子モーメントをもつ(1.04 D，図 2.6)．

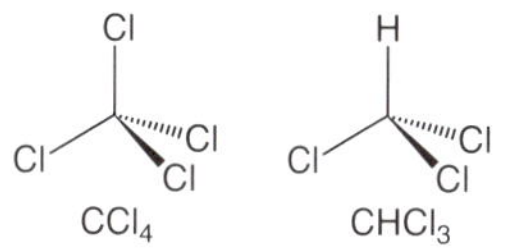

図 2.5 双極子モーメント

図 2.6 CCl_4（0 D）と $CHCl_3$（1.04 D）

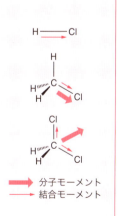

> **例題 2.4 双極子モーメント**
> (1) 塩化水素 HCl，ジクロロメタン（塩化メチレン）CH_2Cl_2 のそれぞれについて，結合モーメントの方向と，分子モーメントの有無を調べよ．
> (2) 二酸化炭素 CO_2，三酸化硫黄 SO_3 は分子モーメントをもたない．このことから，これらの分子の構造を推定せよ．
> **【解】**(1) C-H 結合モーメントは C-Cl 結合モーメントに比べて無視できるほど小さい．結合モーメントの方向は右図の通りである．両分子とも分子モーメントをもつ．
> (2) 分子構造に対称性があるから，C-O 結合，S-O 結合の大きな結合モーメント打ち消されると考えられる．可能な構造は，CO_2 は炭素を中心にした直線構造，SO_3 は硫黄を中心，酸素が各頂点を占める正三角形構造である．これらの予測は VSEPR 理論によっても裏づけられる(4-4 節)

2-3 周期表と電子配置

電子配置 (electron configuration)

　原子の性質やその周期表上の位置は，電子あるいは価電子の数だけではなく，それらが電子殻にどのように配置されているかで決まる．表1.3の段階では，各原子のもつ電子はいくつかの殻に分配されたが，各殻の中での電子の間に特に区別はなかった．

　しかし電子配置は，図1.8が示すように，各軌道に含まれる電子のそれぞれがもつ四つの量子数で記述されなければならない．

第1～第3周期の原子の電子配置

　見返しの周期表に原子の電子配置を示した．第1周期から第3周期まではすでに1-6節(図1.8)に示した電子配置で説明できる．

　第1周期（$_1$H と $_2$He）では電子が1s軌道に入る．第2周期（$_3$Li から $_{10}$Ne）では価電子は2s，2p軌道に入る．第3周期（$_{11}$Na から $_{18}$Ar）では価電子は3s，3p軌道に入る．第2，第3周期にはそれぞれ8個の原子が含まれる．しかし，第4周期には18個の原子が含まれる．このため，第1～第3周期を短周期(short period)，第4周期以降を長周期と呼ぶこともある．

　原則として主量子数が軌道のエネルギーを決めるから，一般に主量子数が $n+1$ の軌道は，主量子数が n の軌道よりもエネルギーが高い．これは方位量子数がs, pの軌道（s軌道，p軌道）については常に成立する．しかし，方位量子数がdの軌道（d軌道，最初のd軌道は3d軌道）は軌道の形が円形から大きくずれ，そのために3d軌道のエネルギーは4s軌道のエネルギーより高いが，4p軌道のエネルギーより低い．これは主量子数が一つ増えた5d軌道についてもいえる．すなわち，エネルギーの大きさの順は次のようになる．

$$4s < 3d < 4p < 5s < 4d < 5p < \cdots$$

このため，第3周期では3d軌道に電子が入った原子は関与せず（原子数8），第4周期に3d軌道に電子が入った原子が含まれる（原子数18）．長周期が第3周期ではなく第4周期から始まるのはこのためである．

第4，第5周期の原子の電子配置

　第4周期では $_{19}$K～$_{20}$Ca の価電子は4s軌道に，$_{31}$Ga～$_{36}$Kr の価電子は4p軌道に入る．ただし表2.1に見られるように，若干の変則がある．$_{21}$Sc から $_{30}$Zn までの原子では3d軌道に電子が入っていくが，3d軌道の電子は価電子ではない．したがって $_{21}$Sc から $_{30}$Zn は同じ数の価電子をもつことになり（変則が1カ所あるが），その性質は原子番号が増えてもあまり変化しない．

　これが典型元素と遷移元素の差の原因である．典型元素では原子番号が一つ増えるごとに，つまり電子が1個増えるごとに価電子の数も1個増え，したがっ

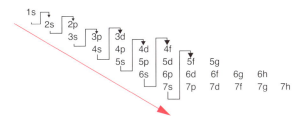

図 2.7　軌道のエネルギーの大きさの順序

て原子の化学的性質も大きく変化する．

　第 5 周期は主量子数が 4 であるが，ここでも 4f 軌道のエネルギーは 6s 軌道のエネルギーと 5d 軌道のエネルギーの中間であり，第 5 周期ではなく，第 6 周期に関連してくる．各軌道のエネルギーの大小関係は以下のようになる．

$$5s < 4d < 5p < 6s < 4f < 5d < 6p < \cdots$$

かなり複雑であり，主量子数の値だけでは決まらない．第 5 周期では $_{37}$Rb〜$_{38}$Sr の価電子は 5s 軌道に，$_{39}$Y〜$_{47}$Ag では原則として価電子は 5s 軌道にあり，原子番号の増加とともに増えていく電子は 5d 軌道に入る．その点は第 4 周期の $_{21}$Sc〜$_{30}$Zn までと同じパターンである．$_{49}$In〜$_{54}$Xe までの原子は，原子番号の増加とともに増える電子を 5p 軌道に入れる．ただし見返しの周期表に見られるように，若干の変則がある．

　各軌道のエネルギーの大小関係は図 2.7 によって容易に求められる．図 2.7 のように各軌道を書き，次いで 1s から斜め左に線を引いていけば，各軌道のエネルギーの大きさの順序が得られる．

例題 2.5　原子の電子配置（原子番号 54 の原子まで）

　周期表を見ないで，以下の原子番号をもつ原子の電子配置と周期表上の族番号を書け．

　　3, 8, 14, 17, 32, 37, 54

【解】

3　（第 2 周期）	Li	$1s^2 2s^1$	1 族
8　（第 2 周期）	O	$1s^2 2s^2 2p^4$	16 族
14　（第 3 周期）	Si	$1s^2 2s^2 2p^6 3s^2 3p^2$	14 族
17　（第 3 周期）	Cl	$1s^2 2s^2 2p^6 3s^2 3p^5$	17 族
32　（第 4 周期）	Ge	$1s^2 2s^2 2p^6 3s^2 3p^6 3d^{10} 4s^2 4p^2$	14 族
37　（第 5 周期）	Rb	$1s^2 2s^2 2p^6 3s^2 3p^6 3d^{10} 4s^2 4p^6 5s^1$	1 族
54　（第 5 周期）	Xe	$1s^2 2s^2 2p^6 3s^2 3p^6 3d^{10} 4s^2 4p^6 4d^{10} 5s^2 5p^6$	18 族

第 6，第 7 周期の原子の電子配置

　第 6 周期には 4f 軌道に電子が入るため，含まれる元素の数は 7 × 2 = 14 増

えて 32 (= 18 + 14) 種類となり，電子配置の面で最も複雑な周期である．また第 2，第 3 周期のように原則通りに電子が入っていくのではなく，変則的な入り方をする原子も多い．しかしそれを考えなければ，図 2.7 に示した軌道のエネルギーの大きさの順に従って，エネルギーの低い軌道から順に埋まっていく．

$_{55}$Cs と $_{56}$Ba では電子が 6s 軌道に入り，価電子となる．次の $_{57}$La では，図 2.7 の順序に従えば，57 番目の電子は 4f 軌道に入るはずである．しかしここで変則が起こり，その電子は 4f 軌道でなく，5d 軌道に入る．その後の $_{58}$Ce から $_{70}$Yb までの 13 原子では，電子は順次 4f 軌道を埋めていく．

$_{71}$Lu から $_{80}$Hg までの 10 個の原子は電子が 5d 軌道を埋めていく過程に対応する遷移元素である．これらの原子では 6s 電子が価電子で共通であるから，5d 軌道に入っている電子の数が変わっても性質はあまり変わらない．

$_{81}$Tl から $_{86}$Rn までの原子では電子が 6p 軌道に入っていく過程に対応し，かつそれらは価電子であるから，原子番号の変化に伴って性質も大きく変化する典型元素である．

形式的には $_{57}$La から始まる 4f 軌道に電子が入る過程に対応する原子のシリーズはランタノイド系列 (lanthanoid series) と呼ばれる．

第 7 周期は 7s 軌道を埋める過程（$_{87}$Fr と $_{88}$Ra）の後，変則的に 5d 軌道に 2 個の電子が順に入っていく（$_{89}$Ac，$_{90}$Th）．それに続くのは 5f 軌道が埋まる $_{91}$Pa からまでの原子である．$_{89}$Ac から $_{103}$Lr までの元素はアクチノイド系列 (actinoid series) と呼ばれる．

天然に存在する元素で最も原子番号が大きいのは $_{92}$U であり，$_{93}$Np 以上の元素はすべて寿命の短い人工放射性元素である．アクチノイド系列は $_{103}$Lr で終わり，その後は 3 族元素ラザホージウム $_{104}$Rf から 11 族元素であるレントゲニウム $_{111}$Rg まで続く*3．人工放射性元素がどこまで作り続けられるかを予想するのは難しいといわれている．

*3 2011 年に元素の仲間に加えられたコペルニシウム $_{112}$Cn は 12 族元素で，先例に従えば典型元素の仲間である．これらの電子配置を実験的に定めるのは不可能だが，原則的に第 6 周期の対応する元素 Hg に準じると考えられている．

*4 電子数がきわめて多いこの種の元素の場合，すべての電子の電子配置を書く代わりに，$_{86}$Rn の元素記号を示すことで，この部分の電子配置は $_{86}$Rn と等しいことを示してもよい．

例題 2.6　コペルニシウムの電子配置

2011 年に正式に元素の仲間入りをしたコペルニシウム $_{112}$Cn の電子配置を考えよ．Cn はどの元素に似た性質を示すと考えられるか．

【解】 $_{112}$Cn　$1s^2 2s^2 2p^6 3s^2 3p^6 3d^{10} 4s^2 4p^6 4d^{10} 4f^{14} 5s^2 5p^6 5d^{10} 5f^{14} 6s^2 6p^6 6d^{10} 7s^2$

（あるいは*4，$_{86}$Rn $5f^{14} 6d^{10} 7s^2$ と表記してもよい）

表 2.2　電子配置の要点（第 1 ～ 第 6 周期）

周期	満たされる軌道	含まれる元素の数
1（短周期）	1s	2
2（短周期）	2s, 2p	2 + 6 = 8
3（短周期）	3s, 3p	2 + 6 = 8
4（長周期）	3d, 4s, 4p	2 + 6 + 10 = 18
5（長周期）	4d, 5s, 5p	2 + 6 + 10 = 18
6（長周期）	4f, 5d, 6s, 6p	2 + 6 + 10 + 14 = 32

表 2.2 に第 1〜第 6 周期の電子配置の要点をまとめた．第 7 周期は未完成なので表に含めない．

章末問題

2.1 イオン化エネルギー

1 mol の電子を金の表面から奪うのに必要なエネルギーは 492 kJ である．電子 1 個を金表面から奪うのに必要なエネルギーはいくらか．また，この仕事をすることができる電磁波の最大波長を求めよ．

2.2 電子親和力

同一族内の原子での電子親和力の変化は，対応するイオン化エネルギーの変化に比べて小さいのはなぜか説明せよ．

2.3 電気陰性度

表 2.1 を見ずに，以下の各組の 3 個の元素を，電気陰性度が大きくなる順に並べよ．

(1) Na, K, Rb (2) B, O, Ga (3) F, Cl, Br (4) S, O, F

2.4 双極子モーメント

ニトロベンゼンの双極子モーメントは 3.810 D である．C-H 結合モーメントは無視できるものとして，ジニトロベンゼンの 3 種類の異性体の分子双極子モーメントを求めよ．

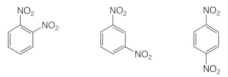

o-ジニトロベンゼン　m-ジニトロベンゼン　p-ジニトロベンゼン

2.5 原子の電子配置（原子番号 54 の原子まで）

周期表を見ずに，以下の原子の電子配置を書け．

(1) 3 番目のアルカリ金属 (2) 3 番目のハロゲン (3) 4 番目の第 2 族元素
(4) 4 番目の第 15 族元素

2.6 ローレンシウムの電子配置

アクチニウム $_{89}$Ac の電子配置は $_{86}$Rn・$6d^1 7s^2$ である．ローレンシウム $_{103}$Lr の電子配置と原子価を推定せよ．

3章 化学結合とその理論

基本事項 3-1 結合の様式

◆ 共有結合 ◆

【化学結合 (chemical bond)】原子の結合による物質 (分子) の生成の過程．原動力は結合の生成による系の安定化．

【共有結合 (covalent bond)】原子どうしが価電子を出し合い，互いに電子を共有して作る結合．共有結合は同種原子間にも異種原子間にも生じる．

【単結合 (single bond)】2個の原子が電子を1個ずつ出してそれらを共有して作る結合．

【二重結合 (double bond)】二つの原子がそれぞれ2個の電子を出し，計4個の価電子の共有によって生じる2組の共有電子対からなる結合．二酸化炭素 CO_2 など．

【三重結合 (triple bond)】3組の共有電子対による共有結合．N_2 など．

◆ イオン結合 ◆

【イオン】電荷を帯びた原子または原子団．電子の総数が陽子 (プロトン) の総数と異なる化学種という定義もできる (表 3.1)．

表3.1 イオンの名称とイオン式

価数	陽イオン	イオン式	価数	陰イオン	イオン式
1価	水素イオン	H^+	1価	塩化物イオン	Cl^-
	ナトリウムイオン	Na^+		ヨウ化物イオン	I^-
	カリウムイオン	K^+		水酸化物イオン	OH^-
	銅(I)イオン	Cu^+		硝酸イオン	NO_3^-
	銀イオン	Ag^+		炭酸水素イオン	HCO_3^-
	アンモニウムイオン	NH_4^+		酢酸イオン	CH_3COO^-
2価	マグネシウムイオン	Mg^{2+}	2価	酸化物イオン	O^{2-}
	カルシウムイオン	Ca^{2+}		硫化物イオン	S^{2-}
	バリウムイオン	Ba^{2+}		炭酸イオン	CO_3^{2-}
	亜鉛イオン	Zn^{2+}		硫酸イオン	SO_4^{2-}
	鉄(II)イオン	Fe^{2+}			
	銅(II)イオン	Cu^{2+}			
3価	アルミニウムイオン	Al^{3+}	3価	リン酸イオン	PO_4^{3-}
	鉄(III)イオン	Fe^{3+}			

注：Cu^+ と Cu^{2+} など，同じ元素で価数が異なるイオンの名称は，銅(I)イオン，銅(II)イオンのように，イオンの価数をローマ数字で示す．

【陽イオン（cation）】正電荷を帯びたイオン．ナトリウムイオン Na^+（図 3.5）など．

【陰イオン（anion）】負電荷を帯びたイオン．塩化物イオン Cl^- など．

【イオン結合（ionic bond）】反対符号の電荷をもつイオンの間に静電気的引力（クーロン力）が働いて生じる結合．Na^+ と Cl^- との間に生じる結合など．

【電荷のつり合い】イオン結合では陽イオンの電荷と陰イオンの電荷がつり合う．（陽イオンの価数×陽イオンの数）＝（陰イオンの価数×陰イオンの数）．

◆ 金属結合 ◆

【自由電子（free electron）】イオン化エネルギーが小さいため，原子核から離れ，自由に動き回ることができる金属原子の価電子．金属の高い熱伝導性，電気伝導性，展性，延性，金属光沢は自由電子が存在するためである．

【バンド理論（band theory）】金属内の電子は量子化されたエネルギーをもつ軌道に属している．相互作用する原子軌道の数が増えるにつれて分子軌道のエネルギー差はほとんど無視できるくらい狭くなり，各準位はある幅のエネルギーの自由度をもったバンド構造になるという理論．

◆ 配位結合 ◆

【配位結合（coordinate bond）】2 個の原子が結合する際，結合電子対に用いられる 2 個の電子を一方の原子だけが提供して生じる結合．アンモニウムイオン NH_4^+ など．

【錯イオン（complex ion）】非共有電子対をもつ分子や陰イオン，すなわちリガンド（ligand）が金属イオンに配位結合して生じたイオン．テトラアンミン銅(II)イオン $[Cu(NH_3)_4]^{2+}$ など．

◆ 水素結合 ◆

【水素結合（hydrogen bond）】水素原子を仲立ちとして，大きな極性をもつ分子どうしが引き合う結合．水分子間の水素結合の強さは $22\ kJ\ mol^{-1}$ 程度．フッ化水素 HF など．水素結合は共有結合やイオン結合よりかなり弱い．

◆ 分子間力 ◆

【分子間力（intermolecular force）】無極性分子であるメタン CH_4，水素 H_2，ヘリウム He（単原子分子）も低温では液体に，極低温では固体になる．この種の凝集の原動力．

【ファンデルワールス力】有極性分子間に働く弱い相互作用．

3-1 共有結合の理論:原子価結合法

ハイトラー・ロンドンの理論

「電子を共有することによって,2個の原子が作る系が安定化する」という共有結合の理論はルイスやラングミュアによって提案された(20世紀初頭).この説の理論的説明は量子力学によってなされた.量子力学が提案された2年後,ハイトラーとロンドンは2個の水素原子からなる系の波動方程式を近似的に解くことを試みた(1927年).

2個のプロトンと2個の電子からなる系では,電荷が異符号のプロトン・電子間には引力が,電荷が同符号のプロトン・プロトン間,電子・電子間には斥力が働く.この様子を二つのモデルA(プロトン1と電子1が引き合う,図3.1 a)とモデルB(プロトン1と電子2が引き合う,図3.1 b)で表す.

■ Gilbert Newton Lewis
1875〜1946,アメリカの化学者.オクテット則の提唱などの化学結合理論の他に,ルイス酸の概念の確立など,多くの分野でノーベル賞に値する功績があったが,不可解にも受賞には至らなかった.

■ Irving Langmuir
1881〜1957,アメリカの化学者.1932年ノーベル化学賞受賞.化学結合理論に関してはルイスとライバルの関係にあった.ただし,彼の受賞理由は界面化学における貢献である.

■ Walter Heinrich Heitler
1904〜1981,ユダヤ系のドイツの物理学者.ロンドンとの共同研究が後に原子価結合法に発展した.ナチス時代はアイルランドに亡命した.

■ Fritz Wolfgang London
1900〜1954,ドイツ生まれのアメリカの物理学者.ハイトラーとの量子化学の研究の他に,低温科学の分野で功績があった.

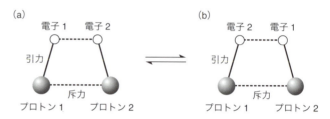

図3.1 2個の水素原子からなる系の二つのモデル

モデルAについて,系のエネルギーをプロトン1とプロトン2の間の距離rの関数として計算すると,図3.2(a)に示すように,実験で観測される(図3.2 c)極小値(つまりH-H結合の長さ)が再現されない.この極小値は2個の水素原子が結合した場合の原子間距離,すなわち結合距離に対応するはずである.つまりモデルAは実在の水素分子にあまり対応していない.

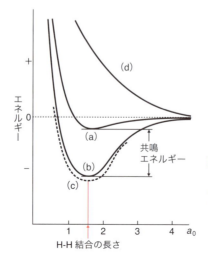

図3.2 2個の水素原子からなる系のエネルギー
横軸はボーア半径a_0を単位とした2原子間の距離.(a)一方のモデルAだけを考えた場合,(b)モデルAとモデルBの共鳴を考えた場合,(c)実測値,(d)2個の電子のスピンが同方向の場合(反結合性軌道).

モデルの改善

そこで電子1と電子2の位置を交換したモデルB (図3.1 b) を導入し，両者が結合に同等に寄与すると考えて計算すると，結合状態の確率が増えて系は安定化し，実測値に近い結果 (図3.2 b) が得られる．すなわち，水素分子でのH-H結合距離に相当する値で極小値となる．このとき，モデルAとモデルBの二つの状態が共鳴 (resonance) しているといい，図3.2の(a)と(b)のエネルギー差を共鳴エネルギー (resonance energy) という．

図3.2 (d) は2個の電子のスピンが同方向を向いている系のエネルギーである．これは1個の軌道に入る2個の電子のスピンが逆平行でなければならないというパウリの排他原理に反している．この状態はエネルギーが高く，反発力が支配的で，結合を不安定化させる状態，すなわち反結合的 (antibonding) 状態である．2個の原子核の間で2個の電子が共有され，そのスピンが逆平行になるとき，安定な結合が生じる．

ハイトラーとロンドンの方法は共有結合に対する最初の理論的な説明であり，この理論が水素分子に限らず，結合一般に適用できることが期待された．

原子価結合法 (VB 法)

ハイトラー・ロンドンの方法は以下のようにまとめられる．

① 基底状態にある2個の水素原子が無限に離れているときは，系の波動関数は $1s_1(1)1s_2(2)$[*1] (図3.1 a) または $1s_1(2)1s_2(1)$ (図3.1 b) で表される．
② しかし2個のプロトンが近づくと，2個の電子を区別することはできないから，系は二つの波動関数の線形結合 (linear combination)[*2] で近似される．すなわち，次が成り立つ．

$$\Psi_+ = N_+\{1s_1(1)1s_2(2) + 1s_1(2)1s_2(1)\} \tag{3.1}$$
$$\Psi_- = N_-\{1s_1(1)1s_2(2) - 1s_1(2)1s_2(1)\} \tag{3.2}$$

ここで N_+, N_- は軌道関数を規格化[*3] (normalize) するための定数である．
③ これを解いて式(3.1)と(3.2)に対応する固有値 E_+, E_- を求めると，E_+ は図3.2(c)を，E_- は図3.2(d)を与える．

*1 1sの右側の下付き添字は電子の番号を，かっこの中の数字はプロトンの番号を表す．
*2 一次結合ともいう．

*3 一つの電子軌道関数 Ψ に関して，全空間についての Ψ² の積分を1にするための定数．1-6節参照．

この方法を原子価結合法 (VB, valence bond theory) という．原子価結合法では，分子はそれを構成する原子の原子軌道関数で表されると考える．

水素分子の生成

水素分子の生成の，原子価結合法による結合生成の描写を図3.3に示す．パウリの排他原理によると，二つの原子軌道 (電子を1個ずつもつ) の重なりによって生じる新しい軌道に入る2個の電子は，スピンが逆平行でなければならない．

s電子の重なりで生じる結合では，電子は結合軸に対して円筒対称に分布す

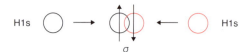

図 3.3 水素分子の生成(VB 法)

*4 σ結合はs軌道の重なりで生じる．σはギリシャ語のs．

*5 代表的なπ結合はp軌道の重なりで生じる．πはギリシャ語のp．

るが，このタイプの結合はσ（シグマ）結合[*4]と呼ばれる．これに対して2p電子の重なりで生じる結合では，一組の電子はσ結合を作るが，二組の電子は結合軸に対して垂直方向に分布する．このタイプの結合はπ（パイ）結合[*5]と呼ばれる（例題3.1 参照）．

> **例題 3.1 原子価結合法**
> 窒素原子の電子配置は$1s^2 2s^2 2p^3$ ($2p_x^1 2p_y^1 2p_z^1$：ただし結合軸の方向をxとする)である．窒素分子の生成の原子価結合法による描写を図3.3にならって示せ．なお，結合に関与するのは2p電子である．
>
> **【解】** $2p_y$どうし，$2p_z$どうしの重なりでは電子は結合軸に垂直方向に分布する．窒素分子では2個の原子はσ結合1本とπ結合2本，すなわち三重結合で結ばれている．
>
>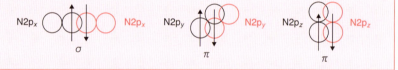

3-2 共有結合の理論：分子軌道法（MO法）

分子軌道

原子価結合法は分子にも原子軌道関数がそのまま適用できるという理論であった．しかし20世紀の半ばには，分子軌道法(molecular orbital theory)が提案され，原子価結合法よりも広く用いられるようになった．この方法では，分子の中では，電子は結合している2個の原子の間に局在しているのではなく，原子核や他の電子の影響を受けて分子全体に広がるという前提に立つ．すなわち分子軌道法では，(原子が原子軌道関数をもつように)分子は分子軌道関数をもち，分子軌道関数は既知のn個の原子軌道関数の線形結合で表されると仮定する．

分子軌道法によれば，最も簡単な分子である水素分子イオンH_2^+（図3.4）の分子軌道は以下のように表される．

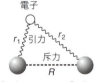

図 3.4 水素分子イオン

① この系の波動方程式は，基本の波動方程式

$$-\frac{h^2}{8\pi^2 m}\nabla^2\Psi + V\Psi = E\Psi \tag{3.3}$$

にポテンシャル項を代入した次式で与えられる．

$$-\frac{h^2}{8\pi^2 m}\nabla^2\Psi + \frac{e^2}{4\pi\varepsilon_0}\left(-\frac{1}{r_1}-\frac{1}{r_2}+\frac{1}{R}\right)\Psi = E\Psi \qquad (3.4)$$

② 電子がプロトン 1 のすぐ近くにあるときはプロトン 2 の影響は無視でき，原子軌道関数はプロトン 1 の周りの電子 $1s_1(1)$ の軌道関数（式 3.5）で近似できる．同様に，電子がプロトン 2 のすぐ近くにあるときには，原子軌道関数はプロトン 2 の周りの電子 $1s_2$ 軌道関数（式 3.6）で近似できる．

$$\phi_+(1) = a\{1s_1(1) + 1s_2(1)\} \qquad (3.5)$$
$$\phi_+(2) = a\{1s_1(2) + 1s_2(2)\} \qquad (3.6)$$

式中の (1)，(2) は電子がそれぞれプロトン 1 あるいはプロトン 2 の近くにあることを示す．

③ ここで近似的な分子軌道関数として二つの原子軌道関数の線形結合を考える．水素分子全体についての軌道関数 Ψ_+ は，この二つの原子軌道関数の積である．

$$\begin{aligned}\Psi_+(1,2) &= \phi_+(1)\cdot\phi_+(2) = a\{1s_1(1)+1s_2(1)\}\times a\{1s_1(2)+1s_2(2)\}\\ &= a^2\{1s_1(1)1s_1(2)+1s_1(1)1s_2(2)+1s_1(2)1s_2(1)+1s_2(1)1s_2(2)\}\end{aligned} \qquad (3.7)$$

この軌道関数は分子全体に広がる 2 電子軌道関数で，分子軌道関数あるいは単に分子軌道（molecular orbital）と呼ばれる．これに対して，すでに述べたように，原子に関する 1 電子軌道関数は原子軌道関数あるいは単に原子軌道（atomic orbital）と呼ばれる．

この例のように，分子軌道（MO）を原子軌道（AO）の線形結合で近似させる方法を LCAO MO 法[*6]という．複数の原子を含む分子軌道はきわめて複雑だが，原子軌道の線形結合で表せば著しく簡略化される．

[*6] LCAO は Linear Combination of Atomic Orbitals の頭文字．

原子価結合法と分子軌道法との違い

原子価結合法と分子軌道法とでは，分子のどのような電子状態を考慮するかという点に違いがある．定数項を別にすれば，式 (3.7) の第 2 項，第 3 項は式 (3.1) の二つの項と同じである．これらの電子状態は，2 個の電子のそれぞれが別の原子軌道に属していて，中性の分子に対応している．一方，式 (3.7) の第 1 項，第 4 項は，2 個の電子がともに一つの原子の原子軌道に入った，イオン構造 H^+-H^- に対応している．式 (3.1) には対応する項がないから，原子価結合法はイオン構造に対する考慮がなされていない方法といえる．

3-3 等核二原子分子の分子軌道

水素分子の分子軌道

2個の原子軌道から作られる水素分子では,原子軌道の数だけの,すなわち2個の分子軌道ができる.式 (3.7) に示した $\Psi_+(1,2)$ はその一つであるが,それに対応して $\Psi_-(1,2)$ と表記される分子軌道ができる.この分子軌道はもとの原子軌道よりエネルギーが高く,したがって結合に寄与しない.そのため,$\Psi_+(1,2)$ は結合性(bonding)分子軌道,$\Psi_-(1,2)$ は反結合性(antibonding)分子軌道と呼ばれる.図 3.5 に水素分子軌道の模式図(分子軌道図:molecular orbital diagram)を示す.2個の電子は安定な結合性軌道に,スピンを逆にして入る.このため,水素分子は安定に存在する.

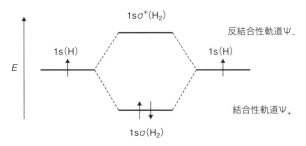

図 3.5 水素の分子軌道図

例題 3.2 分子軌道法:等核二原子分子

ヘリウムの 1s 原子軌道だけが分子軌道に寄与すると仮定して,He_2 分子が安定に存在するかどうかを考察せよ.

【解】各 He 原子はそれぞれ 1 個の 1s 電子を結合性 $1s\sigma$ 分子軌道に与え,もう 1 個の 1s 電子を反結合性 $1s\sigma^*$ 分子軌道に与えるから,ヘリウム分子は不安定である.

後述するが,He_2 分子の結合次数は 0 で,二つのヘリウム原子の間に結合は生じない.

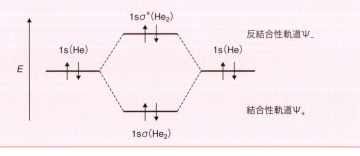

等核二原子分子

2p 軌道が関与する酸素分子などの分子軌道の場合も,水素分子の分子軌道

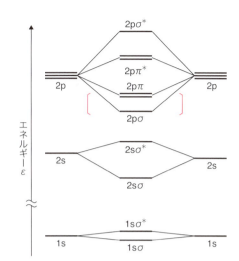

図 3.6 原子軌道から分子軌道の生成：二原子分子の分子軌道図
〔 〕は，エネルギーの高低が原子によって変わる部分．

と同様，2個の 1s 軌道から $1s\sigma$ と $1s\sigma^*$，2個の 2s 軌道から $2s\sigma$ と $2s\sigma^*$ が作られる．

結合軸を x 軸とすると，結合軸に平行な $2p_x$ と結合軸に垂直な $2p_y$, $2p_z$ では分子軌道中での役割が違う．二つの $2p_x$ 軌道から $2p_x\sigma$ と $2p_x\sigma^*$ が作られる．また，二つの $2p_y$ 軌道から $2p_y\pi$ と $2p_y\pi^*$ が作られる．同様に，二つの $2p_z$ 軌道から $2p_z\pi$ と $2p_z\pi^*$ が作られる（図 3.6）．反結合性軌道に入った電子は分子の安定性に寄与しない．

図 3.6 に等核二原子分の分子軌道と構成原子の原子軌道との関係を示す．第 2 周期の原子についていえば，Li_2 分子から N_2 分子までは $2p\pi$ のエネルギーのほうが $2p\sigma$ のエネルギーよりも低いが，O_2 分子，F_2 分子，Ne_2 分子では $2p\sigma$ のエネルギーのほうが $2p\pi$ のエネルギーよりも低い．図 3.7 には酸素分子の分子軌道を示す．

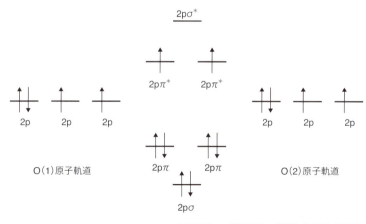

図 3.7 酸素分子の分子軌道図

結合次数

　電子が結合性分子軌道に入れば分子は安定になるが，逆に反結合性分子軌道に入ると分子は不安定になる．図3.7の酸素分子の場合，結合性分子軌道 $2p\sigma$ と $2p\pi$ には合計6個の電子が入って分子を安定化しているのに対して，反結合性分子軌道には $2p\pi^*$ に2個の電子が入っているだけであり，$6-2=4$ 個分の電子が安定化に寄与している．

　以上の議論に基づいて，結合次数(bond order)が次式で定義される．

$$\text{結合次数} = \frac{(\text{結合性分子軌道に含まれる電子数}) - (\text{反結合性分子軌道に含まれる電子数})}{2} \quad (3.8)$$

これによると酸素分子の結合次数は $(6-2)/2 = 2$ となり，従来の価標による表現（二重結合）とも，また次章で扱う軌道の混成に基づく表現とも一致する．またネオン分子の結合次数は0であり，ネオン分子が存在しないことが理解できる．

　後述するように，この方法では奇数の電子をもつ化学種，たとえば O_2^+ は2.5重結合となり，より広い範囲の化学種に結合次数を定義できる．

異核二原子分子

　2個の原子が異なっていても，それらが周期表上で近い位置を占めている（たとえばNとO）場合には，等核二原子分子の分子軌道図を用いることができる．しかし，両原子の位置が離れている（たとえばHとF）場合には，同じ名称の軌道（たとえば2s）でもエネルギーが著しく異なることを考慮した分子軌道図が必要になる．

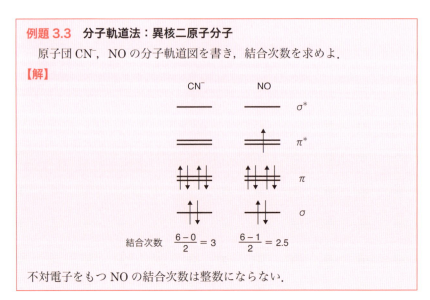

例題 3.3　分子軌道法：異核二原子分子

　原子団 CN^-，NO の分子軌道図を書き，結合次数を求めよ．

【解】

不対電子をもつ NO の結合次数は整数にならない．

章末問題

3.1 原子価結合法
塩素原子の電子配置は $1s^2 2s^2 2p^6 3s^2 3p^5 (3p_x^2 3p_y^2 3p_z^1)$ である．塩素分子の生成の，原子価結合法による描写を例題 3.1 にならって示せ．

3.2 分子軌道法：等核二原子分子
図 3.7 にならって Ne_2 の分子軌道（p 軌道のみでよい）を書き，結合次数を求め，2 個の Ne 原子の間には結合が生じないことを説明せよ．

3.3 分子軌道法：異核二原子分子
CO の電子配置を書き，結合次数を求めよ．

化学マメ知識

18 世紀の化学結合理論

化学結合は原子と原子のつながりであるから，原子の存在が認められていない時代には，今日の意味での化学結合の概念はなかった．しかし当時の化学者たちは化学反応の原因というべきものを考えており，これは一種の化学結合理論ともいえた．

18 世紀の化学者たちが信奉した親和力説 (affinity theory) は，今日の化学結合論の遠い祖先ともいえよう．親和力説のもとになる考えは「似たものどうしが引き合う」という常識的な考えだった．ジョフロアは 16 種類の物質の親和力の大きさ比較した表を作り（右図），反応の結果を予測した．それぞれの物質を表す記号は錬金術に由来する．たとえば，☉は金，☽は銀，>⊖は塩酸を表す．

19 世紀半ばになると，化学親和力を定量的に見積もる試みがなされるようになった．トムセンやベルトローは化学反応に伴う発熱量を化学親和力の尺度と考えたが，この考えでは自発的な吸熱反応を説明できない．反応熱と化学反応との関係は熱力学によって初めて明らかにされた．

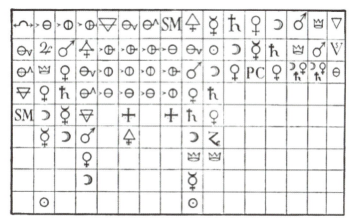

ジョフロアの親和力表

4章 分子の構造

基本事項 4-1　分子

◆ **分子の種類** ◆

【分子 (molecule)】0-3 節参照.

【単原子分子 (monoatomic molecule)】希ガスのように，単原子で安定な化学種.

【等核二原子分子 (homonuclear diatomic molecule)】双方の原子の電気陰性度が等しいので結合は分極せず，極性をもたない．H_2，Cl_2 など．

【異核二原子分子 (heteronuclear diatomic molecule)】双方の原子の電気陰性度が等しくないので結合は分極し，極性をもつ．HCl など．

【多原子分子】2 個以上の原子が共有結合して作る分子．水 H_2O，四塩化炭素 CCl_4 など．

【高分子 (polymer)】多数の原子が共有結合してできる巨大分子 (macromolecule)．単量体 (monomer) が繰り返して結合 (重合) した構造をもつので重合体ともいう．

【化合物 (compound)】2 種類以上の元素が化学結合で結びついた純物質．

【有機化合物 (organic compound)】炭素原子を含む化合物．ただし炭素を含んでいても，一酸化炭素 CO，二酸化炭素 CO_2，炭酸塩，シアン化物などは無機化合物に分類される．

【無機化合物 (inorganic compound)】有機化合物以外の化合物．具体的には炭素原子以外の原子からなる化合物．

◆ **分子の表し方** ◆

【化学式 (chemical formula)】化学物質の組成を構成元素の種類と数で示す表記法．

【組成式 (empirical formula)】物質の元素組成を示す，最も簡単な化学式．構成元素の種類と割合を示す数からなる．たとえばグルコース CH_2O．

【分子式 (molecular formula)】分子からなる化合物を表す化学式．構成元素の種類と数からなる．たとえばグルコース $C_6H_{12}O_6$．

【イオン式 (ionic formula)】イオンの組成を表す化学式．

【構造式 (structural formula)】分子内でどの原子が互いに結合しているかを示す化学式．原子と原子を価標で結んだ式 (図 4.1a) と，価標を省略した式 (図 4.1b) の両方が用いられる．ただし図 4.1(a) も分子の実際の形を表すもので

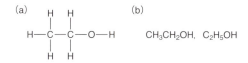

図 4.1 構造式の例

はない．

【ルイス式（点電子式[*1]）(Lewis formula, electron dot formula)】価電子を点（・）で表して結合している原子の間においた式．二重結合は二対の2個の点で，非共有電子対は点の対を原子の側におき，原子と原子の間にはおかない（図 4.2）．

| 水素分子 | H:H | 酸素分子 | :Ö::Ö: | 塩化水素 | H:C̈l: |
| 窒素分子 | :N⋮⋮N: | 水分子 | H:Ö:H | | |

図 4.2 ルイス式の例

[*1] 日本の教科書では「電子式」と呼ばれることが多いが，電子を「点」で表すというこの手法の特徴を取り入れた「点電子式」がより適切な表現であるといえよう．Gold Book も Lewis formula あるいは electron dot formula としている．

◆ 分子模型 ◆

【分子模型】分子の実際の構造を近似的に示すための工夫の一種（図 4.3）．

【球と棒模型 (ball-and stick model)】原子を球，結合を棒で表した模型（例：HGS 模型）．

【骨格模型】結合を短い棒，原子を棒のつなぎ目か先端にあると考える模型（例：ドライディング模型）．

【空間充填模型 (space-filling model)】球を原子半径に相当する大きさに造り，結合距離に見合った大きさに切り落として貼り付ける模型．電子雲の広がりとして分子を表現する（例：スチュアート模型）．

HGS 模型　　　ドライディング模型　　　スチュアート模型

図 4.3 分子模型の例

化学マメ知識

分子模型は昔からあった

分子模型は 19 世紀の化学者にも愛用されていた．ここに示した紙製の分子模型は 1875 年にファントホッフが自ら作ったもの．炭素正四面体構造を説明するために作られた．

4-1 混成軌道

sp³ 混成

第3章では二原子分子の構造と電子配置を，分子軌道法に基づいて考察した．本章では，多原子分子の構造を考察するのに有効な混成（hybridization）の概念について述べる．混成の概念は原子価結合法に基づいているが，簡単な分子の構造を直感的に理解できる優れた方法である．

炭素原子の電子配置は $1s^2 2s^2 2p^2$ であるが，フントの規則によれば p 軌道に入る2個の電子は，3個ある p 軌道（$2p_x, 2p_y, 2p_z$ とする）のうちの二つにそれぞれ1個ずつ入るので，電子配置を詳細に書けば，$1s^2 2s^2 2p^2$ でなく，$1s^2 2s^2 2p_x^1 2p_y^1$ となる．共有結合の理論によると，炭素原子は2個の水素原子が出す 1s 電子と共有結合を作る．したがって，炭素と水素から生じる化合物は CH_2 となるべきである．しかし，実際には炭素と水素からなる安定な化合物はメタン CH_4 であって，CH_2[*2]はきわめて不安定で，通常の条件ではきわめて不安定であることが知られている．

この問題は軌道の混成の概念の導入によって解決された．炭素原子の場合，1個の 2s 電子と3個の 2p 電子が混じり合い（混成），4個の同等な新しい軌道を作る．この新しい軌道は，一つの s 軌道と三つの p 軌道からできているので，sp^3 混成軌道（hybridzed orbital）と呼ばれる[*3]．炭素原子の sp^3 混成は図 4.4 のように表される．

*2 2価炭素原子と水素との化合物はメチレン，2価炭素の化合物の一般名はカルベン（carbene）である．

*3 厳密には $2s2p^3$ 混成軌道と表記するべきだが，第2周期の原子が関与する混成では，主量子数2を書かない．

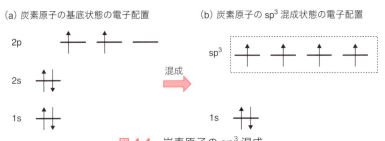

図 4.4 炭素原子の sp^3 混成

*4 厳密には楕円ではなく紡錘型．また，sp^3 混成軌道はひょうたん形をしているが，小さいほうの房を省略する．

軌道モデルを用いて図 4.4 を視覚化すると図 4.5 のようになる．なお本書を通じての約束だが，便宜上，混成軌道は一つの楕円[*4]で，p 軌道は一対の楕円で表す．

4個の混成軌道は同等であるから，その相互の位置関係は対称的である．す

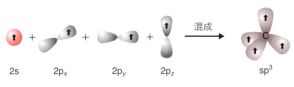

図 4.5 炭素原子の sp^3 混成（軌道モデル）

なわち，四つの混成軌道が正方形に広がるか，正四面体に広がるかの二つの可能性がある．この点に関しては，4価炭素原子の正四面体構造はすでにファント・ホッフとル・ベルによって独立に提案され（1874年），その後に実験でも証明されており，後者の配置をとることがわかっていた．

1個の2s電子と3個の2p電子は，新しくできた4個のsp³混成軌道にそれぞれ1個ずつ入る．したがって炭素原子は，2個でなく4個の水素原子と共有結合を作ることができ，正四面体構造をもつメタンCH_4が生成する．

炭素以外の原子，たとえば酸素原子にもsp³混成が起こる．酸素原子の場合は2個の混成軌道が非共有電子対に占められている（図4.6）．可視化すると図4.7のようになる．

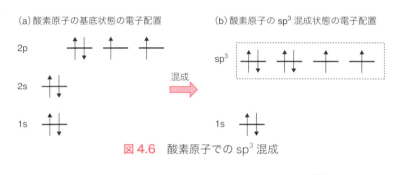

図4.6 酸素原子でのsp³混成

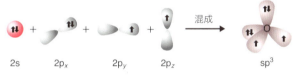

図4.7 酸素原子のsp³混成（軌道モデル）

■ Jacobus Henricus van't Hoff, Jr.
1852〜1911，オランダの化学者．1901年に「最初の」ノーベル化学賞を受賞．ただし受賞理由は炭素正四面体説ではなく，建設者の一人であり，終生力を注いだ物理化学（主に溶液の化学）の研究だった．

ファント・ホッフ

■ Joseph Achille Le Bel
1847〜1930，フランスの化学者．ファント・ホッフとほとんど同時に独立に炭素正四面体説を発表した．ほとんど無名といえる一生だったが，ファント・ホッフは彼の貢献を評価し，それぞれ独立にこの理論を構築したとみなした．

例題 4.1　sp³混成軌道

図4.6，4.7にならって，窒素原子のsp³混成を図示せよ．

【解】 窒素原子では混成軌道の一つに2個の電子が入り，非共有電子対となっている．窒素原子が3個の水素原子と共有結合を作ってアンモニアNH_3を生じることがわかる．

電子配置

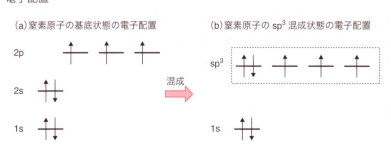

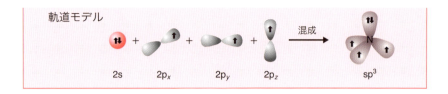

sp² 混成

sp³ 混成以外の混成の中で重要なのは sp² 混成と sp 混成である．sp² 混成は1個の 2s 軌道と2個の 2p 軌道が混成する．sp 混成は1個の 2s 軌道と1個の 2p 軌道が混成する．

3個の sp² 混成軌道は同一平面上にあり，その頂点は正三角形を作るので，2個の軌道が挟む角はそれぞれ 120°である(図 4.8)．混成に関与しなかった p 軌道は正三角形の面に垂直である．

sp² 混成炭素原子と sp² 酸素原子が結合して作る二重結合，すなわち >C=O 結合（カルボニル基）あるいは -COOH（カルボキシ基）をもつ分子は有機化学で重要な役割を果たす．

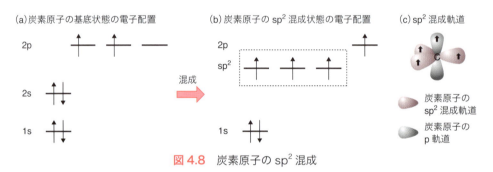

図 4.8 炭素原子の sp² 混成

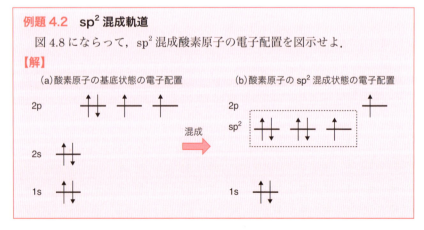

sp 混成

2個の sp 混成軌道が重なると直線を作るので，2個の軌道が挟む角は 180°である．混成にかかわらなかった2個の p 軌道と混成軌道はたがいに直交している．図 4.9 に炭素原子の sp 混成軌道を示す．

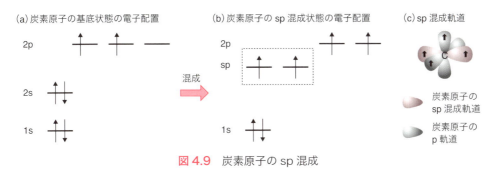

図 4.9 炭素原子の sp 混成

例題 4.3 sp 混成軌道

図 4.9 にならって，sp 混成窒素原子の電子配置を図示せよ．

【解】

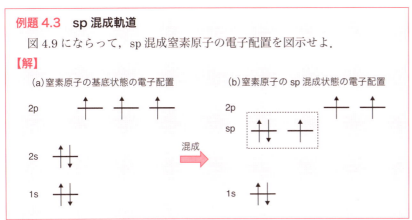

窒素原子は sp^2 と sp の二つの混成状態をとるが酸素原子は sp^2 混成だけが可能である．窒素分子 N_2 では 2 個の sp 混成窒素原子が三重結合で結ばれている．

4-2 分子の形

sp^3 混成軌道から生じる分子

原子の電子配置そのものは分子の形を伝えないが，混成軌道からは分子の形を予測することができる．sp^3 混成状態の炭素原子の混成軌道のそれぞれが水素原子の 1s 軌道と 4 個の C-H 共有結合を作るとメタンが生じる．よって，メタンは正四面体構造をとる(図 4.10)．

sp^3 混成軌道は水素以外の原子の軌道と重なることもできる．たとえば 2 個の炭素原子の sp^3 混成軌道が重なって C-C 結合の骨格を作る．残った 6 個の sp^3 混成軌道に 6 個の水素の 1s 軌道が重なればエタン CH_3-CH_3 が生じる（図 4.11）．

σ結合

前述の通り，軌道が縦方向に重なってできる結合を σ 結合という(図 4.11 参照)．σ 結合は結合軸の周りに回転できる．このため，エタン分子は図に示し

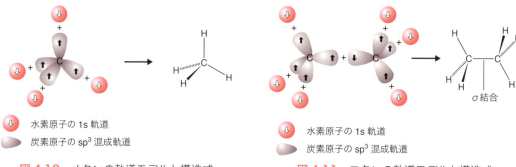

図 4.10　メタンの軌道モデルと構造式　　　　図 4.11　エタンの軌道モデルと構造式

た形に固定されているのではなく，C-C 結合を軸として回転している．

　窒素原子の sp^3 混成軌道 3 個が水素原子の 1s 軌道 3 個と重なるとアンモニア分子が生成する．残った sp^3 混成軌道には非共有電子対が入る．このため，アンモニアの構造は正四面体ではなく三角錐になる（図 4.12）．

　酸素原子の 2 個の sp^3 混成軌道が水素原子の 2 個の 1s 軌道と重なると水分子 H_2O が生成する．結合に使われなかった 2 個の sp^3 混成軌道は 2 対の非共有電子対が入る．このため，水分子の形は直線ではなく折れ線になる（図 4.13）．

　混成軌道を作るのは炭素原子，窒素原子，酸素原子だけではない．塩素原子が水素原子と結合して塩化水素 HCl を作るとき，あるいは 4 個の塩素原子が 1 個の炭素原子と結合して四塩化炭素を作るときは sp^3 混成状態にあるとみなせる．

sp^2 混成から生じる分子

　2 個の sp^3 混成状態の炭素原子がそれぞれ 1 個の sp^3 混成軌道を重ねて結合するとエタンが生じた．同様に，2 個の sp^2 混成状態の炭素原子がそれぞれ 1 個の sp^2 混成軌道を重ねて結合し，残った 4 個の sp^2 混成軌道と 4 個の水素原子の 1s 軌道が重なるとエテン[*5]（エチレン）が生じる（図 4.14）．

π 結合

　このとき，結合に使われなかった 2 個の 2p 軌道は互いに平行になり，横方向から重なって結合を作る．このようにして作られた結合を π 結合という．

*5　IUPAC が定めた化合物命名法によると，アルケン，アルキンは，対応するアルカンの語尾 (-ane) をそれぞれ (-ene)，(-yne) に変えて命名する．それに従うと慣用名として長く用いられてきたエチレン，アセチレンはエテン，エチンとなる．IUPAC 命名法は海外では次第に広く用いられてきているので，国際化の流れを受けて，本書ではエテン，エチンを用いる．ただし，完全に普及するまでにはまだまだ時間がかかるだろう．

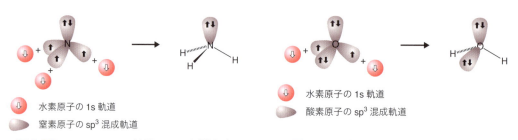

図 4.12　アンモニアの軌道モデルと構造式　　　　図 4.13　水 H_2O の軌道モデルと構造式

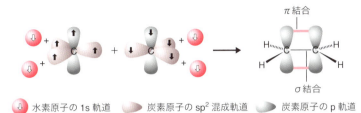

水素原子の1s軌道　炭素原子のsp²混成軌道　炭素原子のp軌道

図4.14 エテン(エチレン)の軌道モデルと構造式

すなわち，エテンのC-C間の2本の結合は同じものではなく，一方はσ結合，他方はπ結合である．

軌道が軸方向に重なってできたσ結合と異なり，p軌道が横方向に重なったπ結合は結合軸の周りに回転できない．このため分子は固定され，エテンの6個の原子は一つの平面上に並ぶ．π結合が固定されているので，XYC=CX'Y'型分子にはシス-トランス異性体[*6] (*cis-trans* isomer) がある (図4.15)．

図4.15 シス-トランス異性

[*6] 以前から幾何異性 (geometric isomerism) がシス-トランス異性の同義語として用いられているが，IUPACはこの用語をは使わないように勧告している．

例題 4.4　シス-トランス異性

ジクロロエテン $C_2H_2Cl_2$ のすべての異性体を書け．

【解】塩素原子が同一炭素に結合している場合と，別の炭素に結合している場合があり，後者の場合にシス-トランス異性体がある．

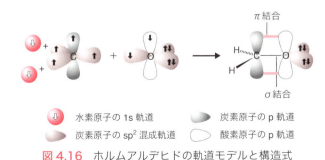

1,1-ジクロロエテン　　*cis*-1,2-ジクロロエテン　　*trans*-1,2-ジクロロエテン

二重結合は炭素原子と炭素原子の間に生じるだけではない．炭素原子以外の原子でもsp²混成状態をとれば二重結合を作ることができる．たとえば，2個のsp²酸素原子どうしが結合すると酸素分子 O_2 になる．sp²酸素原子はsp²炭素原子とC=O二重結合を作る．C=O結合を含む最も簡単な分子はホルムアルデヒドHCHOである．ホルムアルデヒドを作る4個の原子は同一平面上にある (図4.16)．後述 (4-4節) するVSEPR理論が分子の形を説明する．

水素原子の1s軌道　　炭素原子のp軌道
炭素原子のsp²混成軌道　　酸素原子のp軌道

図4.16 ホルムアルデヒドの軌道モデルと構造式

sp 混成から生じる分子

2個のsp混成状態の炭素原子がそれぞれ1個のsp混成軌道を重ねて結合し，残った2個のsp混成軌道と2個の水素原子の1s軌道が重なるとするエチン(アセチレン)が生じる．エチンの2個の炭素原子は，1本のσ結合と2本のπ結合，すなわち三重結合で結ばれている．エチンは4個の原子が一列に並んだ直線分子である(図4.17)．

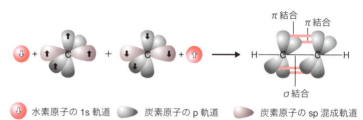

図 4.17　エチン(アセチレン)の軌道モデルと構造式

酸素原子は三重結合を作ることはできない．また，前述のように2個のsp窒素原子どうしが結合したものは窒素分子 N_2 である．

ベリリウム $_4Be$ の電子配置は $1s^2 2s^2$ である．2価原子として結合に関与するためには $(1s^2 2s^1 p)$ 配置となる必要があるが，ここで2s原子軌道と2p原子軌道が混じり合って図4.9に示すような2個の等価なsp混成軌道を作る．2個のsp混成軌道は互いに180°をなしているから，$BeCl_2$ は直線分子となる．

■ Friedlich August Kekulé von Stradonitz
1829～1896，ドイツの化学者．初めは建築家を志していたが，ギーゼン大学でリービッヒの有機化学の講義に感銘を受け，再入学してリービッヒの弟子となった．ベンゼンの構造の提案の他に，炭素の原子値が4であることを定めて原子価の概念を確立するなど，初期の有機化学理論，特に構造論の発展に重要な貢献をした．

*7　ベンゼンが正六角形をしていることはX線結晶解析で確認されており，ベンゼンのC-C結合の長さは 0.1399 nm である．エタンのC-C結合の長さは 0.1535 nm，エチレンのそれは 0.1339 nm で，ベンゼンはその中間の値である．

> **例題 4.5　多重結合を含む分子**
>
> アレン $CH_2=C=CH_2$ の軌道モデルを図4.17などにならって書け．なお，アレンの両端の炭素原子は sp^2 混成，真ん中の炭素原子はsp混成状態にある．
>
> 【解】分子の左半分を含む面と右半分を含む面は互いに直交している．
>
>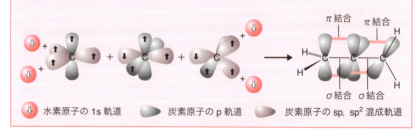

4-3 ベンゼン

ベンゼンは通常，ケクレが1864年に提案したケクレ構造式(図4.18 a, b)で表される．その後の研究により，ベンゼンの骨格を作る6個の炭素原子はすべて sp^2 混成であり，その軌道モデルは図4.19のようになることがわかった．ベンゼンの6本のC-C結合はすべて同等*7 なので，ベンゼンをケクレ式では

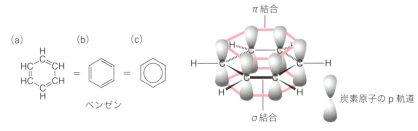

図 4.18　ベンゼンの構造式　　図 4.19　ベンゼンの軌道モデル

なく，二重結合の代わりに π 電子が環内に均等に分布している様子を表す円が用いられることも多い（図 4.18 c）．

ベンゼンの二重結合がエテンなどの二重結合とは異なる性質をもつことは，その反応性からも確かめられる．エタンと同じ単結合とエテンと同じ二重結合をつなげた 1,3,5-シクロヘキサトリエン（実在しない）に 3 mol の水素を付加させてシクロヘキサンとする反応の反応熱は，エテンに 1 mol の水素を付加させるときに発生する熱の 3 倍，すなわち 358.86 kJ mol^{-1} に近い値と予想される．

一方，ベンゼンに 3 mol の水素を付加させれば同様にシクロヘキサンになるが，そのときの反応熱は 208.36 kJ mol^{-1} に過ぎない．このことはベンゼンのもっているエネルギーが，仮想的な 1,3,5-シクロヘキサトリエンに比べて約 150 kJ 少ないからだと解釈される．この安定化のエネルギーを共鳴エネルギー（resonance energy）という（図 4.20）．

*8　高校で学習したように，臭素はエチレンに容易に付加するが，ベンゼンには付加しない．

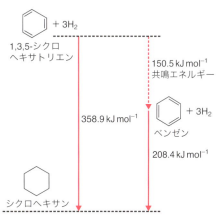

図 4.20　ベンゼンと 1,3,5-シクロヘキサトリエンの比較

4-4　VSEPR 理論

VSEPR 理論

シジウィックらは簡単な分子の構造を予測できる原子価殻電子対反発（valence shell electron pair repulsion，VSEPR）理論を提出した（1940 年）．

VSEPR 理論によると，XY_m 型分子の中心原子 X の周りの電子対の配置は，電子対の数で決まる．どの二つの電子対の間にも静電力（クーロン反発力）があり，原子軌道をなるべく互いに遠くに引き離そうとするように働く．さらに原子軌道を占める非共有電子対も共有電子対と同じ働きがある．すなわち，非共有電子対と共有電子対は互いに反発し，なるべく離れようとする．

VSEPR 理論を用いて分子の構造を決める手順を示す．

① 電子対の間の反発の大小は以下の原則に従う．
　非共有電子対間の反発＞非共有電子対と共有電子対の間の反発＞共有電子対間の反発

 Nevil Vincent Sidgwick
1873～1952，イギリスの化学者．原子価理論の研究から配位結合や水素結合の概念を確立した．オックスフォード大学教授を長く務めた．

シジウィック

② 分子のルイス構造を書く（共有電子対，非共有電子対のすべて）．
③ 電子対がなるべく遠く離れるような構造をとる．
④ 結合電子対を考慮しながら電子の位置を定める．
⑤ 構造を考慮して命名する．

直線型分子の構造

VSEPR 理論によると，Y-X-Y 型の分子において，2 価の中心原子 X が 2 個の電子対をもつ場合に，これらが最も離れる形，すなわち直線構造をとる（結合角 Y-X-Y が 180°）．実例は前述の塩化ベリリウム $BeCl_2$ である．

多重結合をもつ化合物も 2 価の中心原子をもつ化合物に含めれば，二酸化炭素 CO_2 も直線分子 O=C=O である．

三角形型分子の構造

VSEPR 理論によると，3 価のホウ素 $_5B$ を中心原子とする三塩化ホウ素 BCl_3 では，結合角 Cl-B-Cl は 120°で，かつ 4 個の原子は同一平面上にあり，3 個の Cl 原子を結べば正三角形となる．この構造は sp^2 混成を前提とした BCl_3 の構造に一致する．同様の三角形構造はエテン $H_2C=CH_2$，硝酸イオン NO_3^-，二酸化硫黄 SO_2 にも認められる．

正四面体型分子の構造

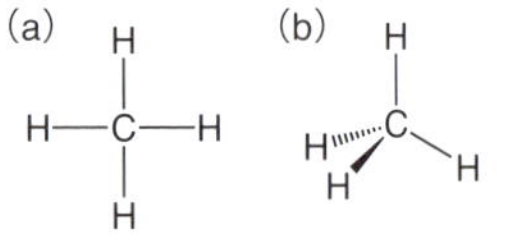

ファント・ホッフとル・ベルが提案した炭素正四面体説（1874 年）は，VSEPR 理論から自然に導かれる．メタン CH_4 では，炭素原子の 4 個の電子対間の反発を最小にする構造は〔結合角 H-C-H が 90°に過ぎない平面正方形（図 4.21 a）ではなく〕結合角 H-C-H が 109.5°の正四面体（図 4.21 b）である．

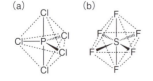

図 4.21 メタン CH_4 の構造

非共有電子対も勘定に入れると，アンモニアの窒素原子，水の酸素原子はいずれも 4 価であり，その形は四面体であるが，これらは厳密な正四面体構造ではなく，原子だけを考えれば三角錐である．結合角 H-N-H は $106.x°$，結合角 H-O-H は 104.5°である．なお 4 価の窒素を中心原子とするアンモニウムイオンはメタンと同じ正四面体構造である．硫酸イオン SO_4^{2-} も正四面体構造をとる．これらの議論はすでに sp^3 混成に関して述べたものと内容は同じである．したがって，VSEPR 理論と混成の概念は全く異なる根拠に立っているが得られた結果は同じであるといえる．

その他の形をとる場合

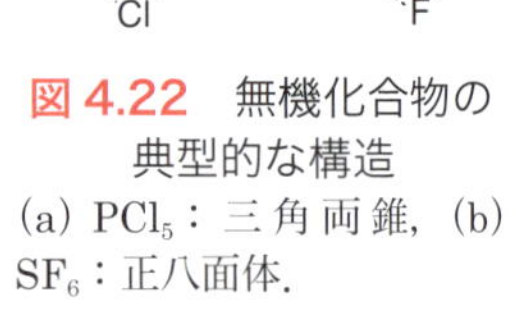

原子価が 5 以上の中心原子をもつ化合物の形も VSEPR 理論によって説明できる．5 価の化合物では三角両錐構造が安定であり，代表的な化合物は PCl_5 である（図 4.22 a）．6 価原子の化合物は正八面体で，SF_6 がよく知られた化合物である（図 4.22 b）．7 価の場合も同様で，化合物の構造は五角両錐である．

図 4.22 無機化合物の典型的な構造
(a) PCl_5：三角両錐，(b) SF_6：正八面体．

例題 4.6　VSEPR 理論

VSEPR 理論に基づいて，以下の化学種の構造を予測せよ．

(1) NO_3^-　(2) NF_3　(3) SbF_5

【解】(1) 平面三角形，(2) 三角錐，(3) 三角両錐

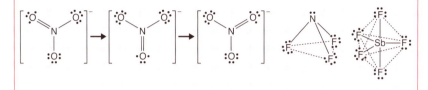

章末問題

4.1　sp^3 混成軌道

図 4.5 などを見ないで，フッ素原子の混成前後の基底状態の電子配置を示せ．

4.2　sp^2 混成軌道

図 4.8 にならって，窒素原子の軌道の混成前後の電子配置を書け．

4.3　sp 混成軌道

図 4.9 にならって，ベリリウム原子の軌道の混成前後の電子配置を書け．

4.4　シス-トランス異性

ジクロロシクロプロパン $C_3H_4Cl_2$ のすべての異性体を書け．

4.5　多重結合を含む分子

プロペン $CH_3\text{-}CH=CH_2$ の軌道モデルを図 4.17 などにならって書け．

4.6　VSEPR 理論

VSEPR 理論に基づいて，以下の化学種の構造を予測せよ．

(1) PCl_3　(2) $AlCl_3$　(3) ICl_5

化学マメ知識

いろいろなベンゼン？

ケクレが 1865 年にケクレ構造式を提案して，ファラデーが発見した化合物 C_6H_6 の構造の問題は解決したかに見えた．しかし，ケクレ構造に満足しない科学者も少なくなかった．ベンゼンは二重結合をもつ化合物の反応性を示さなかったからである．

何人かの科学者は分子式が C_6H_6 で，かつケクレ構造とは異なる構造の分子（すなわちベンゼンの構造異性体）を考えた．六角形を保ちながら二重結合の数と位置が異なるデュワーベンゼン（a），プリズムの形をもつプリズマン（b）などである．これらが確かに C_6H_6 であることは，それぞれの右図のように C と H を書き加えるとはっきりする．

しかしこれらの構造は科学者の想像上の産物ではなかった．20 世紀後半には，これらの骨格をもつ化合物がいくつも合成されている．

5章 気体とその性質

基本事項 5-1　気体

◆ 物質の状態 ◆

【物質の三態】標準状態での状態に応じて，気体(gas)，液体(liquid)，固体(solid)の三つに分類される．状態の変わりやすい物質もある（水 H_2O など）．

◆ 気体の性質 ◆

【性質】透明で全方向に拡散する．
【温度，圧力の効果】加熱／減圧により膨張し，冷却／加圧により収縮する．
【気体の混合】混ぜると一様な混合気体となる．

◆ 気体の圧力 ◆

【圧力計（気圧計）】気体の圧力を測定する装置．トリチェリが発明した．
【圧力の定義と単位】圧力とは単位面積あたりの力（圧力＝力÷面積）．単位は $1\,\mathrm{Pa} = 1\,\mathrm{N}/1\,\mathrm{m}^2$．1気圧（1 atm）＝ 101,325 Pa ＝ 1.01325×10^5 Pa ＝ 1013.25 hPa．

◆ 温　度 ◆

【熱力学温度】熱力学に基づいた温度スケールで単位はケルビン（K）．絶対零度（0 K）を基準にするため，絶対温度ともいう．熱力学温度（絶対温度）T（K）とセルシウス温度 t（℃）との間には以下の関係がある．温度の刻みは両者に共通である．

$$T\,(\mathrm{K}) = t\,(℃) + 273.15 \tag{5.1}$$

【絶対零度】図5.1(c)（後述）のグラフを外挿すると，$-273.2\,℃$で気体の体積 V は0となるので，この温度を温度の下限（0 K）とし，絶対零度と定義された．絶対零度は実現されたことはなく，0.000001 K 程度がこれまで到達できた最低温度．

■ Evangelista Torricelli
1608～1647，イタリアの科学者．ガリレオが死ぬまで，彼の弟子であった．数学者としても優れていた．以前に用いられていた圧力の単位トル（Torr）は彼の名にちなんだものである．

■ William Thomson, 1st Baron Kelvin
1824～1907，イギリスの物理学者．絶対温度スケールの提唱，熱力学第二法則の定式化などの業績の他に，大西洋横断電信ケーブルの敷設に成功し，その功で貴族に列せられた．

■ Robert Boyle
1627～1691，アイルランド出身の貴族．『懐疑的な化学者』という本を著して，アリストテレスなどの古代の権威に盲従しない姿勢を示し，近代科学への道を開いた．リトマス試験紙を使った最も初期の化学者の一人．

基本事項 5-2　気体の法則

◆ 気体の法則 (gas law) ◆

【ボイルの法則 (Boyle's law)】温度が一定のとき気体の体積と圧力の積は一定（図 5.1 a, b）．

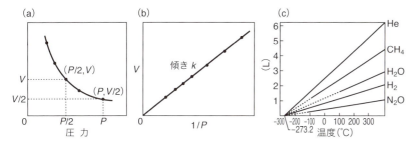

図 5.1 ボイルの法則とシャルルの法則
(a), (b) ボイルの法則, (c) シャルルの法則. 実線は実験値, 点線は実験値を外挿したもの. 物質量は気体によって異なる.

$$V = \frac{k_1}{P} \quad (T \text{は一定}) \quad \therefore \quad PV = k_1 \tag{5.2}$$

【シャルルの法則 (Chaeles's law)】気体は温度の上昇に比例して膨張する（図 5.1c）. 体積は温度に比例.

$$V = bT \tag{5.3}$$

【ゲイ・リュサックによる確認】気体の体積と温度とのプロットは直線関係を示す. 気体の体積 V は, 1℃の温度 (t) 変化で, 0℃における体積 V_0 の 273 分の 1 倍ずつ増減する.

$$V = V_0 + V_0 \frac{t}{273} = V_0 \frac{t + 273}{273} \tag{5.4}$$

（絶対温度目盛りでは, $V = k_2 T$, あるいは $V/T = k_2$）

【ボイル・シャルルの法則 1】ボイルの法則とシャルルの法則を一つにまとめたもの. 一定量の気体の体積 V は, 圧力 P に反比例し, 絶対温度 T に比例する.

$$\frac{PV}{T} = k_3, \text{ あるいは } V = \frac{k_3 T}{P} \tag{5.5}$$

（k_3 は圧力, 体積, 温度によらない定数）

【ボイル・シャルルの法則 2】絶対温度 T_1, 圧力 P_1, 体積 V_1 の体積の気体を T_2, P_2 にしたときの体積を V_2 とすると

$$\frac{P_1 V_1}{T_1} = \frac{P_2 V_2}{T_2} \tag{5.6}$$

【アヴォガドロの仮説】同温・同圧では, 気体の体積はその中に含まれる粒子数（物質量） n に比例する. すなわち

$$V = cn(T, P) \, (c \text{は温度, 圧力によらない定数}) \tag{5.7}$$

【アヴォガドロの法則】同温, 同圧では, 同体積の気体中には気体の種類に関係なく, 同数の分子が含まれる.

■ Jacques Alexandre César Charles
1746 ～ 1823, フランスの発明家, 科学者. 水素を詰めた気球で高度約 550 m まで昇るのに成功. いわば当時の宇宙飛行士でもあった.

■ Louis Joseph Gay-Lussac
1778 ～ 1850, フランスの物理学者, 化学者. シャルルの法則の発見者の一人であり, シャルルの法則はゲイ・リュサックの法則とも呼ばれる. 熱気球で 6400 m の高度まで上がって大気の調査を行うなど, 実践的な科学者だった.

■ Lorenzo Romano Amedeo Carlo Avogadro di Quaregna e di Cerreto
1776 ～ 1856, イタリアの貴族, 弁護士, 物理学者. アヴォガドロの法則を述べた彼の論文は難解で当時の学会には理解されなかったが, 死の 4 年後, 同国人のカニッツァロの努力によって広く認められるようになった.

5-1 気体の状態方程式

気体の状態方程式

気体の体積 V は T, n に比例し，P に反比例する．すなわち，次式の関係が成立する．

$$PV = nRT \tag{5.8}$$

式 (5.8) を気体の状態方程式 (equation of state)，比例定数 R を気体定数 (gas constant) という．0 ℃，1 atm において，理想気体 1 mol の体積は 22.414 L であるから，気体 1 mol について気体定数は，次式で求められる．

$$R = \frac{PV}{nT} = \frac{1\,\text{atm} \times 22.414\,\text{L}}{1\,\text{mol} \times 273.0\,\text{K}} = 0.0821\,\text{L atm K}^{-1}\,\text{mol}^{-1}$$

この値を J を含む値に換算すると

$$1\,\text{J} = 9.869 \times 10^{-3}\,\text{L atm} \quad \therefore \quad \text{L} = \frac{1\,\text{J}}{9.869 \times 10^{-3} \times 1\,\text{atm}}$$

であるから

$$R = 1\,\text{atm} \times 22.414 \times \frac{1\,\text{J}}{9.869 \times 10^{-3} \times 1\,\text{atm}} \times 1\,\text{mol} \times 273.1\,\text{K}$$
$$= 8.3145\,\text{J K}^{-1}\,\text{mol}^{-1}$$

例題 5.1　気体の状態方程式

1.20 g のメタン CH_4 が体積 950 cm³ の容器に入れられている．300 K でのその圧力を求めよ．

【解】 CH_4 の物質量 n は，(1.20/16.04) mol = 0.075 mol．$PV = nRT$ より

$$P = \frac{nRT}{V} = \frac{0.075\,\text{mol} \times 0.0821\,\text{L atm K}^{-1}\,\text{mol}^{-1} \times 300\,\text{K}}{0.950\,\text{L}} = 1.94\,\text{atm}$$

気体の分子量

任意の気体 w (g) の温度，圧力，体積から，気体の分子量（モル質量）M (g mol⁻¹) が得られる．

$$PV = \frac{wRT}{M} \quad \therefore \quad M = \frac{wRT}{PV} \tag{5.9}$$

例題 5.2　気体の分子量

ある液体物質 1.154 g を気化させたところ，90 ℃，2.0 atm で体積が

377 cm³ となった．この物質の分子量を求めよ．

【解】 $PV = nRT = \dfrac{wRT}{M}$

$M = \dfrac{wRT}{PV} = \dfrac{1.154\,\text{g} \times 0.0821\,\text{L atm mol}^{-1}\,\text{K}^{-1} \times 363\,\text{K}}{2.0\,\text{atm} \times 0.377\,\text{L}}$

$ = 45.6\,\text{g mol}^{-1}$

例題 5.3　気体の分子量

内部が真空の 0.500 L の容器の質量は 38.7340 g である．これに 24 ℃，1 atm の空気を満たすと質量が 39.3135 g になった．理想気体として，空気のみかけの分子量 M を求めよ．

【解】空気の質量 w は $39.3135 - 38.7340 = 0.5795\,\text{g}$

$M = \dfrac{wRT}{PV} = \dfrac{0.5795\,\text{g} \times 0.0821\,\text{L atm K}^{-1}\,\text{mol}^{-1} \times 297\,\text{K}}{1\,\text{atm} \times 0.5\,\text{L}}$

$ = 28.26\,\text{g mol}^{-1}$

分圧の法則

2 種類以上の気体を混合すると一様な混合気体となるが，その物質量は各成分気体の物質量の和となる．混合気体 (たとえば気体 A と気体 B) が示す圧力 (温度 T，体積 V) を全圧 (total pressure)，混合気体の各成分が単独に同条件で示す圧力を分圧 (partial pressure) という．この関係をドルトンの分圧の法則 (Dalton's law) という．全圧を P，分圧を P_A, P_B とすれば

$$P_A V = n_A RT \qquad P_B V = n_B RT \qquad \therefore\ P = P_A + P_B \tag{5.10}$$

混合気体の各成分気体の分圧は，その成分気体のモル分率[*1] x と，全圧との積に等しい．

$$\therefore\ P_A = P \dfrac{n_A}{n_A + n_B} = P x_A \tag{5.11}$$

■ John Dalton　1766～1844，イギリスの化学者．近代原子論を提唱した．57 年間続けた気象観測が彼の原子論の出発点となった．数値はともかく，原子量の概念は彼の提唱による．自らの先天性色覚異常も研究の対象とした．色覚異常の英語 daltonism はもちろん彼に由来する．

ドルトン

*1 A のモル分率 x_A は，$x_A = n_A/(n_A + n_B)$ で定義される．

例題 5.4　分圧の法則

酸素 O_2 が 6.0 L の容器に 2 atm の圧力で，窒素 N_2 が 1.0 L の容器に 3 atm の圧力で入っている．この 2 種類の気体を 1.5 L の容器に入れたときに生じる混合気体の全圧はいくらか．温度は一定であるとする．

【解】容器の体積が 4 分の 1 になるから，O_2 の分圧は $2 \times 4 = 8\,\text{atm}$. 容器の体積が 1.5 倍になるから，$N_2$ の分圧は $3 \times (2/3) = 2\,\text{atm}$

$\therefore\ $ 全圧 $= 8\,\text{atm} + 2\,\text{atm} = 10\,\text{atm}$

理想気体と実在気体

状態方程式に従う気体を理想気体（ideal gas）というが，これに対して実在気体（real gas）は多かれ少なかれ，状態方程式に従わず，標準状態での気体 1 mol の体積が 22.4 L からずれる（表 5.1）．

表 5.1　標準状態での 1 mol の実在気体の体積

化学式	分子量	沸点(℃)	1 mol の体積(L)
H_2	2	−253	22.42
CH_4	16	−161	22.37
N_2	28	−196	22.40
HCl	36.5	−85	22.25
NH_3	17	−33	22.09

実在気体の状態方程式

理想気体の状態方程式は実験データから導くことも，後述するように，理論的に導くこともできる（5-3 節）．しかし，実在気体は状態方程式には従わないのは，理論的に状態方程式を導いたときの以下の二つの仮定が現実に即していないからである．

① 気体分子の間には相互作用がない
② 気体分子の体積は無視できる

ファンデルワールスは，気体の実体積と，分子間の弱い相互作用を考慮した実在気体のための状態方程式（式 5.12）を提案した．この状態方程式は，理想気体の状態方程式（式 5.8）の第 1 項（圧力項）に気体間相互作用の補正項を，第 2 項（体積項）に気体の実体積に関する補正項を加えたものである．

$$\left(P + \frac{n^2 a}{V^2}\right)(V - nb) = nRT \tag{5.12}$$

ここで a, b はそれぞれの気体に固有な，ファンデルワールス定数と呼ばれる定数である（表 5.2）．定数 a, b が小さいほど，その気体は理想気体に近い挙動を示す．また，定数 a の大きさはその気体の液化の容易さに比例している．

■ Johannes Diderik van der Waals
1837 〜 1923，オランダの物理学者．1910 年ノーベル物理学賞受賞．学校の教師を務めていたが，ほぼ独力で科学を学び，27 歳でようやく大学入学を果たした．―結合，―力，―半径，―状態方程式など，彼の名を冠した科学用語が多いのは，研究の幅が広いことを物語っている．

ファンデルワールス

表 5.2　気体のファンデルワールス定数

気体	a (atm L^2 mol^{-2})	b (L mol^{-1})	気体	a (atm L^2 mol^{-2})	b (L mol^{-1})
He	0.0341	0.0237	C_2H_4	4.47	0.0571
Ne	0.2107	0.0171	CO_2	3.59	0.0427
H_2	0.244	0.0266	NH_3	4.17	0.0371
N_2	1.39	0.0391	H_2O	5.46	0.0305
CO	1.49	0.0399	Hg	8.09	0.0170
O_2	1.36	0.0318			

> **例題 5.5　理想気体と実在気体**
> 二酸化炭素 CO_2 10.0 mol を 2.0 L の容器に入れて 47℃に保ったところ，気体の圧力は 82 atm であった．(1) 理想気体，(2) 実在気体としたときの圧力を計算せよ．
>
> **【解】**(1) 理想気体としての圧力
>
> $$P = \frac{nRT}{V} = \frac{10.0 \text{ mol} \times 0.0821 \text{ L atm K}^{-1} \text{mol}^{-1} \times 320 \text{ K}}{2.0 \text{ L}} = 131.36 \text{ atm}$$
>
> (2) 実在気体としての圧力
>
> $$\left(P + \frac{n^2 a}{V^2}\right)(V - nb) = nRT \qquad P + \frac{n^2 a}{V^2} = \frac{nRT}{V - nb}$$
>
> $$P + 89.75 = \frac{262.72}{1.573} = 167.02 \quad \therefore \quad P = 77.27 \text{ atm}$$
>
> 二酸化炭素は非極性分子であり，極性分子に比べると理想気体からのずれは小さい．この条件のように比較的高圧下では，実在気体の状態方程式から得られた値のほうが実際の値に近い．

5-2　気体のさまざまな性質

臨界温度・臨界圧力

水蒸気は冷却すると容易に水になる．このように，気体は冷却して圧力をかけると，たとえば塩素などは比較的容易に液化する．しかし，それぞれの気体について，その温度以上ではどんなに圧力をかけても液化が起こらない温度がある．この温度を臨界温度 (critical temperature) という．臨界温度で気体を液化させるのに必要な圧力を臨界圧力 (critical pressure)，物質が臨界温度，臨界圧力を示す状態を臨界状態 (critical state) という (表 5.3)．

臨界温度は気体分子間引力で決まるから，極性の低い分子の臨界温度は低い．臨界温度以上では，気体分子のもつ運動エネルギーは分子間引力に比べて大きくなり液化が起こらない．二酸化炭素の臨界温度は常温に近いのが特徴である．

表 5.3　気体の臨界温度と臨界圧力

気体	臨界温度 (K)	臨界圧力 (kPa)	気体	臨界温度 (K)	臨界圧力 (kPa)
H_2O	647.2	22,060	N_2	126.1	3,390
HCl	224.4	81.6	NH_3	405.6	11,280
O_2	154.6	5,050	H_2	33.3	1,300
Cl_2	417	7,700	He	5.3	227
Ar	150.8	4,870	CO_2	304.19	7,380
CH_4	190.9	4,640	C_2H_5OH	514	6,300

■ Rudolf Julius Emanuel Clausius
1822〜1888，ドイツの物理学者．経済的理由から教師を務めながら研究を続け，熱力学に関する重要な論文を発表して熱力学第二法則を確立した．彼は当時の主要なエネルギー源である石炭はいずれ枯渇するから，滝を利用した水力発電などの代替エネルギーが必要になろうと予言していた．

■ James Clerk Maxwell
1831〜1879，スコットランド生まれのイギリスの物理学者．多くの分野で業績をあげたが，最大のものはファラデーの電場理論を発展させた近代電磁気学の完成である．思考実験である「マクスウエルの悪魔」でも有名．

■ Ludwig Eduard Boltzmann
1844〜1906，オーストリアの物理学者．原子レベルの系を支配する物理法則を元に，系の巨視的な性質を得る統計力学を完成させたことは，彼の最大の功績である．その他にも一定数，一分布など，彼の名を冠した科学用語がある．原子論の支持者だったが，反原子論者との論争に疲れて自殺した．

*2 すなわちエネルギー保存および運動量保存の法則がともに成立する．
*3 運動エネルギー $mv^2/2$ に対して，平均運動エネルギーは $m\bar{v}^2/2$ で表される．
*4 実際の気体粒子の運動方向，速度はまちまちである．

5-3 気体分子運動論

気体の力学的モデル

ボイル・シャルルの法則は経験則であり，理論から導かれたものではない．このため，1857〜1880年にかけて，クラウジウス，マクスウエル，ボルツマンらによって気体分子運動論（kinetic molecular theory of gases）が導入された．

さらにマクスウエルやボルツマンは，マクロな物質を対象とする学問であった熱力学を，ミクロな物質を対象とする学問である統計熱力学に発展させた．気体分子運動論はその出発点となった．

気体分子運動論の仮定

気体分子運動論は以下に示す多くの仮定の上に組み立てられている．

① 気体粒子（分子または原子）は質点と見なしうる．
② 粒子自身の体積は気体の体積に比して無視される．
③ 粒子は互いに相互作用（引力，反発力）を及ぼさない．
④ 気体粒子相互の衝突，粒子と器壁との衝突は完全弾性衝突である[*2]．
⑤ 気体の圧力は気体分子の器壁との衝突の結果である[*3]．

仮定②と③は粗い近似で，ファンデルワールスが実在気体の状態方程式についてこの仮定の補正を行ったことはすでに述べた．

気体の器壁への衝突

容器に閉じ込められた気体の圧力は，運動する粒子が器壁に衝突する結果として生じる（図5.2）．簡単のため，N個の粒子（質量m）が一辺の長さlの立方体の中に閉じ込められていて，壁に平行な三つの直角座標の方向（x, y, z）の一つの方向（たとえばx方向）に沿って，同じ確率で，同じ速度uで運動しているものとする[*4]．粒子1個が器壁（yz面：斜線で示す）に衝突したときの運動量の変化 Δmu は

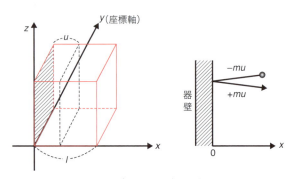

図5.2　気体の器壁への衝突

$$(\Delta mu) = mu - (-mu) = 2mu \tag{5.13}$$

である．したがって，粒子1個が器壁（yz面）に衝突したときに器壁に及ぼす力 f_1 は

$$f_1 = （衝突による運動量の変化）\times（単位時間あたりの衝突数）$$
$$= 2mu \times n$$

圧力の計算

気体が器壁に及ぼす圧力は図5.2において次の仮定を用いて計算する．

① 気体は完全に一様に分布している．
② $N/6$ 個の粒子は x 方向，$N/6$ 個の粒子は $-x$ 方向に速度 u で飛行している．同様にそれぞれ $N/6$ 個の粒子が $y, -y, z, -z$ 方向に速度 u で飛行している．

単位時間内に yz 面に衝突する粒子数は面 $x = u$ と面 $x = 0$ に挟まれた部分に含まれる粒子のうちの正方向を向いたもの（= 全体の 1/6）である．すなわち

$$n = N \times \frac{u}{l} \times \frac{1}{6} = \frac{Nu}{6l} \tag{5.14}$$

yz 面に及ぼされる力 f は

$$f = 2mu \times n = 2mu \times \frac{Nu}{6l} = \frac{mu^2}{3l}N \tag{5.15}$$

圧力 P は単位面積あたりの力であるから

$$P = \frac{f}{l^2} = \frac{mu^2 N}{3l} \times \frac{1}{l^2} = \frac{mu^2 N}{3V} \tag{5.16}$$

すなわち

$$PV = \frac{2}{3} N \left(\frac{mu^2}{2} \right) \tag{5.17}$$

となる．$mu^2/2$ は気体粒子の運動エネルギーである．この代わりに平均運動エネルギー $m\bar{u}^2/2 = E_k$ を用いると[*5]

$$PV = \frac{2}{3} N \left(\frac{m\bar{u}^2}{2} \right) = \frac{2}{3} N(E_k) \propto T \tag{5.18}$$

[*5] 平均二乗速度は以下のように定義される

$$\bar{u}^2 = \frac{\sum_{i=1}^{N} u_i^2}{N}$$

実際は気体粒子の速度はまちまちだが，平均運動エネルギー E_k は絶対温度に比例するから，上の式は理想気体の状態方程式 $PV = nRT$ と同じ形である．気体 1 mol については

$$PV = \frac{2n}{3}E_k \quad \therefore \quad E_k = \frac{3}{2}RT$$

このように，温度一定条件で気体の圧力と体積との積は一定であるというボイルの法則が気体分子運動論から導かれた．

> **例題 5.6　気体分子運動論**
> 　以下の温度での，メタン CH_4 分子の 1 mol あたりの平均運動エネルギーを求めよ．
> 　(1) 273 K　(2) 546 K
> 【解】$E_k = (3/2)RT$ だから
> (1) $E_k = (3/2) \times 8.314\,\mathrm{J\,K^{-1}\,mol^{-1}} \times 273\,\mathrm{K} = 3.40 \times 10^3\,\mathrm{J\,mol^{-1}}$
> (2) 同様に，$6.81 \times 10^3\,\mathrm{J\,mol^{-1}}$

ボルツマン分布

ボルツマン分布（Boltzmann distribution）は，気体分子がとりうるエネルギー準位による分布を示す理論式である．運動エネルギーの平均値（図5.3の山の頂点に対応）より大きい，あるいは小さい運動エネルギーをもつ分子の数は，平均の値からずれるにつれて指数関数的に減る．気体分子のような微粒子の集団を扱う際にはこのボルツマン分布を考慮する必要がある．ボルツマン分布は，ある温度で異なるエネルギー状態にある系の構成粒子の数を式(5.19)で示す．

$$N_i = \frac{N e^{(-E_i/kT)}}{q} \tag{5.19}$$

ここで N は全粒子数，N_i はエネルギーが E_i の状態にある粒子の数，k はボルツマン定数（後述），q は分配関数（partition function）で，以下の式で表される．

$$q = \sum_i e^{(-E_i/kT)} \tag{5.20}$$

図5.3 に，気体分子のもつ運動エネルギーに対して，そのエネルギーをもつ

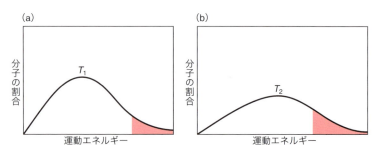

図 5.3　あるエネルギーをもつ気体分子の割合と温度（$T_2 > T_1$）

分子の割合の温度変化を示した．ボルツマン分布の最もよく用いられる応用は，エネルギー差が ΔE である二つの状態 1, 2 の存在比 N_2/N_1 である．すなわち

$$\frac{N_2}{N_1} = e^{-(E_2-E_1)/kT} = e^{-\Delta E/kT} \tag{5.21}$$

この式から，エネルギー差の減少とともに，相対的な数の比は指数関数的に変化することがわかる．

ボルツマン定数

1 mol の気体をとると N はアヴォガドロ定数 N_A となるから，式(5.18)は

$$PV = \frac{2}{3}N_A\left(\frac{m\bar{u}^2}{2}\right) = \frac{2}{3}E_k \tag{5.22}$$

となる．E_k は 1 mol の気体の直進運動エネルギーの総和である．気体 1 mol については $PV = RT$ であるから

$$\frac{2}{3}E_k = RT \quad \therefore \quad E_k = \frac{3RT}{2} \tag{5.23}$$

すなわち運動エネルギーは気体 1 mol につき 1 自由度[*6]あたり $RT/2$ である．

*6 変数の中で，独立に選べるものの数．この場合は x, y, z の三方向が独立であると考える．

気体定数 R をアヴォガドロ定数で割った $k = R/N_A$ はボルツマン定数 (Boltzmann constant) と呼ばれる新しい定数であり，その値は

$$k = \frac{8.314\,\mathrm{J\,mol^{-1}\,K^{-1}}}{6.023 \times 10^{23}\,\mathrm{mol^{-1}}} = 1.380 \times 10^{-23}\,\mathrm{J\,K^{-1}} \tag{5.24}$$

である．ボルツマン定数は気体 1 分子についての気体定数に相当する．

1 分子あたりの平均運動エネルギーは一方向あたり $kT/2$ である．また

$$\frac{m\bar{u}^2}{2} = \frac{3}{2}kT \tag{5.25}$$

であるから，温度は個々の分子の平均運動エネルギーの目安となる量である．

グレアムの法則

気体が拡散したり，小さな穴から流出するときの速度は，気体分子運動論によれば

$$\frac{1}{3}N_A m\bar{u}^2 = RT \tag{5.26}$$

となる．したがって

$$\sqrt{\overline{u}^2} = \sqrt{\frac{3RT}{N_A m}} = \sqrt{\frac{3RT}{M}} \tag{5.27}$$

すなわち拡散や流出の速度は分子量の平方根に反比例する．グレアムは実験データから同温同圧の気体が同じ条件のもとで流出する速度はその密度（したがって分子量）の平方根に逆比例するというグレアムの法則（Graham's law）を見出した（1846 年）．

この法則を用いると，気体の密度や分子量を近似的に求めることができる．同体積の 2 種類の気体（密度 d_1, d_2, 分子量 M_1, M_2）が同じ条件のもとで同じ小さな穴から流出するのに要する時間をそれぞれ t_1, t_2 とすると

$$\frac{t_2}{t_1} = \sqrt{\frac{d_2}{d_1}} = \sqrt{\frac{M_2}{M_1}} \tag{5.28}$$

分子量既知の気体を標準物質とすれば，未知の気体のおおよその分子量が求められる．

拡散速度 v，あるいは流出して拡散した距離 x は，流出に要する時間 t に反比例するから，式(5.28)は次式のように表される．

$$\frac{v_1}{v_2} = \frac{x_1}{x_2} = \frac{t_2}{t_1} = \sqrt{\frac{M_2}{M_1}} \tag{5.29}$$

■ Thomas Graham
1805 〜 1869，スコットランド生まれのイギリスの科学者．イギリスの化学会を創設し，初代会長となった．コロイド化学の開拓者でもある．

グレアム

> **例題 5.7　グレアムの法則**
>
> 未知の気体（分子量 M）のある条件での拡散速度は 31.50 mL min^{-1} であった．同じ条件で酸素 O_2 の拡散速度は 30.50 mL min^{-1} であった．未知気体の分子量を推定せよ．
>
> 【解】 $\sqrt{\dfrac{M}{O_2}} = \dfrac{30.50}{31.50} = 0.968 \qquad \dfrac{M}{O_2} = 0.968^2 = 0.937 \quad \therefore \quad M = 30.0$
>
> NO が該当する．

章 末 問 題

5.1　気体の状態方程式

0.848 atm, 4 ℃で 7.0 L を占めるメタン CH_4 の，1.52 atm, 11 ℃での体積（L）を求めよ．

5.2　気体の分子量

ある気体 4.00 g の体積は 30 ℃，1.25 atm で 2.50 L である．この気体の分子量を求めよ．

5.3　気体の分子量

ある気体 4.0 g の体積は，27 ℃，1.25×10^5 Pa で 20 L である．この気体の

分子量を求めよ．

5.4 分圧の法則
内容積 5.0 L のボンベに 25 ℃，1 atm で酸素 O_2 46.0 L とヘリウム He 12 L を詰めた．25 ℃で，ボンベ内の気体の全圧と，酸素，ヘリウムの分圧を計算せよ．

5.5 理想気体と実在気体
25 ℃で 1.0 L の容器に入っている 0.50 mol の N_2 が (1) 理想気体，(2) 実在気体と考えたときの圧力を計算せよ．

5.6 気体分子運動論
25 ℃での理想気体 1 分子の平均運動エネルギーを求めよ．また，1 mol ならいくらか．

5.7 グレアムの法則
未知の気体 (分子量 M) のある条件での拡散速度は 24.0 mL min^{-1} であった．同じ条件でメタン CH_4 の拡散速度は 47.8 mL min^{-1} だった．未知気体の分子量を推定せよ．

化学マメ知識

アリストテレスの説が打ち破られるまで

近代以前はアリストテレスの説に従って，4 元素の一つである空気だけが気体であると考えられていた．17 世紀初めに活躍したファン・ヘルモントは木炭やアルコールが燃焼したときに生じる気体を「森のガス」と呼んだ (その正体は二酸化炭素)．アリストテレスの説に逆らって，空気以外の気体を認識した最初の人である．また，気体の体積が圧力 (気圧) によって変動することはトリチェリ，パスカルらによって確認された．

1661 年にはボイルの研究が発表された．ボイルは一端を閉じたガラス管に空気を閉じこめ，水銀柱で圧力をかけると体積が減少することを観察した．この場合は 1 気圧以上の圧力下の気体の体積が求められる．彼はまた，当時最高の技術を用いて真空ポンプ (右図) を自作していたので，1 気圧以下の圧力にすれば空気が膨張することを観測できた．このようにしてボイルは広い範囲の圧力下で実験を行い，気体の体積と圧力の関係を調べ，結果をボイルの法則にまとめた．ただしボイルの研究は，気体そのものへの関心ではなく，アリストテレス説を打破する理論の構築が目的であった．

ボイルが用いた実験装置
"The Sceptical Chemist"(『懐疑的化学者』，R. Boyle 著 (1661)) より．

6章 液体とその性質

基本事項 6-1　液体の性質

◆ 液体の特徴 ◆

【粒子間の相互作用】気体と固体の中間の性質をもつ．加圧による体積変化は小さい．

【粒子間距離】水蒸気(g)と水(l)の平均粒子間距離の比は約 12：1．

◆ 気液平衡 ◆

【気化（蒸発，vaporization）】液相から気相への変化．

【凝縮（coaguration）】気相から液相への変化．

【気液平衡（気相・液相平衡，vapor-liquid equilibrium）】液体の表面から気化する粒子数と，再び液体の中に飛び込む粒子の数が等しい状態．

基本事項 6-2　沸点と凝固点

◆ 蒸気圧 ◆

【蒸気圧】任意の温度で，ある物質の気体が液体（気液平衡）あるいは固体と平衡になるときの圧力．ある温度での蒸気圧は各物質で固有．すべての液体は，蒸気圧が外圧に達すると沸騰する．

【飽和蒸気圧】液体と気体蒸気が気液平衡状態にあるときの蒸気の圧力（表6.1）．

【蒸気圧曲線】液体の温度と飽和蒸気圧のプロット（図6.1）．

表6.1　蒸気圧の例(20 ℃)

物　質	蒸気圧
水（H_2O）	2.3 kPa
エタノール	5.83 kPa[2]
フロン 113	37.9 kPa
ブタン	220 kPa
酸素（O_2）	54.2 MPa
窒素（N_2）	63.2 MPa

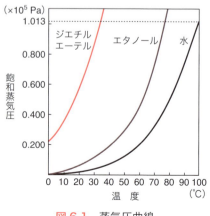

図6.1　蒸気圧曲線

◆ 沸 点 ◆

【沸騰(boiling)】気化が液体の表面からだけではなく，内部からも起こる現象．

【沸点(boiling point)】液体の蒸気圧が大気圧に等しくなる温度．

【標準沸点（normal boiling point）】大気圧が $1.013 \times 10^5\,\mathrm{Pa}$（1 atm）のときの沸点．水の標準沸点は $100\,°\mathrm{C}$，エタノールは $78.30\,°\mathrm{C}$．

【沸点を決める要因】沸点の値は分子量と極性の強さによって決まる．

【沸点と大気圧との関係】沸点は大気圧が 1 atm より高ければ標準沸点より高く，1 atm より低ければ標準沸点より低い．

◆ 凝固点 ◆

【凝固点(freezing point)】液相から固相への変化の起こる温度．一般にヒステリシス[*1] がない場合には融点に一致．

*1 作用を及ぼした系に対して，その作用を除いても元の状態に戻らない現象．

化学マメ知識

今も昔も変わらない蒸留

液体によって沸点が異なることを利用した物質の精製法である蒸留は，化学の誕生以前から現在まで，基本原理は変わらないまま用いられ続けてきたという点で，他の精製法とは違った重みをもつ．また，実験室で行われる小規模の蒸留も，工業的な規模で行われる蒸留も，すべて同じ原理に基づいているのも特徴である．

蒸留は古代の錬金術師がすでに発明していたが，中世から近世にかけて装置は次第に改良され，ブランデーやウイスキーなどの蒸留酒や硫酸などの化学薬品の製造に用いられた．

蒸留装置は基本的には以下に示す四つのパーツからなる．

① 蒸留されるべき試料の容器とそれを加熱するための熱源
② 蒸留塔 (fractionating column)
③ 冷却器（コンデンサー）(condenser)
④ 受器

このうち，②は最も単純な形の蒸留装置（下図）には組み込まれていない．

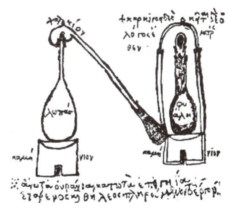

中世の錬金術師が用いた蒸留装置
①，③，④が確認できる．

■ Benoît Paul Émile Clapeyron

1799～1864，フランスの物理学者，技術者．蒸気機関の設計やパリとヴェルサイユを結ぶ最初の鉄道の建設に関係したこともあって熱力学に興味をもち，熱力学第二法則の確立にも貢献した．

クラペイロン

*2 熱力学で用いられるこの種の記号とその意味については第 9 章を参照．

6-1 液体の性質

蒸気圧

気圧と温度の関係（図 6.1）はクラウジウス・クラペイロンの式（Clausius-Clapeyron equation）（式 6.1）で表される．気液平衡の状態にある系の温度，圧力と，気体，液体それぞれの体積の間には以下の関係が成り立つ．

$$\frac{dP}{dT} = \frac{\Delta H}{T(V_G - V_L)} \tag{6.1}$$

ここで，T は系が気液平衡の状態にあるときの温度，P は圧力，V_G と V_L はそれぞれ気体，液体のモル体積，ΔH [*2] はその物質のモル蒸発熱である．

$V_G \gg V_L$ であるから，$V_L \approx 0$ とすれば，$(dP/dT) = \Delta H/(TV_G)$ となり，この式に理想気体の状態方程式を代入すれば

$$\frac{dP}{dT} = \frac{P\Delta H}{RT^2}$$

$(1/P)(dP/dT) = (d\ln P)/dT$ であるから

$$\frac{d\ln P}{dT} = \frac{\Delta H}{RT^2} \tag{6.2}$$

狭い温度範囲では ΔH は一定とみなせるから，二つの温度 T_1，T_2 での蒸気圧をそれぞれ P_1，P_2 とすれば，式(6.2)は以下のように変形できる．

$$\ln \frac{P_2}{P_1} = -\frac{\Delta H}{R}\left(\frac{1}{T_2} - \frac{1}{T_1}\right) \tag{6.3}$$

気液平衡の状態にある系の温度と蒸気圧の変化から，蒸発熱が求められる．

例題 6.1 蒸気圧

四塩化炭素 CCl_4 の蒸気圧は 80 ℃で 0.817 atm，90 ℃で 1.109 atm である．この温度範囲での四塩化炭素のモル蒸発熱を求めよ．

【解】クラウジウス・クラペイロンの式から誘導された式 (6.3) に数値を代入すると

$$\ln \frac{1.109\,\text{atm}}{0.817\,\text{atm}} = 0.3056 = -\frac{\Delta H}{8.314\,\text{J mol}^{-1}\,\text{K}^{-1}}\left(\frac{1}{363\,\text{K}} - \frac{1}{353\,\text{K}}\right)$$

$$\therefore \Delta H = 32.6 \times 10^3\,\text{J mol}^{-1} = 32.6\,\text{kJ mol}^{-1}\,[*3]$$

---

*3 化学便覧では 30.0 kJ mol^{-1}．

粘　度

液体は，分子間引力が気体のそれに比べて大きいため，液体の粘度

（viscosity）*4，すなわち液体の流動に対する抵抗も大きくなる（表6.2）．粘度*5 は2枚の板の間に粘性のある液体を挟んで平行に動かすとき，反対方向に働く力から求められる．

気体にも粘度があり，場合によっては（たとえば航空機）重要になるが，液体のそれに比べると比較にならないくらい小さい．

大きく不規則な形をしている粒子の液体の粘度は，小さく規則的な形をしている粒子の液体の粘度より大きい．また，液体の温度が上がれば粘度は下がる．

表面張力

表面張力（surface tension）は液体の粒子間引力によって生じる．液体は表面ができるだけ小さくなろうとする凝集力（cohesive force）をもち，外力が働かないと球形となる．液体の内部の粒子は，すべての方向から一様に他の粒子の引力を受ける．しかし表面粒子は内側にある粒子から引っ張られるだけなので，表面積が小さくなる．水滴や水銀の粒は，この表面張力の結果生じる．水銀の表面張力は特に大きく，水の表面張力はそれに続く（表6.3）．

毛細管の中を液体が昇る毛管作用（capillary action）もよく知られた表面張力現象である．液体と毛細管の粘着力（adhesive force）が大きいほど，液体は毛細管の器壁を湿らす．その結果，液体の表面積が増加し，それを減らすために液体が上昇する．上昇した液体の重力と，器壁と液体の引力がつり合ったところで上昇は止まる．

表6.2 粘度の例

物質	粘度（Pa s）
溶融状態のガラス	$10^4 \sim 4.5 \times 10^6$
マヨネーズ	8
潤滑油（20 ℃）	$0.5 \sim 1$
エタノール（25 ℃）	0.001084
水（25 ℃）	0.000890
空気（20 ℃）	1.8×10^{-5}
超流動状態のヘリウム	0

*4 粘性率ともいう．
*5 粘度の単位としてはcgs単位のポアズが長く用いられた．1 P（ポアズ）= 100 cP（センチポアズ）= 0.1 Pa·s（パスカル・秒）．

表6.3 各種液体の表面張力（20 ℃）

液体	表面張力（mN m^{-1}）
ベンゼン	28.90
エタノール	22.55
ヘキサン	18.40
メタノール	22.60
水銀	476.00
水	72.75

例題 6.2　毛管作用

細いガラス管に入れられた水のメニスカス*6 の形は同じガラス管に入れられた水銀のメニスカスとは異なる．
(1) 形が異なる理由を推定してみよ．
(2) 同じ径のポリエチレン管に入れられた水のメニスカスはどんな形か．なおポリエチレンは無極性物質である．

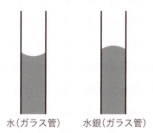

水（ガラス管）　　水銀（ガラス管）

【解】(1) 水，ガラスともに極性物質なので，その間に働く粘着力は大きい．それに対して水銀は非極性物質であり，ガラスとの間の粘着力より粒子間凝集力が上回る．

*6 液体と容器の器壁との相互作用によって液面が三日月状に曲がる現象．液体の表面張力と器壁の材質に応じて，曲面は上向きにも下向きにもなる．

> (2) ポリエチレンは非極性物質であるから水と容器の間の粘着力は弱く，水分子間の凝集力が主に働くので，ガラス管に入った水銀のようなメニスカスを示す．

気体の液化

ファンデルワールス定数（表5.3）には，水，アンモニア，二酸化炭素などの大きな値，酸素や窒素などの中間の値，ヘリウムなどのごく小さい値のものがある．19世紀になって塩素[*7]やアンモニアなどが比較的液化しやすいことが発見されたので，それ以外の気体の液化も試みられた．だが，加圧下冷却という条件では酸素や水素を液化することはできなかったので，これらの気体は永久に液化されない永久気体であると考えられた．しかし，液化に必要な条件，臨界温度と臨界圧力がわかってくると，液化が困難な気体と比較的容易な気体はあるが，液化が不能な永久気体はないことが明らかになった．

工業的な規模での気体の液化にはジュール・トムソン効果を利用した方法が用いられている．十分に断熱された容器の中でピストンを押し下げて気体を急速に圧縮すると，ピストンを動かしていた運動エネルギーは気体分子の運動エネルギーに変わるから気体の温度は上がる．逆に気体が断熱的に膨張してピストンを押し上げれば，気体の温度は下がる．こうして気体の温度が次第に下がってついに液化される．

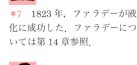

*7 1823年，ファラデーが液化に成功した．ファラデーについては第14章参照．

■ James Prescott Joule
1818～1889，イギリスの物理学者，醸造家．病のため学校ではなく家庭教師による教育を受けたが，その一人はドルトンだった．家業の醸造業を営む傍ら，自宅の実験室で研究を続け，エネルギー保存則を発見した．初めは無視されていた彼の研究は，ケルビン卿に認められて世に知られるようになった．

ジュール

*8 相図（phase diagram）ともいう．

6-2 状態図

状態図

物質が温度と圧力のもとでどのような状態（state）（相，phaseともいう）をとるかを示した図を状態図（state diagram）[*8]と呼ぶ（図6.2）．状態図は物質により固有である．

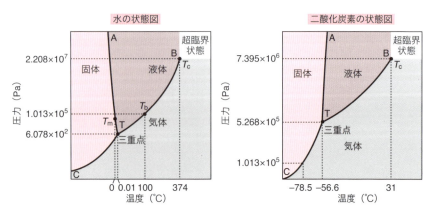

図6.2 水と二酸化炭素の状態図
AT：融解曲線，BT：蒸気圧曲線，CT：昇華圧曲線，T：三重点，T_c：臨界点，T_b：標準沸点，T_m：標準融点．

6-2 状態図

状態図は「物質は完全に孤立しており，外界から他の物質の出入りはない」という条件のもとで，横軸に温度，縦軸に圧力を目盛り，任意の温度，圧力で物質がどの状態にあるかを示したものである．図は気相，液相，固相の三つの領域に分けられ，二つの領域の境界線は，その温度，圧力で二つの相が共存していることを示す．

状態図を見れば，物質がある温度・圧力でどの状態が安定かがわかる．また，温度や圧力を変化させると，物質はどの状態からどの状態に変化するかもわかる．

水の状態図で，100 ℃，1.013×10^5 Pa の点，すなわち水の沸点は，気相と液相の境界線上にあり，水蒸気(気相)と水(液相)が共存していることを示す．同様に，0 ℃，1.013×10^5 Pa の点，すなわち水の凝固点は，液相と固相の境界線上にあり，水(液相)と氷(固相)が共存していることを示す．

昇華

水の状態図で温度，圧力がともにごく低い領域では，固相と気相が接している．これは氷(固相)が水(液相)を経ることなく，直接水蒸気(気相)になることを示す．固相から気相への直接変化を昇華(sublimation)[*9]という．

標準状態で昇華する物質にはドライアイス(固体の二酸化炭素)，ヨウ素，パラゾール(パラジクロロベンゼン：防虫剤)などがある．

三重点

状態図で三つの境界線が一点で交わる点がある．この温度，圧力では気相・液相・固相が共存する特殊な平衡状態であり，この点を三重点（triple point）[*10]という．

水の三重点は，温度 0.01 ℃（273.16 K），圧力 611.73 Pa（0.006 atm）の点である．水の三態が共存できる点はこれ以外にない．

臨界点

水の状態図で，374 ℃，圧力 2.208×10^7 Pa の点を臨界点（critical point）という．この点では液相が気相に変わる際に，液体と気体との中間段階を経由する．臨界点を超えると気体とも液体とも区別のつかない状態，超臨界状態（supercritical state）となる（後述）．

水と二酸化炭素の状態図の比較

二酸化炭素は 0 ℃，1.013×10^5 Pa では気体であり，同じ条件では液体である水とは異なる．しかし，この温度でも圧力を高めると気相から液相に変わる．すなわち，高圧下では二酸化炭素も液化する．また，1.013×10^5 Pa で −78.7 ℃以上の温度では，二酸化炭素は固相から液相を経ないで気相に変わる，すなわち昇華する．

[*9] 昇華の逆過程，すなわち気相から固相への直接変化に対する用語は未確定である．日本ではこの過程に対しても「昇華」という言葉が用いられてきたが，近年，別の用語を定めるべきであるという議論が起こっている．たとえば「凝華」といった用語が提案されている．Gold Book には該当する用語は含まれていない．

[*10] なお火星の「標高 0 m」は水の三重点における圧力と同じ気圧を示す高度と決められている．

*11 スケートのエッジの下の氷には，スケーターの体重により 1.013×10^5 Pa 以上の圧力がかかるので，氷の融点が高くなり，固相から液相に変わる．これによってエッジと氷の間の摩擦が軽減し，快適に滑ることができると考えられている．

水と二酸化炭素の状態図を比較すると，固相と液相の境界線（固相・液相線）の勾配が両者で異なることがわかる（図 6.2）．水では境界線が左上がり（勾配が負）であるが，二酸化炭素を含めた多くの物質の境界線は右上がりである．境界線の負の勾配は氷（固相）の密度が水（液相）の密度より小さいことによる．一般には，固体の密度は液体の密度より大きく，水の挙動は例外的である．

このことは日常経験にも見られる．1.013×10^5 Pa で 0 ℃あるいはそれ以下の状態では水は固相の状態だが，圧力がかかると固相から液相に変わる[*11]．

例題 6.3 状態図

ある物質の状態図から，点 A から点 H のそれぞれでは，この物質はどのような状態で存在するか．また，三重点，臨界点，標準沸点，標準融点を指摘せよ．

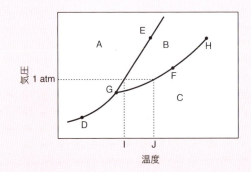

【解】A：固体，B：液体，C：蒸気（気体），D：固体＋蒸気，E：固体＋液体，F：液体＋蒸気，G：固体＋液体＋蒸気（三重点），H：液体＋蒸気（臨界点），I：標準融点，J：標準沸点．

章末問題

6.1 蒸気圧

水の蒸気圧は 24.5 ℃で 23.056 mmHg，25.5 ℃で 24.482 mmHg である．この温度範囲で考えたときの水のモル蒸発熱を求めよ．

6.2 毛管作用

同じ径のガラス製毛細管とポリエチレン製毛細管を用いた場合，どちらの管の水位が高くなるか答えよ．

6.3 状態図

図は炭素の状態図である．この図を参照して，以下の問いに答えよ．
(1) この状態図には三重点がいくつあるか．
(2) それぞれの三重点にはいくつの相の炭素が共存できるか．
(3) 室温でグラファイトに超高圧をかけるとどのようなことが起こるか．

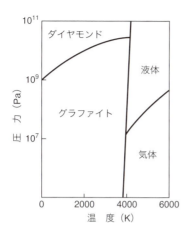

(4) 圧力が高ければ密度も高くなるとすると,グラファイトとダイヤモンドではどちらの密度が高いか.

化学マメ知識

石油化学工業に欠かせない分留

　蒸留による分離・精製は,組成が一方に大幅に偏っているか,あるいは沸点に著しい差がある場合には効率よく行われるが,そうでない場合は十分に分離できない.沸点にある程度の差があっても,得られる留分はラウールの法則(第7章)に従った割合の混合物となり,完全には分離できない.ただし,低沸点留分の割合がもとの試料での割合より高くはなる.

　原理的には,蒸留の操作を繰り返せば,低沸点成分の割合が次第に高まって,必要な純度が得られるはずである.しかし実際には蒸留を繰り返すのは効率が悪いので,分留カラム (fractionating column) を用いて,その中で蒸留を反復させる分留 (fractional distillation) が用いられている.実験室で用いる分留カラムはガラス製の簡単なものだが,化学工業で用いる分留カラムは蒸留塔と呼ばれ,巨大な,文字通り「塔」の規模をももつものが多い.

　原油またはその処理物を蒸留して沸点の低いものから順に分離していく石油の精製は,近代石油化学工業の基礎である.用いられる蒸留塔は直径数メートル,高さ数十メートルにも達する(下図).

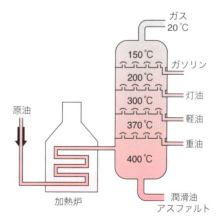

石油の蒸留塔

7章 溶液とその性質

基本事項 7-1 溶液・分散系

◆ 溶 液 ◆

【溶解（dissolution）】物質が液体に溶けて溶液（後述）を作る過程．
【溶液（solution）】多成分系の均一な液体．
【溶質（solute）】溶液に溶けている物質．気体，液体，固体の場合がある．
【溶媒（solvent）】物質を溶かしている液体．
【水溶液（aqueous solution）】溶媒が水である溶液．
【電離（electrolytic dissociation [*1]）】溶質が溶液中でイオンに解離する現象．イオンは水和（hydration）によって安定化する．

[*1] ionization ということもある．

◆ 分散系 ◆

【分散系（dispersion system）】固体，気体に物質が分散している系．「溶媒が液体ではない溶液」に相当する．
【分散媒（dispersion medium）】分散系で溶媒に相当する物質．
【分散質（dispersoid）】分散系で溶質に相当する物質．

◆ 溶液の濃度（concentration） ◆

【質量パーセント濃度（%）】溶液の質量を100としたときの溶質の質量の割合のパーセント表示．

$$\frac{溶質の質量}{溶液の質量} \times 100$$

【モル濃度（molar concentration, molarity）（mol L^{-1}）】溶液1Lに溶けている溶質の量を物質量（mol）で表した濃度．

$$\frac{溶質の物質量（mol）}{溶液の体積（L）}$$

【質量モル濃度（molality）（mol kg^{-1}）】溶媒1kgに溶けている溶質の量を物質量（mol）で表した濃度．温度変化，すなわち体積変化を伴う条件での濃度測定に用いる．

$$\frac{溶質の物質量（mol）}{溶媒の質量（kg）}$$

基本事項 7-2　気体の溶解

◆ 気体の溶解 ◆

【気体の溶解度】圧力が 1.013×10^5 Pa のとき，溶媒 1 L に溶ける気体の物質量や質量，または標準状態[*2]での体積．

【ヘンリーの法則 (Henry's law)】N_2 や O_2 など溶解度の小さい気体では，温度一定の条件下で，一定量の溶媒に溶ける気体の質量(あるいは物質量)は，その気体の圧力または分圧に比例する．

基本事項 7-3　固体の溶解

◆ 溶解平衡 ◆

【溶解度 (solubility)】一定量の溶媒に溶ける溶質の量の限度．

【飽和溶液 (saturated solution)】溶解度まで溶質を溶かした溶液．

【溶解平衡 (solubility equilibrium)】溶液に固体が溶け出す速さと，溶液から固体が析出する速さが等しい状態．みかけ上，溶解も析出も起こらない．

【固体の溶解度】溶媒 100 g に溶ける溶質の最大質量(g 単位)の数値．温度によって変化する．結晶水をもつ物質の溶解度は無水物についての値である．

【溶解度曲線】溶解度を温度に対してプロットした曲線(図 7.1)．

【再結晶 (recrystalization)】溶解度の温度変化を利用して固体物質を精製する方法．

[*2] 通常は温度 0 ℃，圧力 1.013×10^5 Pa とすることが多いが，定義は必ずしも一義的ではない．

■ William Henry
1774～1836，イギリスの化学者．1803 年発表したヘンリーの法則で著名だが，彼が 1799 年に出版した化学の教科書はそのドイツ語訳，オランダ語訳を通じて鎖国時代の日本にももたらされた．これが宇田川榕菴によって「舎密開宗」(1840 年)として翻訳された．これにより，日本が近代化学に初めて接した．

ヘンリー

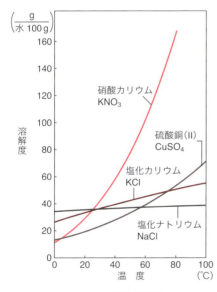

図 7.1　溶解度曲線

7-1 希薄溶液

理想溶液と実在溶液

後述するラウールの法則に従う溶液，ないしそれに近い性質を示す溶液を理想溶液（ideal solution）という．0.01 mol/L 程度の溶液は理想溶液に近い．これに対して，ラウールの法則に従わない溶液を実在溶液という．理想溶液と実在溶液の関係は理想気体と実在気体の関係に近い．

蒸気圧降下と沸点上昇

溶媒に不揮発性溶質を溶かすと，その溶液の蒸気圧は，純粋な溶媒の蒸気圧よりも低くなる．この現象を蒸気圧降下（depression of vapor pressure）という．この結果，溶液の沸点，すなわち溶液の蒸気圧が大気圧と等しくなる温度は純溶媒の沸点より高くなる．これを沸点上昇（elevation of boiling point; boiling point elevation）といい，溶液と純溶媒の沸点の差，すなわち ΔT_b (K) を沸点上昇度という．

沸点上昇度は溶液の質量モル濃度だけに比例し，溶液の濃度が $1\,\mathrm{mol\,kg^{-1}}$ のときの溶液の沸点上昇度をモル沸点上昇（molar elevation of boiling point）K_b という．モル沸点上昇は各溶媒について固有である．

凝固点降下

溶液の沸点が純溶媒より上昇するのに対して，溶液の凝固点は純溶媒の凝固点より降下する．この現象を凝固点降下（depression of freezing point）という．凝固点降下度は溶液の質量モル濃度だけに比例する．溶液の濃度が $1\,\mathrm{mol\,kg^{-1}}$ のときの溶液の凝固点降下度をモル凝固点降下（molar depression of freezing point）K_f という．モル凝固点降下は各溶媒について固有である．

束一的性質

以上をまとめると以下のようになる．

沸点上昇度 ΔT_b： $\quad \Delta T_b = K_b m \quad\quad\quad\quad\quad\quad\quad\quad$ (7.1)

凝固点降下度 ΔT_f：$\Delta T_f = K_f m \quad\quad\quad\quad\quad\quad\quad\quad$ (7.2)

〔m：溶液の質量モル濃度（$\mathrm{mol\,kg^{-1}}$），K_b：モル沸点上昇，K_f：モル凝固点降下（表7.1）〕

沸点上昇も凝固点降下も，溶質の種類には関係がなく，ただ溶液の濃度，すなわち溶質の物質量だけで決まる（表7.1）．このような性質を束一的性質（colligative property）という．

> **例題 7.1 凝固点降下**
> 分子量未知の物質 A の 5.12 g を水 100 g に溶かした溶液は，$-0.350\,°\mathrm{C}$

で凝固した．物質 A の分子量を求めよ．

【解】 物質 A の分子量を M，溶液の質量モル濃度を m とする．

$$m = \frac{(5.12\,\text{g})/(M\,\text{g mol}^{-1})}{0.1\,\text{kg}} = \frac{51.2}{M}\,\text{mol kg}^{-1}$$

$\Delta T_\text{f} = K_\text{f} m$ だから

$$0.350\,\text{K} = 1.86\,\text{K kg mol}^{-1} \times \frac{51.2}{M}\,\text{mol kg}^{-1}$$

$$\therefore\quad M = \frac{1.86\,\text{K kg mol}^{-1} \times 51.2\,\text{mol kg}^{-1}}{0.350\,\text{K}} = 272$$

表 7.1 さまざまな溶媒のモル沸点上昇 K_b とモル凝固点降下 K_f

溶媒	沸点(℃)	モル沸点上昇	溶媒	凝固点(℃)	モル凝固点降下
水	100	0.51	水	0	1.86
ベンゼン	79.8	2.54	ベンゼン	5.1	5.07
二硫化炭素	46.13	2.34	酢酸	16.3	3.9
アセトン	55.9	1.69	ショウノウ	180	40

分子量の決定

束一的性質が溶質の種類によらず，その物質量だけで決まることを利用すれば，溶液の沸点上昇や凝固点降下の測定から，溶質の分子量 M を求めることができる．すなわち，以下のようになる．

$$\Delta T = Km = K\frac{\dfrac{w}{M}}{\dfrac{W}{1000}} \quad \therefore\quad M = \frac{1000wK}{W\Delta T} \tag{7.3}$$

K：モル沸点上昇あるいはモル凝固点降下，$w\,(\text{g})$：溶質の質量，
$W\,(\text{g})$：溶媒の質量，m：溶液の質量モル濃度

例題 7.2 沸点上昇

ある物質 93 g を水 500 g に溶かしたところ，沸点が 0.28 ℃上昇した．この物質の分子量を求めよ．

【解】 $\Delta T = Km$ より

$$m = \frac{\Delta T}{K} = \frac{0.28\,\text{K}}{0.51\,\text{K kg mol}^{-1}} = 0.549\,\text{mol kg}^{-1}$$

溶媒は 500 g (0.5 kg) だから

$$0.549\,\text{mol kg}^{-1} \times 0.5\,\text{kg} = 0.275\,\text{mol} \quad \therefore\quad M = \frac{93\,\text{g}}{0.275\,\text{mol}} = 338.2\,\text{g mol}^{-1}$$

7-2 浸透圧

浸透圧

　半透膜 (semipermeable membrane)，たとえばヘキサシアノ鉄 (II) 酸銅 (II) $Cu_2[Fe(CN)_6]$ の膜は多孔質で溶媒は通過させるが，分子量の大きい溶質（例えばデンプン）を通過させない．

　濃度の異なる 2 種類の溶液が半透膜で隔てられていると，濃度が等しくなるまで溶媒分子は半透膜を通って低濃度溶液から高濃度溶液に移動する．この現象を浸透 (osmosis) という．一方，浸透が起こらないようにするためにかける圧力を浸透圧 (osmotic pressure) という（図 7.2）．浸透圧は溶液の濃度に依存し，両者の関係はファント・ホッフの式で表される．

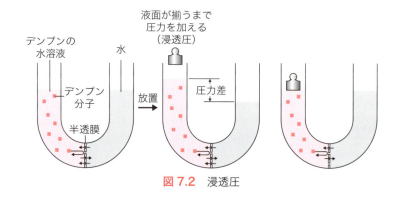

図 7.2 浸透圧

ファント・ホッフの式（溶液の濃度と浸透圧の関係）

$$\Pi V = nRT \tag{7.4}$$

　Π：浸透圧，V：溶液の体積，T：絶対温度，n：溶質の物質量 (mol)，R：気体定数

　ファント・ホッフの式と気体の状態方程式との間には形式的な類似性（後述）がある．ファント・ホッフの式を用いて，溶質の分子量を求めることができる．

$$\Pi V = nRT = \frac{wRT}{M} \quad \therefore \quad M = \frac{wRT}{\Pi V} \tag{7.5}$$

　w：溶液に溶けている未知物質の質量，M：未知物質の分子量

> **例題 7.3 浸透圧**
> 　27 ℃において，ある高分子化合物 0.50 g を 100 cm³ 中に溶解した水溶液の浸透圧は 0.00321 atm であった．
> 　(1) この高分子の分子量を求めよ．
> 　(2) この水溶液の凝固点降下度を求めよ．

【解】
(1) $M = \dfrac{wRT}{\Pi V} = \dfrac{0.50\,\mathrm{g} \times 0.082\,\mathrm{L\,atm\,K^{-1}\,mol^{-1}} \times 300\,\mathrm{K}}{0.00321\,\mathrm{atm} \times 0.1\,\mathrm{L}} = 3.8 \times 10^4$

(2) 溶液の密度は 1 とみなして質量モル濃度 m を求める.溶媒をほぼ 0.1 kg とみなすと

$$m = \dfrac{0.50\,\mathrm{g}}{3.8 \times 10^4\,\mathrm{g\,mol^{-1}} \times 0.1\,\mathrm{kg}} = 1.3 \times 10^{-4}\,\mathrm{mol\,kg^{-1}}$$

∴ $\Delta T_\mathrm{f} = 1.86\,\mathrm{K\,mol^{-1}\,kg} \times 1.3 \times 10^{-4}\,\mathrm{mol\,kg^{-1}} = 2.4 \times 10^{-4}\,\mathrm{K}$

このように小さい温度変化の測定は不可能である.

7-3 ラウールの法則

理想溶液

液体の場合と同様,溶液の場合も蒸気圧はその性質と深く関係している.2 成分系溶液の場合,たとえばベンゼンとトルエンのように分子の大きさや極性が似ていると,両成分の間の相互作用が小さく,したがって溶液の性質は二つの成分の性質に近い.

モル分率がそれぞれ x_A, x_B の 2 成分 A と B からなる溶液が気相と平衡にあるとき,各成分の蒸気圧,すなわち各成分の気相中における分圧は溶液中のモル分率に比例する.成分 A の蒸気圧 P_A は

$$P_\mathrm{A} = \dfrac{n_\mathrm{A}}{n_\mathrm{A} + n_\mathrm{B}} P_\mathrm{A}^* = P_\mathrm{A}^* x_\mathrm{A} \tag{7.6}$$

ここで P_A^* はその純液体が同じ温度で示す蒸気圧である.同様な関係が B の蒸気圧 P_B についても成り立つ.この関係をラウールの法則(Raoult's law)という.

ラウールの法則が成立する溶液を理想溶液(ideal solution)という.理想溶液では,AB 間の相互作用は,AA 間,BB 間の相互作用に等しい.理想溶液の蒸気圧を図 7.3 に示す.混合気体の全圧は,ドルトンの分圧の法則により,P_A と P_B の和である.

■ Francois Marie Raoult
1830 ~ 1901,フランスの化学者.ラウールの法則やそれに関連する彼の研究は,オストヴァルトやファント・ホッフらがそれぞれの理論を確立するのにおおいに役立った.

ラウール

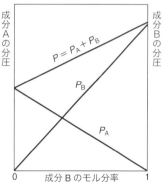

図 7.3 理想溶液の蒸気圧

例題 7.4 ラウールの法則

エチレングリコール($C_2H_6O_2$)110.5 g,水 338 cm³(密度 0.992 g cm⁻³)からなる溶液を 39.8 ℃に保った.この溶液の蒸気圧 P (atm)を求めよ.ただし,39.8 ℃における純水の蒸気圧は 72.04×10^{-3} atm である.なおエチレングリコールは不揮発性の液体である.

【解】ラウールの法則にエチレングリコールの物質量 1.78 mol,水の物質量 18.63 mol を代入すると

$$P = 72.04 \times 10^{-3}\,\text{atm} \times \frac{18.63}{18.63 + 1.78} = 72.04 \times 10^{-3}\,\text{atm} \times 0.913$$
$$= 0.0658\,\text{atm}$$

実在溶液

実在気体の多くが理想気体とは異なる挙動を示すように,実在溶液(real solution)はラウールの法則からずれるものが多い.図 7.4 (a) の例は極性がかなり異なる 2 種類の液体,アセトン $(CH_3)_2CO$(極性が大きい)と二硫化炭素 CS_2(極性が小さい)の 2 成分系の蒸気圧曲線で,ラウールの法則から正方向にずれ,蒸気圧が大きくなる.

図 7.4 (b) の例はアセトンとクロロホルム $CHCl_3$(ともに極性が大きい)の 2 成分系の蒸気圧曲線で,ラウールの法則から負方向にずれ,蒸気圧が小さくなる.

どちらの図でも,破線は理想溶液の振る舞いに対応する.どちらかの成分のモル分率が 1 または 0 に近いところでは理想溶液に近いが,両端から離れるにつれて理想溶液からずれていき,蒸気圧曲線には極大,または極小が現れる.

理想溶液からのずれが起こる主な原因は,分子間の相互作用である.成分 1 と成分 2 との混合が吸熱的のときは,両成分の相互作用は各成分間の相互作用よりも小さく,ラウールの法則からの正方向へのずれが生じる.逆に混合が発熱的のときは,ラウールの法則からの負方向へのずれが生じる.また,成分 1 と成分 2 の間に水素結合が生じると,一方が他方から逃れようとする(気化しようとする)傾向は弱まり,ラウールの法則からの負方向へのずれが生じる.このように,ラウールの法則からのずれは,気体の理想的挙動からのずれの原因とよく似ている.図 7.4 に 2 成分系 A,B での A-A 間相互作用,B-B 間相互作用,A-B 間相互作用の大小とラウールの法則からのずれとの関係をまとめた.

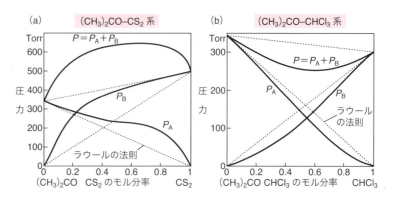

図 7.4 2 成分系溶液の蒸気圧曲線(全圧 P と分圧 P_A,P_B)
(a) アセトン $(CH_3)_2CO$ −二硫化炭素 CS_2 系,(b) アセトン $(CH_3)_2CO$ −クロロホルム $CHCl_3$ 系.

表 7.2 ラウールの法則からのずれの原因

相互作用の大小関係	反応熱	ずれ	例
A-A間相互作用，B-B間相互作用 ＝ A-B間相互作用	0	なし	ベンゼン，トルエン
A-A間相互作用，B-B間相互作用 ＜ A-B間相互作用	発熱	−	アセトン，水
A-A間相互作用，B-B間相互作用 ＞ A-B間相互作用	吸熱	＋	エタノール，ヘキサン

章末問題

7.1 凝固点降下
エチレングリコール $C_2H_6O_2$ ($M = 62$) の水溶液の凝固点を $-10\,°C$ まで下げるには，この水溶液 1000 g 中にエチレングリコールを何 g 溶かせばよいか．

7.2 沸点上昇
CS_2 に 2.832 g の硫黄が溶けた溶液 (50.0 mL) の密度は 1.263 g mL^{-1} で，沸点は 46.54 °C である．この溶液中の硫黄の分子量はいくらか．

7.3 浸透圧
ある非電解質 1.00 g を水に溶かして 200 cm^3 とした溶液の浸透圧は 27 °C で 2.53×10^3 Pa であった．この物質の分子量を求めよ．

7.4 ラウールの法則
エタノールとメタノールを混合すると，ほぼ完全な理想溶液を生じる．また 20 °C ではエタノールの蒸気圧は 44.8 mmHg，メタノールの蒸気圧は 88.7 mmHg である．

(1) エタノール 60 g とメタノール 40 g を混合したとき得られる溶液中のメタノールおよびエタノールのモル分率を計算せよ．

(2) 蒸気の各成分の分圧および全圧，ならびに蒸気中のエタノールのモル分率を計算せよ．

固体と結晶構造

基本事項 8-1　固体と結晶

◆ **固体 (solid)** ◆

【融点 (melting point)】固体が融解して液体になる温度．多くの場合，液体が固体になる凝固点に等しい．

【固体内の粒子の配列】固体内では原子は互いに強く結合しており，規則的な格子状に配列する場合（金属や氷の結晶など）と，不規則に配列する場合（ガラスなどのアモルファス）がある．

【固体の変形】液体や気体と比較して，固体は変形あるいは体積変化が非常に小さい．液体のように流動して容器の形状に合わせることも，気体のように拡散することもない．

◆ **固体の分類** ◆

【結晶 (crystal)】構成粒子が一定の規則に従って配列している固体．

【無定形 (アモルファス，amorphus) 固体】構成粒子の配列に規則性が低いか，あるいはほとんどない固体．

◆ **金属結晶 (metallic crystal)** ◆

【構造】金属原子が自由電子を介して結合した結晶．金属イオン（陽イオン）と周囲の自由電子との間の強い静電引力による結合．

【性質】標準状態で水銀を除くすべての金属は固体．展性，延性，非破壊性をもつ．

【分子軌道】エネルギー差がごく小さい多くの分子軌道をもつため，吸収，放出される光の波長は広い範囲にわたる．それが金属光沢として観測される．

◆ **イオン結晶 (ionic crystal)** ◆

【構造】陰陽両イオンがクーロン力で結合した結晶．融解状態や水溶液中では電離して電気伝導性を示す．

◆ **共有結合の結晶** ◆

【構造】原子が共有結合で結びついた結晶　ダイヤモンドなど，巨大分子で硬いものが多い．

◆ 分子結晶（molecular crystal）◆

【構造】分子がファンデルワールス力のような分子間力によって規則正しく並んだ結晶．分子間力は弱いので分子結晶は軟らかく，もろく，低融点である．

基本事項 8-2　結晶格子

◆ 結晶格子 ◆

【結晶格子（crystal lattice）】結晶中の粒子の立体的な配列のこと．

【格子と格子点（lattice，lattice point）】結晶の構成粒子の位置を表す点を格子点，格子点の集合を格子という．

【格子定数（lattice constant）】3軸に沿って並んでいる格子点の間隔（a, b, c）と格子軸の間の角度（α, β, γ）をまとめて格子定数という（図8.1）．

【単位格子（unit cell）】単位胞，ユニットセルともいう．格子の最小繰り返し単位．その大きさと形は格子定数で定義される．最も単純な単位格子は立方体．

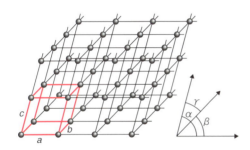

図 8.1　格子のモデル図
単位格子を赤線で示す．a, b, c は3軸に沿った点の間隔，α, β, γ は二つの軸がなす角．

◆ 結晶の構造 ◆

【配位数（coordination number）】粒子から最も近いところにある他の粒子の数．図8.1では配位数は6．

【七つの結晶系】三斜晶，単斜晶，斜方晶，六方晶，三方晶，正方晶，立方晶の七つの結晶系がある．

【立方晶系（cubic crystal system）】七つの結晶系のうち，立方晶系は最も対称性が高い．

【立方晶系の特徴】立方晶系の単位格子の格子定数は $a = b = c$ かつ $\alpha = \beta = \gamma = 90°$．単純立方格子（primitive cubic），体心立方格子（body-centered cubic），面心立方格子（face-centered cubic）の3種類がある．

【六方晶系（hexaginak crystal system）】本書では上記の他に六方晶系を扱う．

8-1 結晶の構造

原子の詰まり方

結晶構造は，原子またはイオンが空間をどのように埋めているかで決まる．金属などの結晶構造を考える場合には原子は球に近似できる．前述のように，本書では最も簡単な結晶系である立方晶系を中心に扱う．

最密充填構造

同じ大きさの球を最も密に詰め込んだ結晶構造を最密充填 (closest packing) 構造という（図 8.2）．最密充填構造での球の詰まり方は，同じ大きさの球からなる金属結晶や多くの分子結晶がよい例となる．

第1段の並び方は図 8.2 (a) 以外にありえない．隙間を最小にするには，第2段の並び方は第1段の球が作るくぼみに球をはめる以外に方法はない（図 8.2 b）．第3段目になると，球の置き方は2通りある．第1段目の球の位置に第3段目の球を置く aba 方式（図 8.2 c）と，第1段目の使わなかったほうのくぼみの位置に球を置く abc 方式（図 8.2 d）である．(c) の詰め方を六方 (hexagonal) 最密構造[*1]，(d) の詰め方を面心立方格子〔立方 (cubic) 最密構造〕という．

*1 六方最密充填構造ともいう．

充填率

単位格子中で原子が占める体積の割合を充填率 (filling factor) という．充填率は (原子の体積の和)/(単位格子の体積) で定義される．

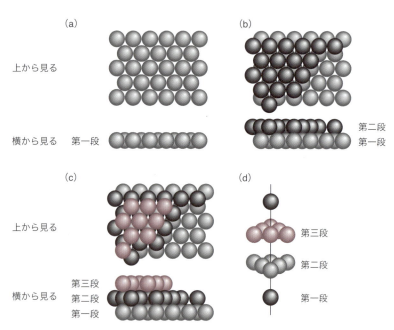

図 8.2 最密充填構造

結晶の密度

立方体の単位格子（一辺の長さ a）の体積 a^3，単位格子中の原子数を n，原子量を M，アボガドロ定数を N_A とすると，密度 $d =$ 質量/体積 $= \{n \times (M/N_A)\}/a^3$ で計算できる．

8-2 面心立方格子

面心立方格子（face-centered cubic lattice）は最密充填構造の一種で，立方体の単位格子の八つの頂点と六つの面の中心のそれぞれに原子が位置する（図 8.3）．

単位格子に含まれる原子数

① 立方体の八つの頂点にある原子はそれぞれ 8 個の単位格子に共有される（図 8.3）．

$$原子数 = 8 \times \frac{1}{8} = 1$$

② 立方体の六つの面の中心にある原子はそれぞれ 2 個の単位格子に共有される（図 8.3）．

$$原子数 = 6 \times \frac{1}{2} = 3$$

よって，単位格子に含まれる原子数は $1 + 3$ の計 4 個である．

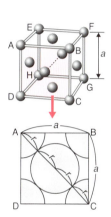

図 8.3 面心立方格子
配位数 12，充填率 74％．

充填率の計算

立方体の一辺の長さを a とすると，立方体の体積は a^3．球(原子)の体積を V，球の半径を r とする．面 ABCD の対角線の長さ $4r = \sqrt{2}\,a$ となるので，$r = (\sqrt{2}/4)a = 0.3535a$ の関係が導ける．したがって

$$V = \frac{4}{3}\pi \left(\frac{\sqrt{2}}{4} \times a \right)^3 = \frac{12.56 \times 0.044 a^3}{3} = 0.184 a^3$$

単位格子中に原子 4 個が含まれるから，原子が占める全体積は $4 \times 0.184a^3 = 0.736a^3$ となる．よって充填率は $0.736a^3/a^3 \approx 0.74$，すなわち 74％（最密充填）と求められる．

> **例題 8.1 面心立方格子**
> 面心立方構造をとるニッケル原子の半径 r は 1.24×10^{-10} m である．この結晶の密度を計算せよ．
> **【解】** ニッケル結晶の単位格子の 1 辺の長さを a，原子半径を r とする．図 8.3

での対角線の長さは $4r$ なので，ピタゴラスの定理から

$$(4r)^2 = 2a^2 \quad \therefore \quad a = \sqrt{8}\,r$$

よって，単位格子の体積は

$$V = a^3 = 22.63r^3 = 43.15 \times 10^{-30}\,\mathrm{m^3} = 43.15 \times 10^{-24}\,\mathrm{cm^3}$$

一方，単位格子には 4 個の原子が含まれるから，その質量 w は

$$w = 4 \times \frac{58.70\,\mathrm{g\,mol^{-1}}}{6.022 \times 10^{23}\,\mathrm{mol^{-1}}} = 3.900 \times 10^{-22}\,\mathrm{g}$$

よって，密度 $d = w/V = 9.04\,\mathrm{g\,cm^{-3}}$ となる．なお実測値は $8.90\,\mathrm{g\,cm^{-3}}$ で，かなりよく一致する．

8-3 六方最密構造

六方最密構造 (hexagonal closest packing) は最密充填構造の一種で，単位格子は，正六角柱を縦に三等分してできる菱形柱である．

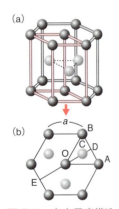

図 8.4 六方最密構造

単位格子に含まれる原子数

六方最密充填の単位格子に含まれる原子数は以下のように求められる．

① 正六角柱の内部に含まれている 3 個の原子（図 8.4 b）は他の単位格子には共有されていない．原子数：$1 \times 3 = 3$ 個．
② 正六角柱の底面の 6 個の頂点（上下合わせて 12 個）にある原子のそれぞれは 6 個の単位格子に共有されている．原子数：$12 \times (1/6) = 2$ 個．
③ 底辺の中央の原子（上下合わせて 2 個）は二つの単位格子に共有されている．原子数：$2 \times (1/2) = 1$ 個．

すなわち六角柱には $3 + 2 + 1 = 6$ 個の原子が含まれている．六方最密充填構造の単位格子は正六角柱の $1/3$ であるから，単位格子に含まれる原子の数は $6/3 = 2$ 個である．

充填率の計算

単位格子の形が立方体ではないので，面心立方格子の場合のようには計算できない．原子の体積を V，原子の半径を r，底辺の一辺の長さを a，六角柱の高さを h とすると，$a = 2r$ となる．また計算は煩雑なので省略するが，$h = (4\sqrt{2})r/\sqrt{3} = (2\sqrt{2})a/\sqrt{3}$ となる．

六角柱の体積は，単位となる三角錐の 6 倍だから $\quad V = 24\sqrt{2}\,r^3$

原子の体積は $4\pi r^3/3$ で，単位格子には 6 個の原子が含まれているから，原子の全体積は $\quad 6 \times 4\pi r^3/3 = 25.12 r^3$

よって充填率は

$$\frac{原子の体積の和}{六角柱の体積} = \frac{25.12\,r^3}{24\sqrt{2}\,r^3} = 0.7402 \approx 0.74\,(74\%;最密充填)$$

8-4 体心立方格子

体心立方格子(body-centered cubic lattice, 図 8.5)は立方体の中心と各頂点に原子が位置する構造をもつ．原子は単位格子の対角線に沿って接触している．

単位格子に含まれる原子数

① 立方体の八つの頂点にある原子はそれぞれ 8 個の単位格子に共有される．
　原子数 $8 \times (1/8) = 1$ 個．
② 立方体の中心にある原子は他の単位格子に共有されていない．原子数 1 個．

したがって，全原子数は $1 + 1 = 2$ 個．一つの単位格子あたり 2 個の原子が含まれる．

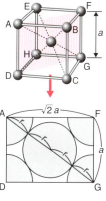

図 8.5　体心立方格子

充填率の計算

単位格子の一辺の長さを a，原子の体積を V，原子半径を r とすると，中心原子を含む面 ADGF で，辺 AF の長さは $\sqrt{2}\,a$，辺 CG の長さは a だから，対角線 AG の長さは $\sqrt{3}\,a$．よって

$$\sqrt{3}\,a = 4r \quad \therefore \quad r = \frac{\sqrt{3}\,a}{4}$$

$$V = \frac{4}{3}\pi\left(\frac{\sqrt{3}\,a}{4}\right)^3 = 12.56 \times \frac{(0.433a)^3}{3} = \frac{(12.56 \times 0.081)a^3}{3} = 0.339a^3$$

単位格子中に原子 2 個が含まれるから，原子が占める全体積は，$2 \times 0.339a^3 = 0.678a^3$ である．よって充填率は

$$\frac{原子が占める全体積}{単位格子の体積} = \frac{0.678a^3}{a^3} \approx 68\%\,(最密充填ではない)$$

例題 8.2　体心立方格子

チタンの結晶は体心立方格子構造をもち，密度は $4.50\,\mathrm{g\,cm^{-3}}$ である．単位格子の 1 辺の長さ a と，チタンの原子半径 r を計算せよ．

【解】体心立方格子には単位格子あたり 2 個の原子が入っているから

$$4.50 \, \text{g cm}^{-3} = 2 \times \frac{47.88 \, \text{g mol}^{-1}}{6.022 \times 10^{23} \, \text{mol}^{-1}} \div a^3 \, (\text{cm}^3)$$

$$\therefore \quad a = 3.28 \times 10^{-8} \, \text{cm}$$

ピタゴラスの定理より

$$(4r)^3 = (3.28 \times 10^{-8})^2 + (\sqrt{2} \times 3.28 \times 10^{-8})^2 \quad \therefore \quad r = 1.42 \times 10^{-8} \, \text{cm}$$

8-5 単純立方格子

単位格子中の原子数

立方体の八つの頂点にある原子はそれぞれ8個の単位格子に共有される．原子数 $8 \times (1/8) = 1$ 個，一つの単位格子あたり1個の原子が含まれる（図8.6）．

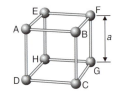

図 8.6 単純立方格子

充填率の計算

単位格子の一辺の長さを a，原子の体積を V，原子半径 r とすると

$$a = 2r \quad \therefore \quad r = \frac{a}{2}$$

$$V = \frac{4}{3}\pi \left(\frac{a}{2}\right)^3 = \frac{3.14 a^3}{6} = 0.523 a^3$$

よって充填率は

$$\frac{\text{原子が占める全体積}}{\text{単位格子の体積}} = \frac{0.523 a^3}{a^3} \approx 0.52 \, (52\%；最密充填ではない)．$$

8-6 金属結晶

金属結晶では，陽イオンが格子点に位置し，その間を価電子（自由電子）が動き回って結合に関与する．金属結合は方向性をもたず，最密充填，またはそれに近い構造をとる．そのため，金属結晶の多くは面心立方格子（図 8.3），六方最密構造（図 8.4），体心立方格子（図 8.5）をとる（表 8.1）．一つの金属が二つ以上の構造をとる場合もある．

表 8.1 金属の結晶形の例

結晶格子	配位数	充填率	例
面心立方格子	12	74%	Cu, Ag, Au, Ni, Pt
六方最密構造	12	74%	Be, Mg, Zn, Cd
体心立方格子	8	68%	Li, Na, K, Rb, Ba

8-7 イオン結晶

イオン結晶の特徴

種類の異なる(陽イオンと陰イオン)粒子が相互作用によって結晶を作るイオン結晶では，1種類の原子でできている結晶の場合と違って，両者の大きさの関係が重要になる(図8.7)．

イオン結晶の安定性

一般に陰イオンは陽イオンより大きいので，イオン結晶では陰イオンが陽イオンを取り囲む．その結果，静電相互作用による安定化が起こる．図8.8(a)〜(d)の中で，陽イオンと陰イオンが接し，陰イオンどうしが接していない図8.8(a)と(b)は安定な構造である．しかし陰イオンの数が増えると，陰イオンどうしの反発によって不安定になる(図8.8c)．

陽イオンが大きくなり，陰イオンの大きさに近づくと(図8.8d)，両イオンが近づき，また陰イオンどうしも離れて安定化する．このように，イオン結晶の安定性は，陽イオンと陰イオンの大きさの比によって変わる．陰イオンが作る空間に陽イオンがちょうど収まると，安定な構造になる．陽イオンの配位数が最大のとき，すなわち最大数の陰イオンに取り囲まれたときイオン結晶は最安定となる．

具体的に見ると，塩化ナトリウムでは大きい Cl^- (0.181 nm) が格子を作り，小さい Na^+ (0.098 nm) がその空隙に入る(図8.7a)．両イオンの配位数は6で最密充填ではない．塩化セシウムでは Cs^+ (0.168 nm) が Na^+ に比べてかなり大きく，8個の塩化物イオンがセシウムイオンを取り囲む8配位構造である(図8.7b)．これも最密充填ではない．

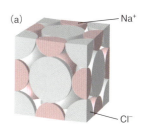
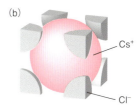

図8.7 イオン結晶
(a)塩化ナトリウムの例，(b)塩化セシウムの例．

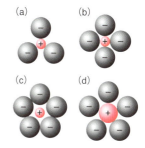

図8.8 イオン半径と安定性

例題 8.3　面心立方格子

塩化ナトリウム NaCl は図8.7(a)に示すような，Na^+ が立方体の各辺(一辺の長さを a とする)の中心と単位格子の中心に，Cl^- は立方体の各頂点と各面の中心に位置している面心立方格子を作る．以下の問いに答えよ．

(1) 1単位格子あたりに何個の Na^+ と Cl^- が含まれるか．
(2) Na^+ は何個の Cl^- に取り囲まれているか．
(3) Na^+ のイオン半径を r_{Na}，Cl^- のイオン半径を r_{Cl} とする．結晶内部で Na^+ が Cl^- に接し，かつ Cl^- どうしが接触するとき，r_{Na} と r_{Cl} はどんな関係にあるか．

【解】(1) 立方体の辺上にある Na^+ はそれぞれ四つの単位格子に共有される一方，立方体の中心にある Na^+ は他の単位格子には共有されない．ゆえに1個の単位格子中には

$$12 \times \frac{1}{4} + 1 = 4 \text{個}$$

一方，各頂点にある 8 個の Cl^- はそれぞれ 8 個の単位格子に共有され，各面の中心にある 6 個の Cl^- は 2 個の単位格子に共有される．したがって単位格子中には

$$8 \times \frac{1}{8} + 6 \times \frac{1}{2} = 4 \text{ 個}$$

単位格子中に同数の Na^+ と Cl^- が含まれる．
(2) Na^+ は 6 個の Cl^- に囲まれる．
(3) 立方体の辺の方向に陽イオンと陰イオンが接するためには

$$2(r_{Na} + r_{Cl}) = a$$

また，面心立方格子で Cl^- どうしが接触する条件は

$$a = 2\sqrt{2}\, r_{Cl}$$
$$\therefore \quad r_{Na} = (\sqrt{2} - 1)r_{Cl} = 0.414 r_{Cl}$$

例題 8.4 体心立方格子

フッ化セシウム CsF は体心立方格子で，頂点に F^- が，格子の中心に Cs^+ が位置している．以下の問いに答えよ．
(1) 単位格子中に各イオンはそれぞれ何個含まれているか．
(2) Cs^+ は何個の F^- に囲まれているか．
(3) Cs^+ のイオン半径を r_{Cs}，F^- のイオン半径を r_F とする．Cs^+ と F^- が互いに接し，また F^- どうしが接するとき，r_{Cs} と r_F の関係を求めよ．

【解】 例題 8.3 にならって計算すればよい．
(1) 両イオンとも 1 個．
(2) Cs^+ は 8 個の F^- に囲まれている．
(3) 単位格子の一辺の長さを a とすると

$$\sqrt{3}\, a = 2(r_F + r_{Cs})$$
$$a = 2 r_F$$
$$\therefore \quad r_{Cs} = (\sqrt{3} - 1) r_F = 0.732 r_F$$

8-8 共有結合の結晶

共有結合の結晶の構造の特徴

構成原子（1 種類とは限らない）のすべてが共有結合によって結ばれ，高分子構造・巨大分子構造をとり，ときには目で見える大きさになる．

ダイヤモンド (diamond)

sp^3 混成炭素原子のそれぞれは 4 個の価電子を使って隣接する 4 個の炭素原

子と共有結合し，強固な網目構造を構築する（図8.9）．ダイヤモンドの硬さは，1個の炭素原子を中心に4個の炭素原子が正四面体の頂点方向に次々と共有結合を作った構造に由来する．絶縁体で3500℃まで安定に存在する．

結晶の単位格子は面心立方類似構造の隙間に炭素原子が入り込んだ構造となる．単位格子の八つの頂点にある炭素原子はそれぞれ8分の1ずつ，六つの面の中央に位置する炭素原子はそれぞれ2分の1ずつこの単位格子に属している．また，残りの炭素原子は全体がこの単位格子に属しているので，合計で8個の炭素原子がこの単位格子に属している．

単位格子の一辺の長さは3.6×10^{-8} cmで，質量はC原子8個分の質量に等しい〔C原子1個の質量は$12/(6.0 \times 10^{23}) \fallingdotseq 2.0 \times 10^{-23}$ g〕．ダイヤモンドの結晶構造の配位数は4であり，充填率は8配位の体心立方格子（充填率68％）のちょうど半分の34％となり，金属結晶に比べてかなり隙間が大きいことがわかる．

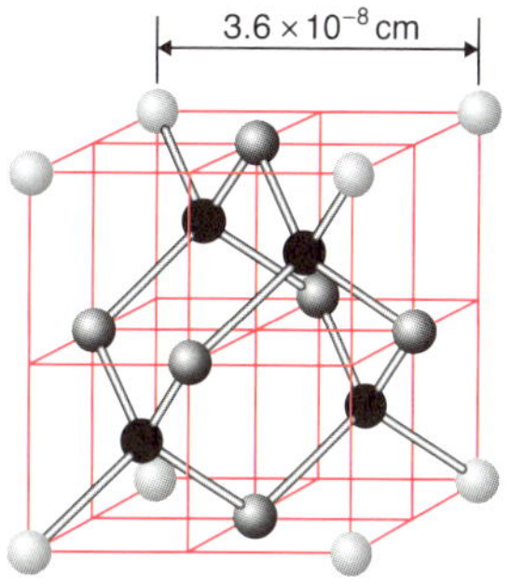

図8.9 ダイヤモンドの単位格子

例題8.5　共有結合の結晶

ダイヤモンドは図8.9に示すような結晶構造をもつ．炭素原子は面心立方格子の各格子点（灰色の球）と，立体体角線に沿ってその長さの4分の1の位置（黒色の球）を占める．以下の問いに答えよ．

(1) ダイヤモンドの密度は3.52 g cm^{-3}である．単位格子の一辺の長さaを計算せよ．
(2) 炭素原子間の結合距離を計算せよ．
(3) 炭素原子の共有結合半径はいくらか．
(4) 炭素原子を結合距離の半分の半径をもつ原子とみなして，充填率を求めよ．

【解】（1）単位格子中にある炭素原子の数は$8 \times (1/8) + 6 \times (1/2) + 4 = 8$個である．

$$a = \left(\frac{8 \times 12.0 \text{ g mol}^{-1}}{3.52 \text{ g cm}^{-3} \times 6.02 \times 10^{23} \text{ mol}^{-1}} \right)^{1/3} = 3.56 \times 10^{-8} \text{ cm} = 0.356 \text{ nm}$$

(2) 炭素原子間の最短距離は立体対角線の長さ$\sqrt{3}a$の4分の1である．

$$\frac{\sqrt{3}}{4}a = \frac{\sqrt{3}}{4} \times 0.356 \text{ nm} = 0.154 \text{ nm}$$

これがC-C結合距離である．

(3) 炭素原子の共有結合半径はC-C結合距離の2分の1で，0.077 nmである．

(4)
$$\text{充填率} = \frac{\text{原子の体積の和}}{\text{単位格子の体積}} = \frac{\frac{4\pi}{3}\left(\frac{\sqrt{3}}{8}a\right)^3 \times 8}{a^3} = \frac{\sqrt{3}\pi}{16} = 0.340 \text{ (34\%)}$$

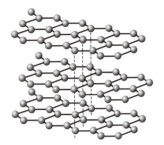

図 8.10　グラファイト

図 8.11　二酸化ケイ素
灰色がケイ素 Si，赤が酸素 O．

グラファイト

　グラファイト（graphite，黒鉛）は炭素の同素体の一つで，各炭素原子は隣接する3個の炭素原子と共有結合で結ばれ，ベンゼン環類似の正六角形を基本単位とする平面層状構造を作る（図 8.10）．各層は弱い分子間力で重なっているため剝離しやすい．各炭素原子1個あたり1個の自由電子があるため，電気伝導性をもつ．

二酸化ケイ素（シリカ）

　ケイ素 Si，炭化ケイ素 SiC などはダイヤモンドと同じ結晶構造をもつ．1個のケイ素原子を中心に4個のケイ素原子が正四面体の頂点方向に位置し，各ケイ素-ケイ素結合間に酸素原子が挿入した構造である（図 8.11）．石英は 1700 °C まで固体の結晶であり，シリコンカーバイド $(SiC)_n$，窒化ホウ素 $(BN)_n$ なども類似の構造をもつ．

8-9　分子結晶

　多数の分子が分子間相互作用によって結びつくと分子結晶ができる．化学結合に比べて分子間相互作用は弱いので，一般に分子結晶は共有結合結晶やイオン結晶に比べ柔らかく，融点も低く，昇華しやすい．分子結晶を作る主な相互作用は水素結合（例：水）とファンデルワールス力（例：ナフタレン）である．極低温では希ガスも結晶になる．たとえばアルゴンの融点は −177 °C である．

　ヨウ素も分子結晶を作る．分子構造は比較的簡単で，いくぶん不規則な面心立方格子になる．固体二酸化炭素（ドライアイス）も類似の結晶構造をもつ．

　氷では，水分子1個の周りに水分子4個が正四面体の頂点方向から水素結合で結合しているので，結晶構造には隙間が多く，氷の密度（0 °C で約 0.92 g/cm³）は水の密度（0 °C で約 1 g/cm³）より小さいので水に浮く．

■ Sir William Henry Bragg（父）
1862 ～ 1942，イギリスの物理学者．1915年ノーベル物理学賞受賞．23歳の若さでアデレード大学教授となり，イギリスに移ってからは息子のローレンスとともにX線結晶解析の研究に打ち込んだ．

■ Sir William Lawrence Bragg（子）
1890 ～ 1971，イギリスの物理学者．1915年に父とノーベル物理学賞受賞．第一次世界大戦では多くの若手科学者が第一線に送られ，彼も受賞の知らせを塹壕の中で聞いたといわれている．キャベンディッシュ研究所長になってからは，物理学を生物学研究に応用する計画を推進した．

8-10　X線結晶解析

X線結晶解析の登場

　X線結晶解析の誕生当初は食塩やダイヤモンドのような単純な構造の物質を扱うのがやっとだったが，100年足らずの間にかなり大きい分子量のタンパク質をその視野に入れるまでに成長した．

　X線結晶解析の物質の構造決定への利用の面で大きな貢献をしたのはブラッグ父子である．1913年に父子は食塩とダイヤモンドの結晶構造の解析に成功した．以後，多くの化学者がX線結晶解析を用いて数々の化合物の構造を決定した．中でもホジキンはインスリンを初めとする多くの重要な天然有機化合物の構造を決定した．仁田のペンタエリトリトールの構造解析は，炭素の正四面体構造を実験的に証明した研究である．

比較的最近まで，測定そのものも，その後のデータ処理も，高度の知識と経験を必要とする専門家だけができる仕事だった．ところが近年は測定装置とデータ処理法が飛躍的に進歩し，それまでに比べてはるかに少ない訓練で，X線結晶解析の技術を習得できるようになり，多くの研究者が自らX線結晶解析を行うことも可能になった．

X線結晶解析の原理

粒子が規則的に配列され，粒子間の距離が光の波長と同程度であれば，光の回折が起こる．単一波長のX線を結晶に照射すると回折像が得られる．回折された平行光線は，位相が一致していれば強めあい，位相が一致していなければ打ち消しあって消失する．その際，互いに平行な二つの波が強めあうか，打ち消しあうかは，格子点間の距離に依存する．

図8.12で入射するX線の波長を λ としたとき，第1層と第2層で反射されるX線が検出器に到達するまでの光路差が波長の整数倍 ($n\lambda$) であれば，二つの波は強めあって回折像を与える．原子間隔を d とすれば，光路差は $2d\sin\theta$ である．ゆえに回折像の強度が最大になるのは，$n\lambda = 2d\sin\theta$ の関係が成立する点である．すなわち

$$n\lambda = 2d\sin\theta \quad (n = 1, 2, 3, \cdots) \quad (8.1)$$

の関係がある．これをブラッグの法則，またはブラッグ条件と呼ぶ（図8.12）．

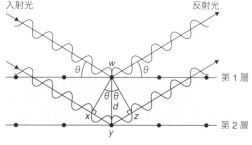

図8.12 ブラッグ条件

X線結晶解析の応用

ブラッグ条件には2通りの使用法がある．

① X線の波長がわかっている場合：回折角の測定から，ブラッグのの原理を用いて原子間隔を求めることができる．これがX線結晶解析の原理である．

② 原子間隔がわかっている場合：イギリスのモーズリーは十分なエネルギーをもつX線を金属試料に照射した際に放出される特性X線の波数 k と原子番号 Z とに以下の関係があることを見出した（モーズリーの法則）．モーズリーはこの法則を用いて多くの原子の原子番号を決定した．

$$\sqrt{k} = K(Z - s)$$

■ Dorothy Mary Hodgkin
1910～1994，イギリスの化学者．1964年ノーベル化学賞受賞．

■ 仁田 勇
1899～1984，日本の化学者．大阪帝国大学(現大阪大学)の創立に加わり，定年まで留まった．当時としては複雑な有機化合物の構造決定に取り組んだ．

■ Henry Gwyn Jeffreys Moseley
1887～1915，イギリスの物理学者でラザフォードの弟子．元素の特性X線の波長と原子核の電荷の関係を発見し（モーズリーの法則），原子番号の意味を確立し，周期表の完成に大きく貢献した．第一次大戦の際に志願して義勇兵となったが，最悪の作戦といわれたガリポリの作戦に動員され，戦死した．もう少し存命していればノーベル賞は確実だったと惜しまれた．彼の命を奪った無謀な作戦を企てた海軍大臣チャーチルは後に首相になり，ノーベル文学賞を受賞した．

例題 8.6　X線結晶解析

ある結晶に波長 0.1541 nm のX線を照射すると，$\theta = 15.55°$ で回折像が得られた．$n = 1$ として結晶面の間隔 d を求めよ．

【解】$n\lambda = 2d\sin\theta$ において

$$1 \times 0.1541 \text{ nm} = 2d\sin 15.55 = 2d \times 0.268$$

$$\therefore\ d = \frac{0.1541}{2\times 0.268} = 0.2875\,\mathrm{nm}$$

8-11 アモルファス(非晶質)

アモルファスの特徴

　ある種の固体では，粒子の規則的配列は部分的（短距離秩序）で，結晶質のように，その規則性が固体全体に及ぶ(長距離秩序)ことはない．このような固体をアモルファス（非晶質）という（図8.13）．結晶は一定の融点をもつが，アモルファスは一定の融点を示さず，融解・凝固が徐々に進行する．このように，アモルファスは液体と固体の中間状態といえる．ガラス，ゴム，ポリエチレンなどの身の周りの固体の多くはアモルファスである．

ガラス

　酸化ケイ素 SiO_2 を約 2000 ℃に加熱して融解しそれを凝固させると，石英ガラスと呼ばれるもとの結晶とは異なる固体が得られる．石英ガラスの Si 原子と O 原子の配列には，石英や水晶の結晶で見られるような空間的規則性がなく，非晶質である．

　またガラスには，SiO_4 四面体の立体網目構造の中に，Na^+ や Ca^{2+} などのイオンが不規則に含まれている（図8.14）．ガラスには決まった融点はなく，ある温度の幅で軟化する．

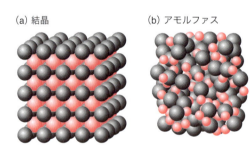

図 8.13　結晶質とアモルファスのモデル図

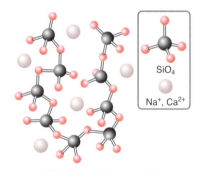

図 8.14　ガラスの構造

表 8.2　機能性アモルファス物質の例

物質名	用途
石英ガラス	光ファイバー
カルコゲンガラス	コピー機用セレン膜
アモルファスシリコン	太陽電池
アモルファス合金	鉄コバルト金属(磁性材料)
高分子	ポリスチレン
無定形炭素	カーボンブラック(吸着剤)
ゲル	シリカゲル(吸着剤)

機能性アモルファス

　特殊な機能をもつ人工的なアモルファス物質が注目されるようになってきた（表8.2）．アモルファスシリコンはケイ素の結晶でダイヤモンド型の構造をもつが，その結晶構造はいくぶん不規則である．太陽電池などの半導体材料として広く利用されている．石英ガラスは光ファイバーに利用されている．

原子の配列に規則性がない金属をアモルファス金属という．その中で，2種類以上の元素を含むものをアモルファス合金という．

章末問題

8.1 面心立方格子

銀は面心立方格子の構造をとり，その密度は 10.49 g cm^{-3} (20 ℃) である．原子を球とみなしたときの半径を求めよ．

8.2 体心立方格子

図 8.5 において，以下の問いに答えよ．
(1) 中心原子の配位数を求めよ．
(2) いくつの単位胞が図の頂点に位置する原子によって共有されているか．
(3) 頂点に位置する原子の配位数を求めよ．

8.3 面心立方格子

塩化ナトリウム型(配位数6)のイオン結晶では，陽イオンの周りを陰イオンが取り囲んでいる．両イオンがちょうど接触するとすると，陽イオンの半径 r_+ と陰イオンの半径 r_- の比はいくらか．

8.4 体心立方格子

塩化セシウム結晶(配位数8)では，陰イオンが陽イオンを取り囲み，互いにちょうど接触している．このときの(陽イオンの半径/陰イオンの半径)を求めよ．

8.5 分子結晶

アルゴンの結晶は面心立方格子の構造をもち，単位格子の一辺の長さは 0.543 nm である．アルゴン原子が接触しているとして，その半径を計算せよ．

8.6 X線結晶解析

波長 0.1541 nm の X 線を用いてアルミニウム結晶を解析したところ，θ = 19.3° のところで回折像が得られた．$n = 1$ として結晶面の間隔 d を求めよ．

9章 化学反応とエネルギー

基本事項 9-1 化学反応と熱

◆ 発熱反応と吸熱反応 ◆

【反応熱(heat of reaction)】化学反応に際して発生または吸収される熱量[*1].
【発熱反応(exothermic reaction)】熱を発生し，周囲に放出する反応.
【吸熱反応(endothermic reaction)】周囲から熱を吸収する反応.

*1 熱量の単位はジュール(記号 J)で，1000 J = 1 kJ.

◆ 熱化学方程式 ◆

【熱化学方程式[*2]】化学反応式の右辺に，反応物 1 mol あたりの反応熱を書き加え，両辺を等号で結んだ式.

  例 $CH_4 + 2O_2 = CO_2 + 2H_2O + 891\,kJ$
  〔発熱反応：熱が発生するので(+)〕

  $C(graphite) + H_2O = CO + H_2 - 131\,kJ$
  〔吸熱反応：熱が吸収されるので(−)〕

*2 両辺を→でなく等号＝で結ぶので方程式と呼ぶ．日本の高校では熱化学方程式の表記法が用いられているが，諸外国の多くの高校では反応エンタルピーを用いる表記法が採用されている.

【物質の状態を表す記号】物質の記号に状態を表す記号を加える．気体(g)，液体(ℓ)，固体(s)，多量の水(aq)[*3].

基本事項 9-2 いろいろな反応熱

◆ 反応熱 ◆

*3 aq はラテン語の aqua(水) の略である．NaCl aq (NaCl の希薄水溶液)のように使う.

【生成熱[*4] (heat of formation)】化合物 1 mol が，その最安定同素体だけから生成するときに発生または吸収する熱量．最安定同素体の生成熱 (= 0) との比較で決まる.

  例 メタンの生成熱：$C(s) + 2H_2(g) = CH_4(g) + 74.9\,kJ$

【生成熱の符号】符号が (+) →その化合物が成分元素より安定（熱を放出した），
  符号が (−) →その化合物が成分元素より不安定（熱を取得した）.
【反応熱のグラフ表示】生成熱の例（図 9.1）.

  $2C(s) + 3H_2(g) = C_2H_6(g) + 83.8\,kJ$
  $2C(s) + 2H_2(g) = C_2H_4(g) - 52.5\,kJ$

*4 mol あたりの値であるから生成熱の表などの単位には mol^{-1} をつけることもある.

【燃焼熱 (heat of combustion)】物質 1 mol が完全燃焼するときに発生する熱量.

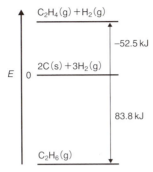

図 9.1　エタンとエテンの生成熱

例　プロパンの燃焼熱：
$$C_3H_8(g) + 5O_2(g) = 3CO_2(g) + 4H_2O(\ell) + 2219\,\mathrm{kJ}$$

【中和熱 (heat of neutralization)】酸と塩基が中和して水 1 mol が生成するときに発生する熱量．酸や塩基の種類にかかわらずほぼ一定．

例　$HCl\,aq + NaOH\,aq = NaCl\,aq + H_2O + 56.5\,\mathrm{kJ}$
あるいは　$H^+\,aq + OH^-\,aq = H_2O(\ell) + 56.5\,\mathrm{kJ}$

【溶解熱 (heat of solution)】溶質 1 mol を多量の溶媒に溶かしたときに発生，または吸収する熱量[*5]．

*5　溶解は物理変化だが広義の化学変化として扱う．

例　$NaCl(s) + aq = NaCl\,aq - 3.9\,\mathrm{kJ}$（吸熱反応）
　　$H_2SO_4(\ell) + aq = H_2SO_4\,aq + 95.3\,\mathrm{kJ}$（発熱反応）

【融解熱 (heat of fusion)】1 atm で固体 1 mol を液体に変化させるのに必要な熱量．

【蒸発熱 (heat of vaporization)】1 atm で液体 1 mol を気体に変化させるのに必要な熱量．

【凝縮熱 (heat of condensation)】1 atm で気体 1 mol を液体に変化させるのに必要な熱量．一般的には蒸発熱と凝縮熱は等しい．

9-1 熱化学

熱力学と熱化学

エネルギーとその相互変換を扱う学問を熱力学(thermodynamics)という．熱力学を応用した化学の分野，特に物質の化学反応あるいは物質の状態変化に伴う熱(エネルギー)を扱う分野を熱化学[*6](thermochemistry)という．

熱化学(熱力学を含めて)では，反応物(反応式の左辺のすべての物質)を系(system)，それ以外のすべてを外界(surroundings)と呼ぶこともある．

[*6] 化学反応，あるいは物質の状態変化に伴う熱に加えて，仕事も扱う分野を化学熱力学(chemical thermodynamics)ということもある．

熱力学第一法則

19世紀の半ばに，ジュールはそれまで別の物理量と考えられていた熱と仕事が同じ物理量であるエネルギーとして統一的に理解できることを見出した(1850年頃)．熱と仕事は熱の仕事当量[*7]の関係を用いて換算される．同じ頃，化学反応に伴う熱も含めてエネルギーとする，より広い概念が提案された．これらの知見は熱力学第一法則(first law of thermodynamics)にまとめられた．

[*7] 熱力学における熱の仕事当量とは，1 cal の熱量に相当する仕事の量である．一般に記号 J で表され，単位は $\mathrm{J\,cal^{-1}}$ で，現在は $J = 4.1855\ \mathrm{J\,cal^{-1}}$ と定められている．

> **熱力学第一法則**：系と外界のもつエネルギーの総和は一定で，その意味であらゆる変化においてエネルギーは生成することも消滅することもない．

熱とエネルギー

本章の「基本事項」では，エネルギー，熱量，熱，反応熱といった用語を必ずしもきちんと定義せず，慣行に従って用いた．熱化学では，熱は温度差によって起こる二つの物質の間のエネルギーの移動を伴うもの，温度はある特定の物質の構成粒子のランダムな運動によって決まるものと定義する．エネルギーは「仕事(work)をする，あるいは熱を生み出す能力」である．

内部エネルギー

熱はエネルギーの形態の一つであり，熱＝エネルギーではない．エネルギーは熱 q と仕事 w に大別される．系がもつ q と w の和を，系の内部エネルギー U (internal energy)と定義する．

$$U = q + w \tag{9.1}$$

q か w，あるいはその両方が変化すれば，U も変化する．系を中心としてエネルギーの出入りを考えれば

$$\text{内部エネルギーの増加} = \text{系の得た熱} + \text{系にされた仕事} \tag{9.2}$$

である．これはエネルギー保存則の，すなわち熱力学第一法則の別表現である．

ヘスの法則

ヘスの法則[*8]によると，反応熱は反応の経路によらず，反応の初めの状態と終わりの状態で決まる．ヘスの法則もエネルギー保存則の別表現といえる．ヘスの法則を用いると，実際に測定困難な反応の反応熱を，同等の結果を生じる反応(一つとは限らない)の反応熱から求めることができる．たとえば，反応熱を直接測定できない次の反応の反応熱(x)

$$\text{C (graphite)} + 2\text{H}_2(\text{g}) = \text{CH}_4(\text{g}) + x\,\text{kJ}$$

を測定可能な三つの反応に分解して求めることができる(図 9.2)．

① $\text{C (graphite)} + \text{O}_2(\text{g}) = \text{CO}_2(\text{g}) + 393.5\,\text{kJ}$

② $\text{H}_2(\text{g}) + \dfrac{1}{2}\text{O}_2(\text{g}) = \text{H}_2\text{O}(\text{l}) + 285.8\,\text{kJ}$

③ $\text{CH}_4(\text{g}) + 2\text{O}_2(\text{g}) = \text{CO}_2(\text{g}) + 2\text{H}_2\text{O}(\text{g}) + 890.4\,\text{kJ}$

[*8] 総熱量保存の法則ともいう．

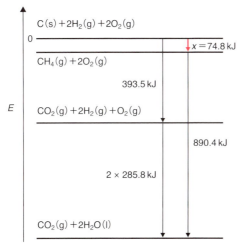

図 9.2 ヘスの法則の実例
メタンの生成熱(+74.8 kJ)が得られる．

状態量

系(物質など)の状態だけで決まり，系がその状態になるまでの経路にはよらない物理量を**状態量**(state quantity)という．たとえば反応熱は状態量である．これは実験事実から導かれたヘスの法則の理論的根拠でもある．

前述の内部エネルギー，後述するエンタルピーやエントロピーなども状態量であるが，仕事 w と熱 q は経路に依存する量で，状態量ではない．しかし特定の場合には w の，したがって q の値を定めることができ，その場合には内部エネルギーの値も決まる．

エネルギーの符号

すべてのエネルギーは，エネルギーの大きさを表す数値と，エネルギーの流れの方向を示す符号で定義される．「基本事項」で扱った熱化学方程式で，発熱反応の反応熱に（＋）の符号を与えたのは，外界を中心に考えた結果で，「外界が熱を得た」からである．同様に，吸熱反応の反応熱に（−）の符号を与えたのは，「外界から熱が失われた」からである．

しかし，国際的取り決めでは系を中心として熱（エネルギー）の流れの方向の符号を定める．そして反応熱を反応式に含めた熱化学方程式は用いず，反応式の後に反応エンタルピー ΔH を付け加える（次節を参照）．その際，符号は系を中心とする方式に従い，発熱反応なら ΔH は（−），吸熱反応なら ΔH は（＋）となる．生成エンタルピーは定圧生成熱と呼ばれるものに相当する[*9]．この取り決めに従って内部エネルギーの増分 dU を求めると，以下のようになる．

$$\mathrm{d}U \quad = \quad \mathrm{d}q \quad + \quad \mathrm{d}w$$

内部エネルギーの増分　　系が得た熱量　　系が得た（にされた）仕事

[*9] エネルギーに与える符号が高校で馴染んできた熱化学方程式と逆になるので注意を要する．

9-2 エンタルピー

エンタルピー

気体が関与する化学反応において，反応の前後で気体の体積が変化する場合は，気体の膨張ないし圧縮に伴う仕事を考慮する必要がある．気体が関与する反応には次の二つの場合（①，②）がある．

① 定積[*10] 変化：初めの状態と終わりの状態で体積が等しければ（$\Delta V = 0$），$w = 0$ だから

$$q_V = \Delta U \tag{9.3}$$

添字 V は定積変化を示す．

② 定圧変化：初めの状態と終わりの状態の圧力が等しい定圧条件では

$$q_P = \Delta U + P\Delta V \tag{9.4}$$

となる．そこで内部エネルギー U に気体に伴う仕事の項を加えた量を系のエンタルピー (enthalpy) H[*11] と定義する．

$$\Delta H = \Delta U + P\Delta V \tag{9.5}$$

となる．ここで P，V はそれぞれ系の圧力，体積である．したがって PV は気体の膨張または圧縮に伴う仕事である．$E(q)$，P，V はすべて状態量であるから，エンタルピーも状態量である．

高校で用いた熱化学方程式（①〜③）は，エンタルピーを用いると①′〜③′のように表される．この際，国際的取り決めに従った反応熱の符号の扱い（前述）に注意する必要がある．

[*10] 定容変化ともいう．

[*11] 熱含量 (heat content) とも呼ばれていたが，現在ではこの呼び方は推奨されない．

熱化学方程式

① $C(graphite) + O_2(g) = CO_2(g) + 393.5\,kJ$

② $H_2(g) + \dfrac{1}{2}O_2(g) = H_2O(g) + 285.8\,kJ$

③ $CH_4(g) + 2O_2(g) = CO_2(g) + 2H_2O(g) + 890.4\,kJ$

エンタルピーを用いた式

①′ $C(graphite) + O_2(g) \to CO_2(g)\,;\,\Delta H(298\,K) = -393.5\,kJ$

②′ $H_2(g) + \dfrac{1}{2}O_2(g) \to H_2O(l)\,;\,\Delta H(298\,K) = -285.8\,kJ$

③′ $CH_4(g) + 2O_2(g) \to CO_2(g) + 2H_2O(g)\,;\,\Delta H(298\,K) = -890.4\,kJ$

反応熱ないしエネルギーがからむ項には必要に応じて温度を記載する．

例題 9.1　ヘスの法則

次の反応の反応エンタルピーを，以下のデータを用いて計算せよ．

$$O(g) + H(g) \to OH(g)$$

① $O_2(g) + H_2(g) \to 2OH(g)\,;\,\Delta H^0 = +77.9\,kJ$
② $O_2(g) \to 2O(g)\,;\,\Delta H^0 = +495.0\,kJ$
③ $H_2(g) \to 2H(g)\,;\,\Delta H^0 = +435.9\,kJ$

【解】実際に計算するときは，熱化学方程式の解法を用いるほうがわかりやすいかもしれない．②，③を①に代入して④を得る．

④ $2O(g) - 495.0\,kJ + 2H(g) - 435.9 = 2OH(g) - 77.9\,kJ$

④を整理して⑤を得る．

⑤ $2O(g) + 2H(g) = 2OH(g) + 853\,kJ$
　　$O(g) + H(g) = OH(g) + 426.5\,kJ$
　∴　$\Delta H^0 = -426.5\,kJ$

例題 9.2　仕事

ピストンつきシリンダー内の気体 10.00 L が，一定の外圧 (740 mmHg) の下で 12.25 L に膨張した．このとき，気体のした仕事を計算せよ．

【解】
$$w = -P\Delta V = -\dfrac{740}{760}\,atm \times 2.25\,L = -2.19\,L\,atm$$
$$= -2.19 \times 101.325\,J = -221.9\,J$$
$$(\because\ 1\,L\,atm = 101.325\,J)$$

熱容量

外界から系にエネルギーを与えると$(q>0)$，特別な変化（化学変化や相変化）がない限り，系の温度はTから$T+\Delta T$に上昇する．このとき

$$C = \lim_{\Delta T \to 0} \frac{q}{\Delta T} \tag{9.6}$$

で定義される量Cを熱容量(heat capacity)という．

実際には単位体積（多くの場合は 1 g）の物質の温度を 1 ℃上げるのに必要な熱量，比熱 (specific heat)，あるいは物質 1 mol の温度を 1 ℃上げるのに要する熱量，モル熱容量(molar heat capacity)が用いられる．

系の熱容量は条件によって異なる．系の体積が一定に保たれている定積条件$(\Delta V = 0)$では，定積熱容量 (heat capacity at constant volume) C_Vは次式で定義される．

$$C_\mathrm{V} = \left(\frac{\partial U}{\partial T}\right)_\mathrm{V} \tag{9.7}$$

定圧条件$(\Delta V \neq 0)$では，系が得たエネルギーの一部は体積を膨張させる仕事に用いられる．このため，定圧条件ではさらに$P\Delta V$のエネルギーが必要である．定圧熱容量(heat capacity at constant pressure) C_Pは次式で定義される．

$$C_\mathrm{P} = \left(\frac{\partial H}{\partial T}\right)_\mathrm{P} \tag{9.8}$$

表 9.1 にいくつかの物質の定積および定圧熱容量を示した．気体では$C_\mathrm{P}/C_\mathrm{V}$は 1.3〜1.4 となる場合が多い．一般に$C_\mathrm{P}$のほうが$C_\mathrm{V}$より大きいのは，体積を膨張させるためのエネルギーが必要だからである．液体，固体では$C_\mathrm{V} \approx C_\mathrm{P}$である．

表 9.1　物質の熱容量の例

気体	温度 (K)	C_P (J K^{-1} mol^{-1})	C_V (J K^{-1} mol^{-1})	$\gamma = C_\mathrm{P}/C_\mathrm{V}$	液体	温度 (K)	C_P (J K^{-1} mol^{-1})	固体	C_P (J K^{-1} mol^{-1})
Ar	300	20.833	12.473	1.670	C_6H_{12}	298.15	156.5	C（ダイヤモンド）	6.113
H_2	300	28.85	20.53	1.405	CH_3OH	298.15	81.6	C（グラファイト）	8.527
CO_2	300	37.52	29.02	1.293	CH_3COCH_3	298.15	74.89	Al	24.34
O_2	300	41.10	29.44	1.396	C_6H_5OH	298.15	134.7	Na	28.24
N_2	300	40.87	29.17	1.401	H_2O	298.15	75.22	Pb	26.44

> **例題 9.3　熱容量**
> 8.50×10^{-2} g のアルミニウムの温度を 22.8 ℃から 94.6 ℃まで上げるのに必要なエネルギーを求めよ．

【解】 $E = 24.34\,\mathrm{J\,K^{-1}\,mol^{-1}} \times (94.6 - 22.8)\,\mathrm{K} \times \dfrac{8.50 \times 10^{-2}\,\mathrm{g}}{26.97\,\mathrm{g\,mol^{-1}}} = 5.51\,\mathrm{J}$

生成エンタルピー

エンタルピー H や内部エネルギー U は温度や圧力によって変化するから，いわゆる標準状態，圧力 $P°(1\,\mathrm{atm} = 101.325\,\mathrm{kPa})$ の条件で定義する．graphite の燃焼反応に伴うエンタルピー変化は，標準状態にある元素から標準状態にある二酸化炭素 1 mol を生じる反応に伴うエンタルピー変化であり，これを標準生成エンタルピー (standard enthalpy of formation) と定義する[*12]．

$$\mathrm{C(graphite)} + \mathrm{O_2(g)} \to \mathrm{CO_2(g)} \quad \Delta_\mathrm{f}H°(298.15\,\mathrm{K}) = -393.51\,\mathrm{kJ\,mol^{-1}}$$

定義により，元素（同素体がある場合は最安定のもの）の生成エンタルピーは 0 である．表 9.2 にいくつかの化合物の生成エンタルピーを示す．ほとんどが $\Delta_\mathrm{f}H° < 0$，すなわち発熱反応である．$\Delta_\mathrm{f}H° > 0$ である化合物には多重結合をもつものが多い．

[*12] 本来，標準状態の定義に温度は含まれないが，温度を 25.0 ℃ (298.15 K) と定めることもある．

表 9.2 標準生成エンタルピー $\Delta_\mathrm{f}H°$ (298.15 K) (kJ mol^{-1})

化合物	$\Delta_\mathrm{f}H°$	化合物	$\Delta_\mathrm{f}H°$	化合物	$\Delta_\mathrm{f}H°$
$\mathrm{H_2O}(\ell)$	-285.830	$\mathrm{NO(g)}$	90.3	$\mathrm{H_2S(g)}$	-20.41
$\mathrm{H_2O(g)}$	-241.82	$\mathrm{NO_2(g)}$	33.2	$\mathrm{CaCO_3(s)}$	-1207
$\mathrm{HCl(g)}$	-92.31	$\mathrm{NH_3(g)}$	50.6	$\mathrm{Fe_2O_3(s)}$	-824
$\mathrm{SO_2(g)}$	-296.83	$\mathrm{CO(g)}$	-110.57	$\mathrm{Al_2O_3(s)}$	-1675.3
$\mathrm{C_2H_2(g)}$	226.73	$\mathrm{CH_3OH}(\ell)$	-239.1	$\mathrm{C_6H_6}(\ell)$	49.0

例題 9.4 標準生成エンタルピー

$\mathrm{Al_2Cl_6(s)}$ の標準生成エンタルピー

$$2\mathrm{Al(s)} + 3\mathrm{Cl_2(g)} \to \mathrm{Al_2Cl_6(s)}\,;\,\Delta_\mathrm{f}H° = ?$$

を以下のデータから算出せよ．温度はすべて 298 K とする．

$\mathrm{Al(s)} + 3\mathrm{HCl(aq)} \to \mathrm{AlCl_3(aq)} + 3/2\mathrm{H_2(g)}\,;\,\Delta_\mathrm{f}H° = -531.37\,\mathrm{kJ}$

$\mathrm{H_2(g)} + \mathrm{Cl_2(g)} \to 2\mathrm{HCl(g)}\,;\,\Delta_\mathrm{f}H° = -184.10\,\mathrm{kJ}$

$\mathrm{HCl(g)} + \mathrm{aq} \to \mathrm{HCl(aq)}\,;\,\Delta_\mathrm{f}H° = -73.22\,\mathrm{kJ}$

$\mathrm{Al_2Cl_6(s)} + \mathrm{aq} \to 2\mathrm{AlCl_3(aq)}\,;\,\Delta_\mathrm{f}H° = -651.87\,\mathrm{kJ}$

【解】例題 9.1 の解法に従う．

$$2\mathrm{Al(s)} + 6\mathrm{HCl(aq)} = 2\mathrm{AlCl_3(aq)} + 3\mathrm{H_2(g)} + 2 \times 531.37\,\mathrm{kJ}$$

$$3H_2(g) + 3Cl_2(g) = 6HCl(g) + 3 \times 184.10\,\text{kJ}$$
$$6HCl(g) + aq = 6HCl(aq) + 6 \times 73.22\,\text{kJ}$$
$$2AlCl_3(aq) + 651.87\,\text{kJ} = Al_2Cl_6(s) + aq$$

これらの式を整理して

$$2Al(s) + 3Cl_2(g) \rightarrow Al_2Cl_6(s)\,;\,\Delta_f H^\circ = -1402.49\,\text{kJ}$$

反応エンタルピー

反応の前後のエンタルピー変化,すなわち生成系と反応系のエンタルピーの差を反応エンタルピー (enthalpy of reaction) という.これは「基本事項のまとめ」で述べた反応熱 (heat of reaction),正確には定圧反応熱に相当し,次式で定義される.

$$\Delta H = H_2 - H_1 \tag{9.9}$$

添字 1,2 はそれぞれ反応系,生成系を表す.

1 atm (= 101.325 kPa),25 ℃ (= 298.15 K) でグラファイト 1 mol と酸素 1 mol から二酸化炭素 1 mol が生じる反応は,温度を含めた下式にまとめられる.

$$C\,(\text{graphite}) + O_2(g) \rightarrow CO_2(g)\,;\,\Delta H^\circ = -393.51\,\text{kJ}\,(298.15\,\text{K})$$

この式は燃焼熱(正確には定圧燃焼熱)を表す式と同じである.しかし「熱」という表現の曖昧さを避けるために,燃焼熱ではなく燃焼エンタルピーを用いる.

この他,中和などの反応に対する中和エンタルピー(中和熱),溶解などの状態変化に対する溶解エンタルピー(溶解熱),(蒸発,融解,昇華などの) 相変化に対する蒸発エンタルピー(蒸発熱)などが定義できる.

例題 9.5 反応エンタルピー

次の反応の 298 K での反応エンタルピー ΔH を求めよ.

$$2H_2S(g) + SO_2(g) \rightarrow 2H_2O(g) + 3S(s)$$

【解】例題 9.1 の解法に従う.

$$2H_2S(g) + (2 \times 20.41\,\text{kJ}) = 2H_2(g) + 2S(s)$$
$$SO_2(g) + 296.83\,\text{kJ} = S(s) + O_2(g)$$
$$2H_2(g) + O_2(g) = 2H_2O(g) + (2 \times 241.8\,\text{kJ})$$

この三つの式を加えると

$$2H_2S(g) + SO_2(g) = 2H_2O(g) + 3S(s) + 145.95\,\text{kJ}$$
$$\therefore\ 2H_2S(g) + SO_2(g) \rightarrow 2H_2O(g) + 3S(s)\,;\,\Delta H = -145.95\,\text{kJ}$$

エンタルピーとヘスの法則

ヘスの法則の応用例（9-1節）を反応熱でなくエンタルピーで示すと以下のようになる．CO(g)の生成エンタルピー，CO(g)の燃焼エンタルピーはそれぞれ

$$\text{C(graphite)} + 1/2\text{O}_2(\text{g}) \rightarrow \text{CO(g)}\,;\,\Delta_f H° = -110.52\,\text{kJ mol}^{-1}$$
$$\text{CO(g)} + 1/2\text{O}_2(\text{g}) \rightarrow \text{CO}_2(\text{g})\,;\,\Delta H° = -282.93\,\text{kJ mol}^{-1}$$

である．この二つの式から

$$\text{C(graphite)} + \text{O}_2(\text{g}) \rightarrow \text{CO}_2(\text{g})\,;\,\Delta H° = -393.51\,\text{kJ}$$

が得られる．すなわち，炭素から直接 CO_2 を生成しても，CO を経由して CO_2 を得ても，エンタルピー変化は等しい．もう一つの反応

$$\text{HCOOH}(\ell) \rightarrow \text{CO(g)} + \text{H}_2\text{O}(\ell)$$

の標準エンタルピー変化 $\Delta H°$ を実験で求めるのは不可能だが，ギ酸が分解してC，H_2，O_2 となり，これらから CO と H_2O を生じる経路を考える（図9.3）．ヘスの法則により

$$\Delta H^1 = \Delta H^2 + \Delta H^3$$

であり，ΔH^3 は CO と H_2O の生成エンタルピーの和である．

$$\Delta H^3 = \Delta_f H°(\text{CO, g}) + \Delta_f H°(\text{H}_2\text{O})$$

ΔH^2 はギ酸の生成エンタルピーを逆符号にしたものである．

$$\Delta H^2 = -\Delta_f H°(\text{HCOOH, }\ell) = -424.76\,\text{kJ mol}^{-1}$$
$$\therefore\ \Delta H^1 = \Delta_f H°(\text{CO, g}) + \Delta_f H°(\text{H}_2\text{O}) - \Delta_f H°(\text{HCOOH,}\ell) = 28.39\,\text{kJ mol}^{-1}$$

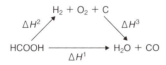

図 9.3　二つの反応経路

9-3　結合エネルギー

結合解離エネルギー

分子 R_1R_2 内の特定の結合を均等に開裂するのに必要なエネルギーを結合解離エネルギー（bond dissociation energy）と定義する．結合解離エネルギーは次の反応の反応エンタルピーに相当する．

$$R_1:R_2(\text{g}) \rightarrow \cdot R_1(\text{g}) + \cdot R_2(\text{g}) \tag{9.10}$$

二原子分子の場合，結合解離エネルギー（D）は原子化のエンタルピーに相当する．たとえば水素 H_2 の場合，標準状態では次式で与えられる．

$$H_2(g) \rightarrow 2H(g)\,;\,\Delta_f H° = +432.6\,\mathrm{kJ}\,[= D(\mathrm{H\text{-}H})]$$

平均的結合エネルギー

共有結合を切断するのに必要なエネルギーを，その結合の結合エネルギー(bond energy) という．二原子分子では結合エネルギーは結合解離エネルギーに等しい．

$$H_2(g) \rightarrow 2H(g)\,;\,\Delta H = +432.6\,\mathrm{kJ}$$

多原子分子ではやや曖昧である．メタンの生成エンタルピーは次式で求められる．

$$C(\text{graphite}) + 2H_2(g) \rightarrow CH_4(g)\,;\,\Delta_f H° = -74.86\,\mathrm{kJ\,mol^{-1}}$$

一方

グラファイトの昇華熱：$C(\text{graphite}) \rightarrow C(g)\,;\,\Delta_{gs} H° = 718.39\,\mathrm{kJ\,mol^{-1}}$
水素の結合解離エネルギー：$2H_2 \rightarrow 4H(g)\,;\,\Delta_{gs} H° = 865.2\,\mathrm{kJ\,mol^{-1}}$

であり，これらの式を合わせると

$$C(g) + 4H(g) \rightarrow CH_4(g)\,;\,\Delta H° = -1658.45\,\mathrm{kJ\,mol^{-1}}$$

となる．この反応は原子から4本のC-H結合を作る反応であり，4本の結合は同等であるから，C-H結合エネルギーは $414.6\,\mathrm{kJ\,mol^{-1}}$ と見積もられる．しかしこの値はメタンから水素原子を1個ずつ切断するエネルギーと同じではない．メタンから水素原子を1個ずつ切断するのに要するエネルギー，$D(\mathrm{CH_3\text{-}H})$，$D(\mathrm{CH_2\text{-}H})$，$D(\mathrm{CH\text{-}H})$，$D(\mathrm{C\text{-}H})$ は等しくなく，それぞれ 435, 444, 444, 339 $\mathrm{kJ\,mol^{-1}}$ である．そこでこれらの平均値 $415.5\,\mathrm{kJ}$ を結合エネルギーと定義し，同じタイプの化合物に含まれるほとんどのC-H結合のおよその強さを表す目安として用いる．

平均値の変動は一般に小さいから，それぞれのタイプの結合に対して，なるべく多くの化合物に適用できるような平均的結合エネルギーを求めてそれらを用いられることが多い (表9.3)．この(平均的)結合エネルギーから，任意の化合物の生成エンタルピーのおよその値を算出できる．逆に実験値が計算値と著しく異なる場合，その化合物には特異的な構造や立体効果が関与していると考えられる．

表 9.3 （平均的）結合エネルギー （kJ mol^{-1}）

単結合		単結合		多重結合	
C-H	415.5	H-Br	362.5	C=C	614
C-Br	275.7	H-Cl	427.8	C=N	615
C-C	347.7	H-F	566.6	C=O	799
C-Cl	326.4	N-H	390.8	O=O	495
C-F	484	N-N	160.7	C≡C	839
C-O	351.5	O-H	462.8	C≡N	891
C-N	305	O-O	138.9	N≡N	941.6
Cl-Cl	239.2	S-H	130.1		
F-F	154.6	S-S	213.0		
H-H	432.07	Si-O	369.0		

例題 9.6 結合エネルギー

表 9.3 のデータを用いて，次の反応の ΔH を求めよ．

$$CH_4(g) + 2Cl_2(g) + 2F_2(g) \rightarrow CF_2Cl_2(g) + 2HF(g) + 2HCl(g)$$

【解】 CH_4, $2Cl_2$, $2F_2$ の各結合の結合エネルギーの和を E_1 とすると

$$E_1 = (4 \times 415.5) + (2 \times 239.2) + (2 \times 154.6) = 2449.6 \, \text{kJ}$$

CF_2Cl_2, HF, HCl の各結合の結合エネルギーの和 E_2 とすると

$$E_2 = (2 \times 484 + 2 \times 326.4) + (2 \times 566.6) + (2 \times 427.8) = 3609.6 \, \text{kJ}$$

$$\therefore \Delta H = E_1 - E_2 = 2449.6 - 3609.6 = -1160 \, \text{kJ}$$

9-4 エントロピー

反応の方向

物理系はポテンシャルが減少する方向に自発的に変化する．化学系でも反応の方向としては，エンタルピーが減少する方向がより「自然」である．しかし発熱反応（エンタルピー減少）でも反応が自発的に起こるとは限らず，自発的反応でも発熱反応とは限らない[*13]．たとえば理想気体は真空中に自発的に膨張するが，エンタルピーは温度だけの関数なので，膨張して体積が増大してもエンタルピーは変化しない．

結論からいえば，化学反応の方向は，新しい概念であるエントロピー (entropy) を導入し，そのエントロピーの増減を考慮して初めて予測できる．すなわち化学反応は

① エンタルピーが減少し
② エントロピーが増大する

*13 高校化学では以下のように説明されていた．「反応の方向はエネルギー（エンタルピー）だけでは決まらない．反応の方向を決める要因として，乱雑さやエントロピー (entropy) を考える必要がある」．この種の説明は囲み記事（必修事項ではない）などで紹介される程度だった．

方向に進行する．

可逆過程と不可逆過程

化学系または物理系の状態関数が，極わずかずつきわめてゆっくり変化する過程を可逆過程（reversible process）という．可逆過程では系の状態関数は外界のそれと極小量しか差がない．これに対して不可逆過程（irreversible process）は有限の速さで進み，系の温度や圧力は外界と不連続となっている．極小の変化を外的条件に与えると，可逆過程は逆方向に反応が進行するのに対して，不可逆過程ではそのようなことは起こらない．

エントロピーの定義：エントロピー変化

可逆過程で温度が T である系が $d'q^r$ だけの熱量を吸収したとき，次式で表される状態関数をエントロピー S と定義する[*14]．

*14 状態関数の微小変化は経路によらないので完全微分であり d とし，非状態関数の微少変化は経路によるから不完全微分であり，区別するため d' とした．詳細は物理学や数学の教科書の該当項目を参照されたい．

$$dS = \frac{d'q^r}{T} \tag{9.11}$$

状態 1 から状態 2 への有限の変化に対しては，エントロピー変化 ΔS は次式で表される．

$$\Delta S = S_2 - S_1 = \int_1^2 \frac{d'q^r}{T} \tag{9.12}$$

不可逆過程で系が吸収する熱量を $d'q^{irr}$ とすれば，同様に

$$dS = \frac{d'q^{irr}}{T} \tag{9.13}$$

有限の変化に対して

$$\Delta S = \int_1^2 \frac{d'q^{irr}}{T}$$

$q^r > q^{irr}$ であるから

$$\Delta S \geq \int_1^2 \frac{dq}{T} \tag{9.14}$$

定温変化では

$$\Delta S \geq \frac{q}{T} \tag{9.15}$$

等号は可逆過程，不等号は不可逆過程で成立する．

熱力学第二法則

自発的過程では宇宙のエントロピーは増大するが,エントロピー減少の過程は実際には起こらない.また可逆過程では系のエントロピー変化はあっても,宇宙全体としてのエントロピーは一定である.これをまとめたものが,熱力学第二法則(second law of thermodynamics)である.熱力学第二法則にはいくつかの表現があるが,その一例を示す.

> **熱力学第二法則**:可逆過程では宇宙のエントロピーは一定であり,不可逆過程では宇宙のエントロピーは増大する.

系のエントロピーが増大する反応であっても,反応は必ずしも自発的ではない.外界のエントロピー変化の大きさと宇宙全体のエントロピーの兼ねあいで反応の方向が決まる[*15].

[*15] 9-6節で扱う自由エネルギー(free energy)は,系のその値を知ることによって(宇宙全体のことは考えなくてもよい)反応の方向がわかる便利な状態関数である.

定温膨張・圧縮とエントロピー変化

理想気体 1 mol が状態 1 (P_1, V_1) から状態 2 (P_2, V_2) に定温変化する場合,気体の内部エネルギーは一定温度では一定であるから

$$\Delta U = q + w = 0 \tag{9.16}$$

膨張が可逆的に行われるなら

$$q^r = -w^r = nRT \ln \frac{V_2}{V_1} \tag{9.17}$$

系のエントロピー変化は

$$\Delta S = \frac{q^r}{T} = nR \ln \frac{V_2}{V_1} \tag{9.18}$$

例題 9.7 エントロピー変化

25°C で 1 mol の理想気体の圧力を,1 atm から 0.2 atm に変化(気体は膨張する)させたときのエントロピー変化を計算せよ.

【解】理想気体の内部エネルギーは圧力によって変化しないから,$\Delta U = 0$.一定温度では理想気体の PV は一定だから,$\Delta H = \Delta U + \Delta(PV) = 0$.

$$\therefore \Delta S = R \ln \frac{P_1}{P_2} = (8.314 \text{ J K}^{-1} \text{ mol}^{-1}) \times \left(\ln \frac{1}{0.2}\right) = 13.4 \text{ J K}^{-1} \text{ mol}^{-1}$$

自発過程・非自発過程

気体が膨張すれば($V_1 < V_2$)エントロピーは増大し($\Delta S > 0$),逆に圧縮($V_1 > V_2$)すればエントロピーは減少する($\Delta S < 0$).気体が膨張するとき,外界

は q_r の熱を失うから，エントロピー変化は $-q_r/T$ である．系と外界とを合わせて考えれば，可逆過程では次が成り立つ．

$$\Delta S_{宇宙} = \Delta S_{系} + \Delta S_{外界} = q_r/T - q_r/T = 0 \tag{9.19}$$

すなわち，可逆過程では宇宙全体のエントロピーは変化しない．

気体が外界とは関係なく自発的に収縮すると系のエントロピーは減少するが，外界のエントロピーは不変であるから，結果として宇宙のエントロピーは減少することになる．しかしこれは熱力学の法則に反する．このことは，気体の自発的収縮が実際には決して起こらないことに対応する．

熱の移動とエントロピー変化

温度が異なる二つの物質 1，2（温度はそれぞれ T_1，T_2；$T_1 > T_2$）が短時間接触して，物質 2 が q の熱を吸収し，物質 1 が q の熱を放出したとする．物質の熱容量に比べて q が小さく，それぞれの温度が変わらないとすると，各物質のエントロピー変化は

$$\Delta S_{宇宙} = \Delta S_1 + \Delta S_2 = \frac{q}{T_2} - \frac{q}{T_1} > 0 \tag{9.20}$$

熱は高温から低温に自発的に流れるが，このとき宇宙のエントロピーは増大する．逆に低温から高温に熱が流れるとすると，$\Delta S_1 + \Delta S_2 < 0$，すなわち宇宙のエントロピーは減少する．もちろんこのようなことは自発的には決して起こらない．

理想気体の混合とエントロピー変化

一定温度で別々の容器に入れた 2 種類の理想気体 1（P 気圧，n_1(mol)）と 2（P 気圧，n_2(mol)）を混合する．式(9.18)で V_2 を P(全圧)，V_1 を P_1 または P_2(分圧)に置きかえて計算すると，各成分のエントロピー変化は

$$\Delta S_1 = n_1 R \ln \frac{P}{P_1} = -n_1 R \ln x_1 \text{[16]}$$

$$\Delta S_2 = n_2 R \ln \frac{P}{P_2} = -n_2 R \ln x_2$$

$$\therefore \quad \Delta S = \Delta S_1 + \Delta S_2 = -R(n_1 \ln x_1 + n_2 \ln x_2) \tag{9.21}$$

ここで x_1，x_2 は各成分のモル分率であるから，$x_1 < 1$，$x_2 < 1$ である．ゆえに，$\Delta S > 0$ となる．気体の混合は自発的に起こるから，エントロピーは増大する．それに対して混合気体が各成分に自然に分離する逆の過程はエントロピー減少の過程で，実際には決して起こらない．

[16] $\log x$ と書いたときに，それが常用対数なのか自然対数なのかはっきりしない場合がある．そこで本書では常用対数（10 を底とする）は $\log_{10} x$ あるいは底を省略して単に $\log x$ で表し，自然対数は $\ln x$ で表す．ln はラテン語の logarithmus naturalis からきている．

> **例題 9.8 混合エントロピー**
> スキューバダイビングには，空気に比べて酸素の含量を増やしたナイトロックス（酸素：窒素 = 04：06）がよく使われている．25℃，一定圧力の下で，酸素 2 mol，窒素 3 mol を混合したときのエントロピーの変化を求めよ．ただし，生じた混合気体は理想気体とする．
> **【解】** モル分率は　　酸素：窒素 = 0.4：0.6
> 酸素を 1，窒素を 2 とすると，$n_1 = 2$ mol，$n_2 = 3$ mol，$x_1 = 0.4$ atm，$x_2 = 0.6$ atm であり，これを式(9.21)に代入する．
> $$\therefore \Delta S(\text{mix}) = -R(n_1 \ln x_1 + n_2 \ln x_2)$$
> $$= -8.314(2\ln 0.4 + 3\ln 0.6) \, \text{J K}^{-1} = 28.0 \, \text{J K}^{-1}$$

9-5　熱力学第三法則

絶対エントロピー

エンタルピーは，最も安定な同素体の生成エンタルピーを 0 とする基準を用いている．つまり，エンタルピー値は常に他との比較において定義される相対的なものであった．

しかしエントロピーの場合は秩序が最も高い状態を基準として，相対的でない値，絶対エントロピーを定義できる．絶対零度での完全な結晶では，各原子は結晶の格子点にあり，エントロピーゼロの状態と定義できる．この重要な定義を熱力学第三法則 (third law of thermodynamics) という．

> **熱力学第三法則**：完全結晶のエントロピーは絶対零度ではすべて等しく，エントロピーの基準値となる．

標準モルエントロピー

物質 1 mol が 1 atm (101.325 kPa)，25℃ (298.15 K) のときにもつエントロピーを標準モルエントロピー (standard molar entropy) という．表 9.4 にいくつかの物質の標準モルエントロピー $S°$ を示す．

一般に固体の $S°$ は液体の $S°$ より小さく，液体の $S°$ は気体の $S°$ より小さい．固体の中では，ダイヤモンドのように小さい原子が固い結晶を作っている場合に最も小さい．重金属は結晶が軟らかく，その分だけ原子が動きやすいのでエントロピーが大きい（例題 9.9 参照）．

化学反応とエントロピー変化

化学反応に伴うエントロピー変化は反応に関与する各物質の標準モルエントロピーから計算できる．標準状態での標準エントロピー変化は，一般的反応 aA + bB → cC + dD について

表 9.4 標準モルエントロピー $S°$ (298.15 K) (J K^{-1} mol^{-1})

固体元素	$S°$	固体化合物	$S°$	液体	$S°$
Ag	42.70	CaCl$_2$	114	Br$_2$	152.210
C(グラファイト)	5.69	CaCO$_3$	93	CH$_3$OH	126.8
C(ダイヤモンド)	2.38	CaSO$_4$・5H$_2$O	300	H$_2$O	70.0
S(斜方硫黄)	31.80	SiO$_2$(石英)	42	Hg	77
単原子分子	$S°$	二原子気体	$S°$	多原子気体	$S°$
Ne	146.23	H$_2$	130.57	H$_2$O	188.8
H	114.60	Cl$_2$	222.965	CO$_2$	213.677
F	158.66	O$_2$	205.037	SO$_2$	249
Cl(g)	165.09	N$_2$	191.5	HCl	186.786
Na(g)	153.6	NO	210.65	CO	197.556

$$\Delta S° = \sum S°(生成物) - \sum S°(反応物)$$

あるいは

$$\Delta S° = cS_C° + dS_D° - aS_A° - bS_B° \tag{9.22}$$

となる.

例題 9.9 反応のエントロピー変化

次の各反応の標準エントロピー変化を計算せよ.
(1) C(graphite) + O$_2$(g) = CO$_2$(g)
(2) H$_2$(g) + Cl$_2$(g) = 2HCl (g)
(3) 2CO(g) + O$_2$(g) = 2CO$_2$(g)
(4) S(s) + O$_2$(g) = SO$_2$(g)

【解】(1) 213.677 − (5.69 + 205.037) = 2.950
(2) 2 × 186.786 − (130.570 + 222.965) = 20.037
(3) 2 × 213.677 − (2 × 197.556 + 205.037) = −172.795
(4) 249 − 31.80 − 205.037 = 12.163
(単位はすべて J K^{-1} mol^{-1})

9-6 自由エネルギー

反応の方向

化学反応の方向を決める要因には, 次の二つがある.

①熱力学第一法則:宇宙のエネルギーは一定である
②熱力学第二法則:宇宙のエントロピーは増大する

化学反応が進む方向(正反応か逆反応か)は, 化学反応のエネルギー変化とエントロピー変化の二つの要因で決まるから,「エントロピーが増大する方向に

9-6 自由エネルギー

自発的変化が起こる」という第二法則から，反応の方向は予測できるといえそうである．

しかし，第二法則が述べているのは宇宙，すなわち系と外界とのエントロピー変化の和であってエントロピーだけでは反応の進行方向を予測できない．

これに対して，本節で扱う自由エネルギー（free energy）は，系に関してだけ計算すれば反応の進行方向がわかる状態関数である．

ヘルムホルツエネルギー

熱力学第一法則は式(9.23)で

$$\Delta U = q + w \tag{9.23}$$

熱力学第二法則は定温過程では式(9.24)で表される．

$$\Delta S \geq \frac{q}{T} \tag{9.24}$$

等号は可逆過程，不等号は不可逆過程で成立する．この2式から q を消去すれば

$$\Delta U \leq T\Delta S + w$$

あるいは

$$\Delta U - T\Delta S \leq w \tag{9.25}$$

となる．関数 $U - TS$ をヘルムホルツエネルギー（Helmholtz free energy）A と定義する．

$$A = U - TS \tag{9.26}$$

式(9.25)に式(9.26)を代入すると

$$\Delta A \leq w \tag{9.27}$$

すなわち可逆過程(等号)においては，系が得るヘルムホルツエネルギーは，系になされた仕事に等しい．不可逆過程（不等号）では系のヘルムホルツエネルギー増加は系になされた仕事より小さい．式(9.27)を書き直すと

$$-\Delta A \geq -w \tag{9.28}$$

となるから，定温変化では，系ができる最大の仕事(可逆過程・等号)は系の失うヘルムホルツエネルギーである．

ギブズエネルギー

定温定圧条件下で，仕事としては体積の膨張(または収縮)だけを考慮すると

■ Hermann Ludwig Ferdinand von Helmholtz
1821～1894，ドイツの物理学者，生理学者．軍医から出発して多くの業績をあげた．ジュールとともにエネルギー保存則を確立し，自由エネルギーの概念を導入して化学熱力学の基礎を固めた．その他にも音や色に関連した生理学の分野でも著名である．

ヘルムホルツ

■ Josiah Willard Gibbs
1839〜1903，アメリカの物理学者，化学者，数学者．ギブズエネルギーの概念，相律の発見など，熱力学の分野で貢献した．さらに数学の分野でベクトル解析理論を提案し，晩年には統計力学の基礎を固める研究を行った．しかし彼は論文のほとんどをアメリカの地方雑誌で発表したため，その論文は埋もれたままであった．後年，マクスウェルやオストヴァルトの紹介によってようやく彼の業績が世に知られるようになった．

ギブズ

$$w = -P\Delta V \tag{9.29}$$

これを式(9.25)に代入すると

$$\Delta U = q - P\Delta V \leq T\Delta S - P\Delta V \tag{9.30}$$

となる．定圧定温条件であることを考慮すれば

$$\Delta(U - TS + PV) \leq 0 \tag{9.31}$$

関数 $U - TS + PV$ をギブズエネルギー（Gibbs free energy）G と定義する．

$$G = U - TS + PV \tag{9.32}$$

可逆過程では　　$\Delta G = 0$ 　　　　　　　　　　　(9.33)

不可逆過程では　$\Delta G < 0$ 　　　　　　　　　　　(9.34)

である．不可逆過程は自発的に進行する過程であるから，$\Delta G < 0$ のとき，反応は自発的に進行し，$\Delta G > 0$ のときは逆反応が進行する．$\Delta G = 0$ のとき反応は平衡状態にあり，正味の反応は起こらない．このことから，反応の進行方向はエネルギー（エンタルピー）とエントロピーの兼ねあいで決まることがわかる．実際に，$G = U - TS + PV$，$H = U + PV$ であるから

$$G = H - TS \tag{9.35}$$

あるいは

$$\Delta G = \Delta H - T\Delta S \text{（定温定圧）} \tag{9.36}$$

と書き直せるから，ギブズエネルギーからエンタルピー項とエントロピー項との関連がわかる．自発的に進行する反応($\Delta G < 0$)では，発熱反応($\Delta H < 0$)でエントロピーが増大 ($\Delta S > 0$) する場合が多い．発熱反応であってもエントロピーが減少 ($\Delta S < 0$) するような反応では，ΔH と ΔS の大きさの兼ねあいで $\Delta G > 0$ となりうる．

例題 9.10　反応の自発性

表 9.5 から次の反応の自由エネルギー変化を計算し，反応が自発的に進行するかどうかを予測せよ．ただし標準生成自由エネルギーは，$H_2O(\ell)$ が $237.18\,\text{kJ mol}^{-1}$，$C_2H_4(g)$ が $68.12\,\text{kJ mol}^{-1}$，HF が $-273\,\text{kJ mol}^{-1}$ とする．

(1) $C_2H_4(g) + 3O_2(g) \rightleftharpoons 2CO_2(g) + 2H_2O(g)$
(2) $C_2H_4(g) + 3O_2(g) \rightleftharpoons 2CO_2(g) + 2H_2O(\ell)$
(3) $C_2H_4(g) + 2O_2(g) \rightleftharpoons 2CO(g) + 2H_2O(\ell)$
(4) $CaCO_3(s) \rightleftharpoons CaO(s) + CO_2(g)$
(5) $Cl_2(g) + 2HF(g) \rightleftharpoons 2HCl(g) + F_2(g)$

(6) $NO(g) + O_3(g) \rightleftharpoons NO_2(g) + O_2(g)$

【解】(1) $\Delta G = 2 \times (-394.36)\,\text{kJ mol}^{-1} + 2 \times (-228.59)\,\text{kJ mol}^{-1} - 68.12\,\text{kJ mol}^{-1} = -1314.02$　　反応は右方向に進む

(2) $\Delta G = 2 \times (-394.36)\,\text{kJ mol}^{-1} + 2 \times (-237.18)\,\text{kJ mol}^{-1} - 68.12\,\text{kJ mol}^{-1} = -1331.2\,\text{kJ mol}^{-1}$　　反応は右方向に進む

(3) $\Delta G = 2 \times (-137.15)\,\text{kJ mol}^{-1} + 2 \times (-237.18)\,\text{kJ mol}^{-1} - 68.12\,\text{kJ mol}^{-1} = -816.78\,\text{kJ mol}^{-1}$　　反応は右方向に進む

(4) $\Delta G = -604.04\,\text{kJ mol}^{-1} - 394.36\,\text{kJ mol}^{-1} - (-1128.84)\,\text{kJ mol}^{-1} = 130.44\,\text{kJ mol}^{-1}$　　反応は逆方向に進む．

(5) $\Delta G = 2 \times (-95.303)\,\text{kJ mol}^{-1} - 2 \times (-273)\,\text{kJ mol}^{-1} = 355.39\,\text{kJ mol}^{-1}$　反応は逆方向に進む．

(6) $\Delta G = 61.30\,\text{kJ mol}^{-1} - 86.57\,\text{kJ mol}^{-1} - 163.2\,\text{kJ mol}^{-1} = -188.47\,\text{kJ mol}^{-1}$　　反応は右方向に進む．

標準生成自由エネルギー

エンタルピーやエントロピーの場合と同様，標準状態の化合物 1 mol が標準状態の元素から生じるときの自由エネルギー変化を標準生成自由エネルギー（standard free energy of formation）$\Delta_f G°$ と定義する．定温条件下では，$\Delta_f G°$ と標準生成エンタルピー $\Delta_f H°$ と標準生成エントロピー $\Delta_f S°$ との間には次の関係がある．

$$\Delta_f G° = \Delta_f H° - T\Delta_f S° \tag{9.37}$$

$\Delta_f H°$ の場合と同様，標準状態の元素の標準生成自由エネルギーはゼロと定義されている．表 9.5 にいくつかの化合物の標準生成自由エネルギーを示した．

表 9.5　標準生成自由エネルギー（kJ mol^{-1}）

化合物	$\Delta_f G°$	化合物	$\Delta_f G°$
$H_2O(g)$	−228.59	$CO(g)$	−137.15
$HCl(g)$	−95.303	$CO_2(g)$	−394.36
$O_3(g)$	163.2	$CaO(s)$	−604.04
$NH_3(g)$	−16.38	$CaCO_3(s)$	−1128.84
$NO(g)$	86.57	$Ca(OH)_2(s)$	−898.5
$NO_2(g)$	61.30	C_2H_6	−32.2
$CH_3COOH(\ell)$	−374.0	C_2H_4	68.2
$CH_3OH(\ell)$	−162.9	C_2H_2	210.5

反応一般に対して，標準自由エネルギー変化を以下のように定義する．

$$\Delta_f G° = \sum \Delta_f G° (\text{生成物}) - \sum \Delta_f G° (\text{反応物}) \tag{9.38}$$

> **例題 9.11　ギブズエネルギー**
>
> 25 °Cにおいて，次の反応のエントロピー変化 ΔS，エンタルピー変化 ΔH，およびギブズエネルギー変化 ΔG を求めよ．
>
> $$CO(g) + 2H_2(g) \rightarrow CH_3OH(\ell)$$
>
> 【解】 $\Delta S = 126.8 - (197.556 + 2 \times 130.57) = -331.9\,\mathrm{J\,K^{-1}\,mol^{-1}}$
> $\Delta H = -239.1 - (-110.57) = -128.53\,\mathrm{kJ\,mol^{-1}}$
> ∴ $\Delta G = \Delta H - T\Delta S$
> $= -128.53\,\mathrm{kJ\,mol^{-1}} - 298\mathrm{K} \times (-0.3319\,\mathrm{kJ\,K^{-1}\,mol^{-1}})$
> $= -128.53 + 98.91 = -29.62\,\mathrm{kJ\,mol^{-1}}$

章末問題

9.1 ヘスの法則

次の反応の反応熱を以下のデータを用いて計算せよ．

$$NO(g) + O(g) \rightarrow NO_2(g)$$

① $2O_3(g) \rightarrow 3O_2(g) \quad \Delta H° = -427\,\mathrm{kJ}$
② $O_2(g) \rightarrow 2O(g) \quad \Delta H° = 495\,\mathrm{kJ}$
③ $NO(g) + O_3(g) \rightarrow NO_2(g) + O_2(g) \quad \Delta H° = -199\,\mathrm{kJ}$

9.2 仕事

定圧 2 atm の下で理想気体を圧縮したところ，その体積が 5.0 L から 5.0 mL に減少した．この過程で気体になされた仕事を求めよ．

9.3 熱容量

45.6 g の鉛の温度を 13.6 °C だけ上昇させるのに 78.2 J のエネルギーが必要であった．鉛の比熱($\mathrm{J\,K^{-1}\,g^{-1}}$)とモル熱容量($\mathrm{J\,K^{-1}\,mol^{-1}}$)を計算せよ．

9.4 標準生成エンタルピー

水性ガスは石炭と水蒸気から製造される．

$$C(s) + H_2O(g) \rightarrow H_2(g) + CO(g)$$

石炭は純粋なグラファイトであるとして，この反応の $\Delta H°$ を求めよ．

9.5 反応エンタルピー

表 9.2 のデータを用いて次の反応の標準エンタルピー変化を計算せよ．

$$3C_2H_2(g) \rightarrow C_6H_6(\ell)$$

9.6 結合エネルギー

結合エネルギーのデータを用いて，次式の異性化反応の ΔH を求めよ．

$$CH_3NC(g) \rightarrow CH_3CN(g)$$

9.7 エントロピー変化

0 ℃の氷〔$H_2O(s)$〕100 g が同温度の水〔$H_2O(\ell)$〕になるときのエントロピー変化 $\Delta S_{s \to l}$ を求めよ．ただし，氷の融解熱は $6.01\,kJ\,mol^{-1}$ である．

9.8 混合エントロピー

25 ℃，一定圧力の下で，酸素と窒素を混合して人造空気 1 mol を作ったときのエントロピーの変化を求めよ．ただし，生じた人造空気は理想気体とする．

9.9 反応のエントロピー変化

工業的にはアンモニアは窒素と水素から合成される．この反応 $N_2 + 3H_2 \to 2NH_3$ のエントロピー変化を計算せよ．アンモニアの標準エントロピーは $192.67\,J\,K\,mol^{-1}$ とする．

9.10 反応の自発性

以下に，ある温度での反応 (1) ～ (4) の ΔH と ΔS が与えられている．この中で自発的に進行する反応はどれか．

	ΔH (kJ)	ΔS (J K^{-1})	T (K)
(1)	+25	+5	300
(2)	+25	+100	300
(3)	−10	+5	298
(4)	−10	−40	200

9.11 ギブズエネルギー

ある反応の ΔH と ΔS がそれぞれ $-94.6\,kJ$ と $-189.1\,J$ であって，これらの値が温度によってたいして変化しないものとして，(1) 300 K，および (2) 1000 K における反応の ΔG を求めよ．

10章 化学平衡

基本事項 10-1　化学平衡と平衡定数

◆ 化学平衡 ◆

【化学平衡（chemical equilibrium）】反応がある程度進行し，反応物と生成物の割合が一定となり，見かけ上は反応が停止した状態．単に平衡といったり，平衡状態(equilibrium state)といったりもする．

【可逆反応(reversible reaction)】両方向に起こりうる反応．記号 $\rightleftharpoons$ で表す．

【不可逆反応(irreversible reaction)】一方向にしか進行しない反応．

◆ 平衡定数 ◆

【平衡定数（equilibrium constant）K】化学反応の平衡状態を，物質の存在比で表した式．一定温度では各反応に固有の値をとる．温度が変化すれば K も変化する．

例　$\dfrac{[\mathrm{HI}]^2}{[\mathrm{H_2}][\mathrm{I_2}]} = K_c$（定数）

*1　K_c の c は濃度 (concentration)，K_p の p は圧力 (pressure) を表す．

【濃度平衡定数】平衡時の各成分の濃度で定義された平衡定数．K_c[*1] と表記．

【圧平衡定数】平衡時の各気体成分の分圧で定義された平衡定数[*1]．K_p と表記．

【質量作用の法則[*2] (law of mass action)】多成分系においても成立する一般的関係．$a\mathrm{A} + b\mathrm{B} \rightleftharpoons x\mathrm{X} + y\mathrm{Y}$ において

$$K_c = \dfrac{[\mathrm{X}]^x[\mathrm{Y}]^y}{[\mathrm{A}]^a[\mathrm{B}]^b} \tag{10.1}$$

*2　化学平衡の法則ともいう．

【固体の関与する平衡反応】固体の濃度を一定とみなし，平衡定数は液相と気相の各成分の濃度だけで表される．

例　$\mathrm{C(s)} + \mathrm{CO_2(g)} \rightleftharpoons 2\mathrm{CO(g)}$ のとき　$K_c = \dfrac{[\mathrm{CO}]^2}{[\mathrm{CO_2}]}$

*3　平衡移動の原理ともいう．

■ Henri Louis Le Châtelier
1850～1936，フランスの化学者．彼は冶金の研究を徹底的に行うなど，工業的な問題に強く惹かれていた．1884年に発表したルシャトリエの原理もそういった関心から生まれたといえる．

基本事項 10-2　平衡移動

◆ ルシャトリエの原理 ◆

【ルシャトリエの原理[*3] (Le Châtelier's principle)】平衡状態にある化学反応の反応条件(濃度，圧力，温度など)を変化させると，その変化による影響を

打ち消す方向に平衡が移動し，新しい平衡状態になるという原理．

【濃度変化と平衡移動】圧力と温度が一定の条件で，平衡状態にある系に外部からある成分を加えると，増加の影響を打ち消す方向に平衡が移動する．

【圧力変化と平衡移動】温度と体積が一定の条件で，平衡状態にある混合気体の圧力を高めると，気体分子の総数が少なくなる方向に平衡が移動する．

【温度変化と平衡移動】発熱反応が平衡状態にあるとき，温度を下げると，その影響を打ち消すため発熱反応の方向に平衡が移動する．吸熱反応では逆のことが起こる．

【触媒の影響】平衡状態に達するまでの時間を短くするが，平衡定数は変化しない．

基本事項 10-3　電解質

◆ 電解質 ◆

【電解質（electrolyte）】溶媒中に溶解した際に，陽イオンと陰イオンに電離する物質．

【非電解質（nonelectrolyte）】溶媒中に溶解しても電離しない物質．

【強電解質（strong electrolyte）】溶液中でほぼ完全に電離する物質．

【弱電解質（weak electrolyte）】溶液中で一部だけが電離し，残りの大部分は分子のままである物質．

【電離説】電圧をかけなくても電解質は水溶液中で電離するというアレニウスの説．

化学マメ知識　アンモニア合成の歴史（ハーバー・ボッシュ法以前）

18世紀にラザフォードによって発見された窒素は，燃焼や生命活動を支えない不活発な元素であることは，当初から認識されていた．しかし19世紀に入ると，窒素が肥料の最も重要な要素であることがわかってきた．一方，「人口は（制限されなければ）幾何級数的に増加するが，生活資源（食物など）は算術級数的にしか増加しない」という主張を盛り込んだマルサスの『人口論』は，1798年に匿名で，1802年には実名で発表され，大きな議論を巻き起こした．避けられない人口の急激な増加に対応するため，食料の増産，したがって肥料の増産が必要になった．

クルックスは1898年に「肥料として使うことのできる窒素資源はチリ硝石だけであり，これは毎年破局的な勢いで減少している．したがって，十分に肥料を与えて収穫率を高めるには，空気中の窒素を化合物として固定し，肥料として用いなければならない」と主張した．電弧法による空中窒素の固定が最初に工業化されたのは，1905年，巨大なダムで安価な電力の供給が可能となったノルウェーであった．電弧法でNOを経て得られるNO$_2$を水に吸収させて硝酸とし，これを石灰石CaCO$_3$と反応させて硝酸カルシウムCa(NO$_3$)$_2$とした．硝酸カルシウムは，ノルウェー硝石として市販された．

電弧法による工業的規模での空気中の窒素の固定は，19世紀を通して多く試みられたが成功しなかった．膨大な電力が必要なことと，生成した一酸化窒素NOが分解しやすいことがその理由であった．

10-1 液相平衡：質量作用の法則

2成分系の物質ABがAとBに解離して平衡常態に達したとき，出発物の濃度(の積)と生成物の濃度(の積)の比は，温度が一定であれば，各成分の濃度に関係なく一定の値となる．この関係を質量作用の法則(law of mass action)という．

$$AB \rightleftharpoons A + B \,;\, K = \frac{[A][B]}{[AB]} \tag{10.2}$$

この一定の値 K を平衡定数(equilibrium constant)といい，反応に関与する物質が濃度で表される場合は濃度平衡定数 K_c とも呼ばれる．たとえば酢酸とエタノールを混合して加熱すると，酢酸エチルと水が生じて平衡に達する[*4]．

$$CH_3COOH + C_2H_5OH \rightleftharpoons CH_3COOC_2H_5 + H_2O\,;$$
$$K_c = \frac{[CH_3COOC_2H_5][H_2O]}{[CH_3COOH][C_2H_5OH]}$$

酢酸 a (mol)，エタノール b (mol) から出発し，平衡時には酢酸エチルと水が x (mol) 生成し，そのときの全体積を V (L) としたときの平衡時における各成分の濃度を表 10.1 に示す．

表 10.1　酢酸－エタノール系の平衡

濃度(mol L^{-1})	CH$_3$COOH	C$_2$H$_5$OH	CH$_3$COOC$_2$H$_5$	H$_2$O
初期状態	$\dfrac{a}{V}$	$\dfrac{b}{V}$	0	0
平衡状態	$\dfrac{a-x}{V}$	$\dfrac{b-x}{V}$	$\dfrac{x}{V}$	$\dfrac{x}{V}$

このとき，濃度平衡定数 K_c は次式になる．

$$K_c = \frac{\left(\dfrac{x}{V}\right)^2}{\left(\dfrac{a-x}{V}\right)\left(\dfrac{b-x}{V}\right)} = \frac{x^2}{(a-x)(b-x)}$$

実験によると，100 ℃において $K_c = 4.0$ であるから，酢酸とエタノールを当量用いる場合 ($a = b = 1.00$) は，$x = 0.667$，すなわち約 67% の酢酸が酢酸エチルになる．エタノールを過剰に用いる場合 ($a = 1.00, b = 2.00, K_c = 4.0$) は，$x = 0.850$，すなわち約 85% の酢酸が酢酸エチルになる．

ルシャトリエの原理では，平衡状態にある系にエタノールを加えれば，エタノールの濃度を減少する方向に平衡は移動すると予測できたが，質量作用の法則を用いれば，方向だけでなく，その大きさも予測できる．

[*4] この平衡は，古くからベルテロらによって研究された，歴史的意義の高い反応である．

■ Pierre Eugène Marcellin Berthelot
1827～1907，フランスの化学者，政治家．熱化学の研究，無機化合物から有機化合物の合成による生気説の否定などの業績がある．後に大臣も務め，また化学史家としても著名である．

ベルテロ

例題 10.1 濃度平衡定数

600 °C で次の反応を二つの条件で行った．それぞれの実験から得られる平衡定数を求めよ．

	平衡時の濃度	
	実験 1 (mol L^{-1})	実験 2 (mol L^{-1})
[SO$_2$]	1.50	0.590
[O$_2$]	1.25	0.0450
[SO$_3$]	3.50	0.260

$$2SO_2(g) + O_2(g) \rightleftharpoons 2SO_3(g)$$

【解】実験 1：$K_c = \dfrac{[SO_3]^2}{[O_2][SO_2]^2} = \dfrac{3.50^2}{1.25 \times 1.50^2} = 4.36 \text{ L mol}^{-1}$

実験 2：$K_c = \dfrac{[SO_3]^2}{[O_2][SO_2]^2} = \dfrac{0.260^2}{0.0450 \times 0.590^2} = 4.32 \text{ L mol}^{-1}$

平衡濃度，したがって初期濃度が大幅に異なっても，平衡定数が一定であることが確かめられる．

10-2 気相平衡

アンモニアの生成

気相平衡の場合は，通常は各成分を濃度ではなく分圧で表す．アンモニアの生成反応 $N_2 + 3H_2 \rightleftharpoons 2NH_3$ で各成分の分圧を P_{N_2}, P_{H_2}, P_{NH_3} とすると，反応にかかわる気体の分圧で表した平衡定数，すなわち圧平衡定数 K_P は次のように表される．

$$K_P = \dfrac{(P_{NH_3})^2}{(P_{N_2})(P_{H_2})^3}$$

N_2 1 mol, H_2 3 mol から出発し，平衡時の全圧を P，NH_3 のモル分率を x としたときの各成分のモル分率と分圧を表 10.2 に示す．

表 10.2 アンモニアの生成反応

	N_2	H_2	NH_3
初期状態でのモル分率	1/4	3/4	0
平衡状態でのモル分率	$\dfrac{(1-x)}{4}$	$\dfrac{3(1-x)}{4}$	x
分　圧	$\dfrac{(1-x)}{4}P$	$\dfrac{3(1-x)}{4}P$	xP

この表の値から圧平衡定数 K_P は次式になる．

$$K_P = \frac{(xP)^2}{\frac{1}{4}(1-x)P \times \left\{\frac{3}{4}(1-x)P\right\}^3} = \frac{256x^2}{27(1-x)^4 P^2}$$

実験によると $P = 10\,\mathrm{atm}$ のとき $x = 0.0385$ であるから，これを式に代入すると $K_P = 1.64 \times 10^{-4}\,\mathrm{atm}^{-2}$ を得る．

全圧を $10\,\mathrm{atm}$ から $100\,\mathrm{atm}$ に上げると，$\mathrm{NH_3}$ のモル分率 y は

$$\frac{256 y^2}{27(1-y)^4 100^2} = 1.64 \times 10^{-4} \quad \therefore \quad y = 0.240$$

となる．$\mathrm{NH_3}$ のモル分率は 0.0385 から 0.240 に増大し，平衡が大きく右に移動する．気相平衡で体積が減少する反応では，加圧によって平衡は右に移動するというルシャトリエの原理に一致している．

ヨウ化水素の生成

反応 $\mathrm{H_2 + I_2 \rightleftharpoons 2HI}$ で，平衡時の $\mathrm{H_2}$, $\mathrm{I_2}$, HI の分圧を $P_{\mathrm{H_2}}$, $P_{\mathrm{I_2}}$, P_{HI} とすると，圧平衡定数 K_P は次のように表される．

$$K_P = \frac{(P_{\mathrm{HI}})^2}{(P_{\mathrm{H_2}})(P_{\mathrm{I_2}})} \tag{10.3}$$

一般に，体積 V の混合気体中の気体 A の物質量を n_A，分圧を P_A とすると，理想気体の状態方程式から次の式が成り立つ．

$$P_\mathrm{A} V = n_\mathrm{A} RT \tag{10.5}$$

したがって，気体 A のモル濃度 $[\mathrm{A}]$ と分圧 P_A との間には次の関係がある．

$$P_\mathrm{A} = \frac{n_\mathrm{A}}{V} RT = [\mathrm{A}] RT \tag{10.4}$$

この式を用いれば，圧平衡定数 K_P を濃度平衡定数 K_c に変換できる．

$$K_P = \frac{(P_{\mathrm{HI}})^2}{(P_{\mathrm{H_2}})(P_{\mathrm{I_2}})} = \frac{[\mathrm{HI}]^2 (RT)^2}{[\mathrm{H_2}]RT[\mathrm{I_2}]RT} = \frac{[\mathrm{HI}]^2}{[\mathrm{H_2}][\mathrm{I_2}]} = K_c$$

反応式の左辺の係数の和と右辺の係数の和が同じ場合には，K_P と K_c は等しい値になる．

一方，反応 $\mathrm{N_2 + 3H_2 \rightleftharpoons 2NH_3}$ が平衡状態にあるとき，平衡時のそれぞれの分圧を $P_{\mathrm{N_2}}$, $P_{\mathrm{H_2}}$, $P_{\mathrm{NH_3}}$ とすると，圧平衡定数 K_P は次のように表される．

$$K_P = \frac{(P_{\mathrm{NH_3}})^2}{(P_{\mathrm{N_2}})(P_{\mathrm{H_2}})^3} = \frac{[\mathrm{NH_3}]^2 (RT)^2}{[\mathrm{N_2}]RT[\mathrm{H_2}]^3 (RT)^3} = \frac{K_c}{(RT)^2}$$

例題 10.2　圧平衡定数

N_2O_4 0.184 g を 0 ℃, 1 atm に保ったところ, 反応 $N_2O_4(g) \rightleftharpoons 2NO_2(g)$ が平衡に達し, 体積が 67.2 cm³ となった. この温度での圧平衡定数を求めよ.

【解】N_2O_4 (M = 92.0)の物質量：$\dfrac{0.184 \text{ g}}{92.0 \text{ g mol}^{-1}} = 0.0020 \text{ mol}$

平衡時の混合気体の物質量：$\dfrac{67.2 \text{ cm}^3}{22.4 \times 10^3 \text{ cm}^3} = 0.0030 \text{ mol}$

物質量	N_2O_4	NO_2
初　期	0.0020	0
平衡時	0.0020 − x = 0.0010	2x = 0.0020

上表から　　$x = 0.0010$ mol

平衡時には N_2O_4 0.0010 mol, NO_2 0.0020 mol になることがわかる. 分圧はモル分率に比例するから $P_{NO_2} = 2/3$ atm, $P_{N_2O_4} = 1/3$ atm である.

$$\therefore K_P = \frac{(P_{NO_2})^2}{P_{N_2O_4}} = \frac{\left(\dfrac{2}{3}\right)^2}{\dfrac{1}{3}} = \frac{4}{3} \text{ atm}$$

一般的な反応

$$aA + bB + cC + \cdots \rightleftharpoons xX + yY + zZ + \cdots \tag{10.6}$$

に対して, 濃度平衡定数および圧平衡定数を定義することができる.

$$K_c = \frac{[X]^x[Y]^y[Z]^z \cdots}{[A]^a[B]^b[C]^c \cdots} \tag{10.7}$$

$$K_P = \frac{[P_X]^x[P_Y]^y[P_Z]^z \cdots}{[P_A]^a[P_B]^b[P_C]^c \cdots} \tag{10.8}$$

なお, これらの一般的反応の平衡定数を, 正反応と逆反応の速度式から求めることはできない. 反応速度式が化学反応式と一致することはごく簡単な反応の場合だけである.

反応にかかわらない成分の影響

平衡状態にある可逆反応 $2NO_2 \rightleftharpoons N_2O_4$ で, 反応にかかわらない物質を加えると, 場合によっては平衡の位置に影響を与える.
① 温度, 体積一定でアルゴン Ar を加える：それぞれの反応にかかわる物質の濃度と分圧は変化しないため, 平衡の移動は起こらない.

② 温度，全圧一定でアルゴン Ar を加える：気体全体の体積は増加するため，それぞれの成分の分圧は減少する．したがって，全体の圧力が増す方向に平衡が移動する．
③ 触媒を加える：反応速度は大きくなり，平衡に早く達するが，平衡定数は変化しない．したがって，平衡の移動は起こらない．

10-3 電離平衡

電解質の電離平衡

多くの電解質は水溶液中で構成イオンとの間の平衡が生じる．これを電離平衡（electrolytic equilibrium）という．

例　$CH_3COOH + H_2O \rightleftharpoons H_3O^+ + CH_3COO^-$
例　$NH_3 + H_2O \rightleftharpoons NH_4^+ + OH^-$

電解質 AB が電離して A^+ と B^- として存在している割合を電離度（degree of electric dissociation）α という．平衡 $AB \longleftrightarrow A^+ + B^-$ において，AB の初濃度を c_0 とすると

$$[A^+] = [B^-] = c_0\alpha \tag{10.9}$$

である．このとき，電離平衡での平衡定数を電離定数（electrolytic constant）といい，次式で定義される．

$$K = \frac{[A^+][B^-]}{[AB]}$$

酢酸の電離 $CH_3COOH + H_2O \rightleftharpoons CH_3COO^- + H_3O^+$ に対する電離定数（K_a）は次式で定義される．

$$K_a = \frac{[CH_3COO^-][H_3O^+]}{[CH_3COOH][H_2O]}$$

しかし，プロトン H^+ に水が付加したオキソニウムイオン H_3O^+ ではなくプロトン H^+ を平衡の式に加え，平衡を

$$CH_3COOH \rightleftharpoons H^+ + CH_3COO^- ; K_a = \frac{[CH_3COO^-][H^+]}{[CH_3COOH]}$$
$$= 1.75 \times 10^{-5} \text{ mol L}^{-1} \text{ (25 °C)}$$

のように表すほうが多い．わずらわしさを避けるためと，ほとんどの場合，水の濃度は一定とみなし，平衡定数の中に含めることが可能だからである．K_a は温度一定の条件で，その電解質に固有の値をとる．上の例では 25 °C で 1.75×10^{-5} mol L^{-1} になる．

塩基の電離定数の基本的な扱いは酸の場合と同じである．たとえば，$NH_3 + H_2O \rightleftharpoons NH_4^+ + OH^-$ に対する平衡定数は次式で表される．

$$K = \frac{[NH_4^+][OH^-]}{[NH_3][H_2O]}$$

実際には，酸の場合と同じように，$[H_2O]$ を電離定数 K に組み込んだ $K[H_2O]$ を K_b*5 とする．

*5 K_a の a は酸(acid)を，K_b の b は塩基(base)を表す．

$$K_b = \frac{[NH_4^+][OH^-]}{[NH_3]}$$

例題 10.3　電離定数

ある温度で尿酸（$HC_5H_3N_4O_4$）は $0.5\,mol\,L^{-1}$ の水溶液中，その 1.6% が電離している．その温度での尿酸の電離定数 K_a を求めよ．

【解】

濃度($mol\,L^{-1}$)	$HC_5H_3N_4O_4$	$C_5H_3N_4O_4^-$	H^+
初期	0.5	0	0
平衡時	0.5 (1 − 0.016)	0.5 × 0.016	0.5 × 0.016

$$\therefore K_a = \frac{(0.5 \times 0.016)^2 \,(mol\,L^{-1})^2}{0.5 \times (1 - 0.016)\,mol\,L^{-1}} = 1.30 \times 10^{-4}\,mol\,L^{-1}$$

水の電離平衡

水の電離に対しても電離定数を定義できる．$H_2O \rightleftharpoons H^+ + OH^-$ に対して

$$K = \frac{[H^+][OH^-]}{[H_2O]}$$

である．しかし水の電離度は小さく，$[H^+] = [OH^-] = 1.0 \times 10^{-7}\,mol/L$（25 ℃）である．水の濃度 $[H_2O]$ は常に一定とみなせるので，K に組み入れて $[H_2O] \times K = K_w$ とすれば次式になる．

$$K_w = [H^+][OH^-] = (1.0 \times 10^{-7}) \times (1.0 \times 10^{-7})$$
$$= 1.0 \times 10^{-14}\,mol/L^2\,(25\,℃)$$

この K_w を水のイオン積（ion product）という．K_b と K_a の間には次の関係がある．

$$K_b = \frac{K_w}{K_a} \quad \text{あるいは} \quad K_a \times K_b = K_w \tag{10.10}$$

水の電離は吸熱反応なので，高温になるほど右方向に平衡移動する．

$$H_2O(\ell) = H^+aq + OH^-aq\,;\,\Delta H(298\,K) = +56.5\,kJ$$

10-4 さまざまな平衡

多段平衡

一つの平衡反応の生成物が第二の平衡反応の反応物となるため，二つあるいはそれ以上の平衡反応が同時に進行する場合がある．たとえば次の二つの平衡反応

$$2\mathrm{NO(g)} + \mathrm{O_2(g)} \rightleftharpoons 2\mathrm{NO_2(g)} \ ; \ K_1 = \frac{[\mathrm{NO_2}]^2}{[\mathrm{NO}]^2[\mathrm{O_2}]}$$

$$2\mathrm{NO_2(g)} \rightleftharpoons \mathrm{N_2O_4(g)} \ ; \ K_2 = \frac{[\mathrm{N_2O_4}]}{[\mathrm{NO_2}]^2}$$

が同時に起こっていると，NO と $\mathrm{N_2O_4}$ との間にも平衡関係が生じる．

$$2\mathrm{NO(g)} + \mathrm{O_2(g)} \rightleftharpoons \mathrm{N_2O_4(g)} \ ; \ K_3 = \frac{[\mathrm{N_2O_4}]}{[\mathrm{NO}]^2[\mathrm{O_2}]}$$

式を整理すると，三つの平衡定数の間には

$$K_1 K_2 = K_3$$

の関係がある．すなわち，二つ以上の反応式を加えて全反応式を作ったとき，全反応の平衡定数は各反応の平衡定数の積となる．

緩衝液

外から加えた少量の酸または塩基の影響を打ち消して，pH をほぼ一定に保つ溶液を緩衝液（buffer solution）という．緩衝液については 12-4 節で詳しく扱う．

溶解度積

塩化銀 AgCl や硫酸バリウム $\mathrm{BaSO_4}$ などの難溶性塩もわずかではあるが水に溶解し，飽和水溶液を作る．その際，固体と溶けて生じたイオンの間に溶解平衡が成立する．

$$\mathrm{AgCl(s)} \rightleftharpoons \mathrm{Ag^+} + \mathrm{Cl^-}$$

この溶解平衡に対する平衡定数は

$$K = \frac{[\mathrm{Ag^+}][\mathrm{Cl^-}]}{[\mathrm{AgCl(s)}]}$$

となるが，化学平衡に固体が関与する場合の扱いに準じて，固体の項を平衡定数に含めて，新しい平衡定数 K_{sp} を定義する．

表10.3 難溶性塩の溶解度積

塩	温度(℃)	溶解度積
AgCl	25	3.2×10^{-13}
CaCO$_3$	25	2.9×10^{-9}
BaSO$_4$	25	2.0×10^{-11}
PbSO$_4$	18	7.2×10^{-8}
CuS	18	6×10^{-36}
PbS	18	1×10^{-28}
NiS	18	$10^{-19} \sim 10^{-28}$
ZnS(β)	18	3×10^{-22}

$$K[\text{AgCl(s)}] = K_\text{sp} = [\text{Ag}^+][\text{Cl}^-]$$

このイオンの濃度の積 K_sp を溶解度積(solubility product)という．溶解度積は，温度が変わらなければ常に一定である(表10.3)．

塩化銀の水溶液中の微量なイオンの濃度の積 $[\text{Ag}^+][\text{Cl}^-]$ が K_sp より小さい場合には AgCl の沈殿は生じないが，$[\text{Ag}^+][\text{Cl}^-]$ が K_sp より大きいと AgCl の沈殿が生じる．

例題 10.4 溶解度積

硫酸バリウム BaSO$_4$ は水1Lに何g溶けるか．表10.3を見て答えよ．

【解】 $K_\text{sp} = [\text{Ba}^{2+}][\text{SO}_4^{2-}] = [\text{Ba}^{2+}]^2 = 2.0 \times 10^{-11}$

$\therefore\ [\text{Ba}^{2+}] = \sqrt{2.0 \times 10^{-11}} = 4.47 \times 10^{-6}\ \text{mol L}^{-1}$

BaSO$_4$ の分子量は233なので，水1Lに溶けるBaSO$_4$の質量は

$233\ \text{g mol}^{-1} \times 4.47 \times 10^{-6}\ \text{mol L}^{-1} = 1.04 \times 10^{-3}\ \text{g L}^{-1}$

共通イオン効果

ある電解質水溶液に別の電解質を加えたとき，両者に共通に含まれる共通イオンがある場合，共通イオンが減少する向きに平衡が移動する．その結果，もとの電解質の電離度や溶解度が減少する．この現象を共通イオン効果(common ion effect)という．

NaCl の飽和水溶液に，HCl(g)を吹き込むと水溶液中の $[\text{Cl}^-]$ が増し，ルシャトリエの原理によって溶解平衡が左側に移動して NaCl が沈殿する．

$$\text{NaCl(s)} \rightleftharpoons \text{Na}^+(\text{aq}) + \text{Cl}^-(\text{aq})$$

金属イオンの分離

たとえば金属硫化物の溶解度積の差を利用すれば，複数の金属イオンを含む

水溶液から各金属イオンを分離できる．硫化水素 H_2S は弱酸で，水溶液中で次のように2段階に電離している．

$$H_2S \rightleftharpoons H^+ + HS^- \,;\, K_1 = \frac{[H^+][HS^-]}{[H_2S]}$$

$$HS^- \rightleftharpoons H^+ + S^{2-} \,;\, K_2 = \frac{[H^+][S^{2-}]}{[HS^-]}$$

したがって，水溶液中の S^{2-} の濃度 $[S^{2-}]$ は，水溶液の $[H^+]$ によって変化する．

 酸性にする → $[S^{2-}]$ は小さくなる
 中性ないし塩基性にする → $[S^{2-}]$ は大きくなる

よって，硫化物の溶解度積が小さいイオン（Ag^+, Cu^{2+}, Pb^{2+} など）は酸性条件で沈殿する．硫化物の溶解度積が大きいイオン（Fe^{2+}, Zn^{2+}, Ni^{2+} など）は中性ないし塩基性条件で沈殿する．このことを利用して，これらの金属イオンを互いに分離できる．

たとえば酸性条件下で Cu^{2+} と Zn^{2+} の混合水溶液に H_2S を通じると CuS だけが沈殿するが，水溶液を中性や塩基性にすると，溶液中に残る Zn^{2+} も ZnS として沈殿する．

10-5 平衡定数と自由エネルギー

反応商

平衡反応 $aA + bB \rightleftharpoons xX + yY$ に対して，質量作用の法則に従い，平衡定数は次式で定義される．

$$K_c = \frac{[X]^x[Y]^y}{[A]^a[B]^b}$$

*6 反応濃度比ともいう．

このとき $[A]$ などは成分 A の平衡時の濃度（平衡濃度）である．反応が必ずしも平衡状態にはない場合にも，上記の反応に質量作用の法則を適用して定義される値 Q を反応商[*6]（reaction quotient）という．たとえば反応開始時に対しては次式が成り立つ．

$$Q_c = \frac{[X]_0^x[Y]_0^y}{[A]_0^a[B]_0^b} \tag{10.11}$$

添字 0 は初濃度を表す．Q と K を比較することによって，反応がどの方向に進むかがわかる．

① $Q = K$：反応は平衡状態にある．
② $Q > K$：分母（反応物）に比べて分子（生成物）の濃度が大きいから，反応は

平衡に達するまでそれを減らす方向(左向き)に進む.
③ $Q < K$：分母(反応物)に比べて分子(生成物)の濃度が小さいから，それを増やす方向(右向き)に，反応は平衡に達するまで進む.

質量作用の法則の熱力学的証明

ごく簡単な反応の場合を除いては，反応式と速度式は異なる項と係数をもつので(第11章参照)，平衡反応に対する質量作用の法則(すなわち平衡定数)を反応速度から導くことはできない．しかし，やや複雑な平衡反応にも質量作用の法則が成立する.

熱力学によると一般の気相平衡反応 $aA + bB \rightleftharpoons xX + yY$ で，成分Aの自由エネルギーはその標準生成自由エネルギーおよび分圧を G_{fA}°, P_A とすれば次式で示される.

$$aG_A = aG_{fA}^\circ + aRT \ln P_A \tag{10.12}$$

他の成分も同様に扱えば，反応の自由エネルギー変化 ΔG は

$$\begin{aligned}\Delta G &= \sum G(\text{生成物}) - \sum G(\text{反応物}) \\ &= (xG_X^\circ + yG_Y^\circ - aG_A^\circ - bG_B^\circ) \\ &= (xRT \ln P_X + yRT \ln P_Y - aRT \ln P_A - bRT \ln P_B)\end{aligned}$$

$$\therefore \quad \Delta G = \Delta G^\circ + RT \ln \frac{(P_X)^x (P_Y)^y}{(P_A)^a (P_B)^b} \tag{10.13}$$

ここで，ΔG° は反応の標準自由エネルギー変化である．また，上記の反応に対する圧平衡定数は

$$K_P = \frac{[P_X]^x [P_Y]^y}{[P_A]^a [P_B]^b}$$

であるから，上の式は

$$\Delta G = \Delta G^\circ + RT \ln K_P \tag{10.14}$$

となる．平衡条件では $\Delta G = 0$ であるから

$$0 = \Delta G^\circ + RT \ln K_P$$
$$\therefore \quad \Delta G^\circ = -RT \ln K_P \tag{10.15}$$

ΔG° は状態関数であるから，温度および標準状態にある反応物と生成物の種類だけで決まる定数である．ゆえに定温条件では「$K_P =$ 一定」となる．これは質量作用の法則に他ならない.

> **例題 10.5　自由エネルギー**
>
> 標準状態において反応 $N_2(g) + 3H_2(g) \rightarrow 2NH_3(g)$ の $\Delta G°$ は $(-16.38) \times 2 = -32.76 \text{ kJ mol}^{-1}$ である．二つの状態 (1), (2) で，反応はどちらの方向に進むか．
>
> | | P_{NH_3}(atm) | P_{N_2}(atm) | P_{H_2}(atm) |
> | --- | --- | --- | --- |
> | (1) | 1.00 | 1.47 | 1.0×10^{-2} |
> | (2) | 1.00 | 1.00 | 1.00 |
>
> **【解】** 式(10.14)で K_P を Q で置き換え，$\Delta G = \Delta G° + RT \ln Q$ において
>
> (1) $\ln Q = \ln \dfrac{(1.00)^2}{(1.47) \times (1.00 \times 10^{-2})^3} = \ln 6.80 \times 10^5 = 13.43$
>
> ∴ $\Delta G = -32.76 \text{ kJ mol}^{-1} + 8.314 \text{ J K}^{-1}\text{mol}^{-1} \times 298 \text{ K} \times 13.43$
> $= -32.76 \text{ kJ mol}^{-1} + 33273 \text{ J mol}^{-1} \approx 0$
>
> 状態(1)は平衡状態にあり，平衡移動は起こらない．
>
> (2) $\ln Q = \ln \dfrac{(1.00)^2}{(1.00) \times (1.00)^3} = \ln 1.00 \approx 0$
>
> ∴ $\Delta G = \Delta G° = -32.76 \text{ kJ mol}^{-1} < 0$
>
> 平衡は右に移動する．

章末問題

10.1　濃度平衡定数

427 °Cで，1.0 L のフラスコ中に，20 mol の H_2，18 mol の CO_2，12 mol の H_2O，5.9 mol の CO が平衡状態にあった．次の反応の平衡定数を求めよ．

$$CO_2(g) + H_2(g) \rightleftharpoons CO(g) + H_2O(g)$$

10.2　圧平衡定数

次の平衡 $PCl_5(g) \rightleftharpoons PCl_3(g) + Cl_2(g)$ (422.6 K) において，各成分の分圧が 0.453, 0.061, 0.061 mmHg で与えられるとき，圧平衡定数 K_P を求めよ．

10.3　電離定数

シアン化水素は電離定数 4.8×10^{-10} の弱酸である．濃度 0.150 mol L^{-1} のシアン化水素水溶液の電離度 α および pH を計算せよ．

10.4　溶解度積

$Mg(OH)_2$ の溶解度積は 6×10^{-12} mol^3 L^{-3}，アンモニアの解離定数は 1.79×10^{-5} mol L^{-1} である．0.1 mol L^{-1} の $MgCl_2$ に同体積の 0.1 mol L^{-1} アンモニア水を加えると，$Mg(OH)_2$ の沈殿が生じるか生じないか予測せよ．

10.5　自由エネルギー

以下のデータを用いて，次の反応の 298.15 K (25 °C) における自由エネルギー

と平衡定数を求めよ．

$$2\text{Fe}(s) + \frac{3}{2}\text{O}_2(g) \rightleftharpoons \text{Fe}_2\text{O}_3(s)$$

物質	ΔH_f° (kJ mol^{-1})	S° (J K^{-1} mol^{-1})
Fe$_2$O$_3$(s)	−824	87.4
Fe(s)	0	27.3
O$_2$(g)	0	205.03

 世界を変えたハーバー・ボッシュ法

19世紀当時から，根粒バクテリアは常温で空気中の窒素を固定することが知られていた．これをヒントに，適当な触媒を用いることにより低温で窒素を固定する方法の可能性が検討されていた．1884年，ルシャトリエは平衡移動の法則を提案した．その原理に従えば，次の平衡は高圧，低温条件で右に移動し，アンモニアが高収率で得られるはずである．

$$\text{N}_2 + 3\text{H}_2 \rightleftharpoons 2\text{NH}_3 ; \Delta H^\circ = -92.4 \text{ kJ mol}^{-1}$$

しかし，ルシャトリエ自身も実際に実験を試みたが成功しなかった．その後1908年に，ネルンストが500〜600℃，100〜200 atmにおいてオスミウムを触媒として反応させることにより，高収率でアンモニアが得られることを明らかにした．

一方，1905年にハーバーは化学平衡に関する熱力学的研究から，アンモニアの合成が工業的に可能であることを理論的に明らかにし，バーディッシュ社と技師ボッシュもこれに協力し，高温・高圧に耐える反応容器の開発に邁進した．ボッシュは触媒の開発を進め，多孔質の鉄がアンモニア合成のよい触媒となることを発見した．鉄触媒を用いると500℃，200 atmで18容量％のアンモニアが得られた．バーディッシュ社は年産900トンのアンモニアを製造できるようになり，1913年からアンモニアの工業的生産を開始した．

高圧反応装置
BASF Corporate Archives, Ludwigshafen/Rhein 提供．

ドイツはそれまで肥料や火薬の原料をチリ硝石などに依存していたが，ハーバー・ボッシュ法の成功によって外国への依存という問題が解消した．これに力を得た時のドイツ皇帝ウイルヘルムは，イギリスとの開戦を決意したと伝えられている．第一次世界大戦末期の1918年には，ドイツでのアンモニア生産量は年間で20万トンに達していた．

その後，多くの改良がなされたが，今日でも鉄を主体とした触媒上で水素と窒素を400〜600℃，200〜1000 atmの超臨界流体状態で直接反応させている．反応条件に関しては開発された当時のものと大差はないことがわかる．

11章 反応速度とエネルギー

基本事項 11-1　反応速度

◆ 反応速度 ◆

【反応速度】単位時間あたりの反応物の減少量，または生成物の増加量．通常，濃度のべき関数と比例定数(反応速度定数)の積で表される．

【反応速度定数 (rate constant)】生成物または反応物が増減する速度を示す比例定数．

◆ 反応速度式 ◆

【反応速度を表現する式】簡単な反応では，反応速度定数と反応物(または生成物)の濃度の積で表される．ここで，k_1，k_2 はそれぞれ正反応と逆反応の反応速度定数である．

　　例　$H_2 + I_2 \rightleftarrows 2HI$　　$v_1 = k_1[H_2][I_2]$ (正反応), $v_2 = k_2[HI]^2$ (逆反応)

【反応速度式と化学反応式の関係】実験で求めた反応速度式の係数は，化学反応式の係数とは必ずしも一致せず，また整数とならない場合もある．

◆ 反応次数 (order of reaction) n ◆

【反応次数】速度式が $v = k[A]^h[B]^i$ の場合，$h + i = n$ が反応次数となる．このとき，A について h 次，B について i 次という．

　　例　五酸化二窒素の分解反応：$2N_2O_5(g) \rightarrow 4NO_2(g) + O_2(g)$
　　　　速度式(実験による)：$v = k[N_2O_5]$
　　　　　　→ 一次反応 (first-order reaction)

　　例　水素とヨウ素の反応：$H_2(g) + I_2(g) \rightarrow 2HI(g)$
　　　　速度式(実験による)：$v = k[H_2][I_2]$
　　　　　　→ 二次反応 (second-order reaction)

【反応速度と温度】一般に反応温度が高くなると反応速度も大きくなる．

◆ 触媒 ◆

【触媒 (catalyst)】反応の前後でそれ自身は変化せず，反応速度を変える作用をもつ物質．

【均一触媒 (homogenous catalyst)】溶液中で反応物と均一に混じる触媒．

【**不均一触媒 (heterogeneous catalyst)**】多くの場合は固体触媒．反応物とは均一に混合せず，触媒作用はその固体表面上で起こる．

【**触媒の働き**】活性化エネルギー（11-3 節参照）が低い新しい反応経路を作り出す（図 11.1 a）．

【**衝突回数**】活性化エネルギーが低くなったため，同条件で有効な衝突（反応物が生成する反応）が増加する（図 11.1 b，c）．

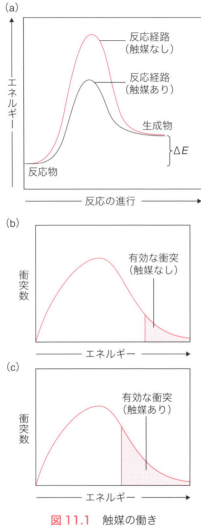

図 11.1 触媒の働き
(a) 反応経路の変化，(b)(c) 衝突数の増加．

11-1 一次反応

一次反応の反応速度式

一次反応(first-order reaction)のよい例は異性化反応(isomerization)で，たとえば次式がそれにあたる．

$$CH_3NC \rightarrow CH_3CN$$

反応速度は次式で表される．

$$v_1 = k_1[CH_3NC]$$

近似的には，一次反応の反応速度はある時間内での濃度の変化の平均値から求められる．たとえば，反応 A → 2B について

① 反応物 A の濃度 $[A]$ が時間 t_1 から t_2 の間に $[A]_1$ から $[A]_2$ まで減少したとき，その間の A の反応速度 v_A は

$$v_A = \frac{[A]_2 - [A]_1}{t_2 - t_1} = -\frac{\Delta[A]}{\Delta t} \tag{11.1}$$

② 生成物 B の濃度 $[B]$ が時間 t_1 から t_2 の間に $[B]_1$ から $[B]_2$ へ増加したとき，その間の B の生成速度 v_B は

$$v_B = \frac{[B]_2 - [B]_1}{t_2 - t_1} = \frac{\Delta[B]}{\Delta t} \tag{11.2}$$

この反応では，A の濃度が $x \, (\text{mol L}^{-1})$ 減少すると B の濃度は $2x \, (\text{mol L}^{-1})$ 増加するので，常に $v_A : v_B = 1 : 2$ の関係が成り立つ．

反応速度の正確な値は濃度変化の微分から求められる．たとえば反応 $2N_2O_5 \rightarrow 4NO_2 + O_2$ の反応速度式は次式となる．

$$v_1 = -\frac{d[N_2O_5]}{dt} = k_1[N_2O_5]$$

上式で $[N_2O_5]$ を c とおけば，$-dc/dt = kc$，すなわち $-dc/c = k\,dt$ となる．$t = 0$ のときの濃度を c_0（初濃度），$t = t$ のときの濃度を c として積分すると

$$-\int_{c_0}^{c} \frac{dc}{c} = k\int_{0}^{t} dt, \quad \ln\frac{c_0}{c} = kt \tag{11.3}$$

$$\therefore \quad k = \frac{1}{t}\ln\frac{c_0}{c} = \frac{2.303}{t}\log_{10}\frac{c_0}{c} \tag{11.4}$$

一次反応では，反応物の濃度の対数は時間 t の増加に伴って直線的に減少するから，$\ln c$ を t に対してプロットして得られる直線の勾配から k が求められる．

表 11.1　気相一次反応の例

反　応	$k\,(\mathrm{s}^{-1})$	$T(°\mathrm{C})$
$N_2O_5 \rightarrow NO_2 + NO_3$	2.7×10^{-1}	25
$(CH_3)_3COOC(CH_3)_3 \rightarrow 2\,(CH_3)_2CO + C_2H_6$	1.4×10^{-4}	147.2
$(CH_3)_3CBr + H_2O \rightarrow (CH_3)_3COH + HBr$	1.4×10^{-5}	25
$C_2H_5Br \rightarrow C_2H_4 + HBr$	8.3×10^{-27}	25
$\begin{matrix} H_2C-CH \\ \| \quad \| \\ H_2C-CH \end{matrix} \rightarrow CH_2=CH-CH=CH_2$	1.8×10^{-11}	25
$\begin{matrix} \quad CH_2 \\ \diagup \quad \diagdown \\ H_2C-CH_2 \end{matrix} \rightarrow CH_2-CH=CH_2$	3.4×10^{-33}	25

異性化反応の他には気相分解反応にも一次反応の例が多い（表 11.1）．溶液分解反応 $H_2O_2 \rightarrow H_2O + 1/2\,O_2$ も一次反応である．

例題 11.1　一次反応

ある物質は一次反応で分解し，反応開始から 100 s 後に 20％が分解した．その物質が 60％分解するのは何秒(s)後か．

【解】$\ln(c_0/c) = kt$ において，初濃度を c_0，100 s 後に 20％分解したときの濃度を c_{80} とする．

$$c_{80} = (1 - 0.20)c_0 = 0.80\,c_0$$

$$k = \frac{1}{100\,\mathrm{s}} \ln\left(\frac{c_0}{0.80\,c_0}\right) = \frac{0.223}{100\,\mathrm{s}} = 2.23 \times 10^{-3}\,\mathrm{s}^{-1}$$

60％分解したときの濃度を c_{40} とすると

$$c_{40} = (1 - 0.60)c_0 = 0.40\,c_0$$

$$t = \frac{1}{k} \ln \frac{c_0}{c_{40}} = \frac{1}{2.23 \times 10^{-3}\,\mathrm{s}^{-1}} \times 0.916 = 411\,\mathrm{s}$$

半減期

放射性同位体の壊変は一次反応の典型的な例である．たとえば，α粒子を放出してラドン ^{222}Rn になるラジウム ^{226}Ra の壊変

$$^{226}\mathrm{Ra} \rightarrow {}^{222}_{86}\mathrm{Rn} + {}^{4}_{2}\mathrm{He}$$

も一次反応である．

放射性同位体の壊変の場合，速度定数よりも放射能のレベルが基準となる時点でのレベルの 2 分の 1 のレベルになるまでに要する時間，すなわち半減期（half-life）$t_{1/2}$ が実用上重要である．半減期 $\tau_{1/2}$ は式 (11.4) で $c = c_0/2$，$t = t_{1/2}$ とおいて得られる．すなわち

$$k = \frac{1}{t_{1/2}} \ln \frac{c_0}{1/2 c_0} = \frac{1}{t_{1/2}} \ln 2 \quad \therefore \quad t_{1/2} = \frac{0.693}{k} \tag{11.5}$$

^{235}Ra の半減期は約 1600 年，^{14}C の半減期は 5730 年である．^{14}C の壊変を利用して化石や考古学資料などの年代を決定する手法である放射性炭素年代測定（radiocarbon dating）は，考古化学（archeological chemistry）の主要な手法である．

例題 11.2 半減期

ある放射性同位体の壊変では，68 min 後に初めの量の 4 分の 1 しか残らない．この放射性同位体の半減期 $t_{1/2}$ (min) を求めよ．

【解】放射性同位体の初期量を c_0 とすると，次の二つの式が成り立つ．

$$\ln \frac{c_0}{1/2 c_0} = k t_{1/2} \qquad \ln \frac{c_0}{1/4 c_0} = k \times 68 \text{ min}$$

$$\therefore \quad t_{1/2} = 68 \times \frac{\ln 2}{\ln 4} = 68 \times \frac{1}{2} = 34 \text{ min}$$

擬一次反応

二糖類であるスクロース（ショ糖，sucrose）を加水分解するとグルコース（ブドウ糖，glucose）とフルクトース（果糖，fructose）に分解する．スクロース，グルコースは右旋性，フルクトースは左旋性であるが，後者の値が大きいので，加水分解が進行するにつれて転化（inversion）と呼ばれる変化が起こり，溶液の旋光度は右旋性から左旋性に変わる[*1]．ウイルヘルミーによるこの研究は，反応速度の定量的な研究の最初の例である（1850 年）．

*1 溶液の旋光度は旋光度計で容易に測定できる．

■ Ludwig Ferdinand Wilhelmy
1812 ～ 1864，ドイツの化学者．反応速度を初めて理論的に研究したが，その方法が当時としては物理化学的に過ぎたため，なかなか世に知られなかった．ヴァントホッフやアレニウスが彼の結果を追認したのは 30 年後であった．

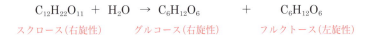

$$\text{C}_{12}\text{H}_{22}\text{O}_{11} + \text{H}_2\text{O} \rightarrow \text{C}_6\text{H}_{12}\text{O}_6 + \text{C}_6\text{H}_{12}\text{O}_6$$

スクロース（右旋性）　　グルコース（右旋性）　　フルクトース（左旋性）

反応には明らかに水が関与しているが，実測反応速度は次式になる．

$$v = k [\text{C}_{12}\text{H}_{22}\text{O}_{11}]$$

これは他の反応物，生成物に比べて水がきわめて多量にあり，反応による濃度変化は無視できるためである．

見かけ上一次反応となるこの種の反応を擬一次（pseudo first order）反応という．エステルの加水分解を大過剰の水の存在下で行う場合も擬一次反応になる．

$$\text{CH}_3\text{COOC}_2\text{H}_5 + \text{H}_2\text{O} \rightarrow \text{CH}_3\text{COOH} + \text{C}_2\text{H}_5\text{OH}$$
　　　　　　　　　　（大過剰）

11-2 二次反応

二次反応の二つの型

二次反応には，次の二つの型がある．

① 速度がある反応物の濃度の2乗に比例する場合

$$v = -\frac{d[A]}{dt} = k[A]^2 \tag{11.6}$$

② 速度がある反応物の濃度と第二の反応物の濃度との積に比例する場合

$$v = -\frac{d[A]}{dt} = k[A][B] \tag{11.7}$$

速度式が化学反応式に一致する場合は，それぞれの速度式は化学反応式 $A + A \rightarrow C + D$（例：$2HI \rightarrow H_2 + I_2$），または $A + B \rightarrow 2C$（例：$H_2 + I_2 \rightarrow 2HI$）に対応する．例のどちらの反応も気相反応である．表 11.2 にいくつかの気相二次反応の例とその速度定数を示した．

液相二次反応も多い．エステルのケン化（アルカリによる加水分解）

$$CH_3COOC_2H_5 + OH^- \rightarrow CH_3COOH + C_2H_5O^-$$

がその一例で，速度式は次式である．

$$-\frac{d[CH_3COOC_2H_5]}{dt} = k[CH_3COOC_2H_5][OH^-]$$

表 11.2 気相二次反応の例 (25 ℃)

反応	$k\,(L^3\,mol^{-1}\,s^{-1})$
$H + D_2 \rightarrow HD + D$	3×10^5
$CH_3 + H_2 \rightarrow CH_4 + H$	1.5×10^1
$H_2 + I_2 \rightarrow 2HI$	1.7×10^{-13}
$2HI \rightarrow H_2 + I_2$	2.4×10^{-21}

二次反応の反応速度定数の決定

①型の二次反応：$v = -\dfrac{d[A]}{dt} = k[A]^2$ の場合

A の初濃度を c_0，時間 t での濃度を c とすれば

$$-\frac{dc}{dt} = kc^2 \tag{11.8}$$

であるから，$t = 0$ から $t\,(c_0 \rightarrow c)$ まで積分して

$$-\int_{c_0}^{c} \frac{dc}{c^2} = k\int_0^t dt \quad \therefore \quad kt = \frac{1}{c} - \frac{1}{c_0} \tag{11.9}$$

$1/c$ を t に対してプロットすると直線が得られる．

②型の二次反応：$v = -\dfrac{d[A]}{dt} = k[A][B]$ の場合

$c_{0A} \neq c_{0B}$ であれば時間 t での濃度も異なり，速度式は二つの変数を含む．濃度の減少 $x\,(= c_0 - c_t\,;\,c_t$ は時間 t での濃度$)$ を A，B に共通の変数として導入すると，時間 t では $[A] = c_{0A} - x$，$[B] = c_{0B} - x$ であるから

$$-\frac{d(c_{0A} - x)}{dt} = \frac{dx}{dt} = k(c_{0A} - x)(c_{0B} - x) \tag{11.10}$$

$$k\,dt = \frac{dx}{(c_{0A} - x)(c_{0B} - x)} = \frac{1}{c_{0A} - c_{0B}}\left(\frac{1}{c_{0B} - x} - \frac{1}{c_{0A} - x}\right)dx$$

$t = 0$ から $t(0 \to x)$ まで積分すれば

$$kt = \frac{1}{c_{0A} - c_{0B}}\left(\ln\frac{c_{0B}}{c_{0B} - x} - \ln\frac{c_{0A}}{c_{0A} - x}\right)dx \tag{11.11}$$

$$k = \frac{1}{t(c_{0A} - c_{0B})}\ln\frac{c_{0B}(c_{0A} - x)}{c_{0A}(c_{0B} - x)} \tag{11.12}$$

このように二次反応の速度式を理論的に導くのはかなり面倒である．

ブタジエンの二量化 $2C_4H_6 \to C_8H_{12}$ は①型の二次反応で進む．以下はその根拠となる実験結果である．

t (s)	0	1000	1800	2800	3600	4400	5200	6200
$[C_4H_6]\,\mathrm{mol\,L^{-1}}$	0.01000	0.00625	0.00476	0.00347	0.00313	0.00270	0.00241	0.00208
$1/[C_4H_6]$	100	160	210	288	320	370	415	481
$\ln[C_4H_6]$	−4.605	−5.075	−5.348	−5.599	−5.767	−5.915	−6.028	−6.175

$1/[C_4H_6]$ と $\ln[C_4H_6]$ を，t に対してプロットすると（図 11.2），直線が得ら

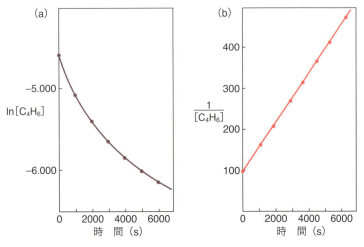

図 11.2 ブタジエンの二量化反応

れるのは $1/[C_4H_6]$ と t とのプロット (b) であり，二次反応であることが確かめられる．

図 11.2 のプロットの始点と終点を用いて勾配，すなわち速度定数 k を求める．

$$k = \frac{(481 - 100)\,\text{L mol}^{-1}}{(6200 - 0)\,\text{s}} = \frac{381}{6200}\,\text{L mol}^{-1}\,\text{s}^{-1} = 6.15 \times 10^{-2}\,\text{L mol}^{-1}\,\text{s}^{-1}$$

例題 11.3　二次反応

ある物質 A が二次反応で分解したところ，反応開始後 10 分で A の 3 分の 2 が分解した．30 分後に残る未反応の A の割合を求めよ．

【解】 二次反応では　　　$kt = \dfrac{1}{[A]} - \dfrac{1}{[A]_0}$

$t = 10\,\text{min}$ で　　$[A] = \dfrac{[A]_0}{3}$　　∴　$k = \dfrac{2}{10\,\text{min} \times [A]_0}$

$t = 30\,\text{min}$ のときは　　$\dfrac{1}{[A]} - \dfrac{1}{[A]_0} = k \times 30\,\text{min}$

これを解いて　　$\dfrac{[A]}{[A]_0} = \dfrac{1}{7}$

未反応の A は初期量の 7 分の 1 である．

11-3　アレニウス式

アレニウスプロット

反応速度は温度の影響を受けるが，反応機構が変化しない限り，反応速度式の形は変わらず，k だけが変化する．

アレニウスは $\log k$ を $1/T$ に対してプロットすると，よい直線関係が得られることを見出した (1880 年)．このプロットはアレニウスプロット (Arrhenius plot) と呼ばれる．アレニウスによれば，k と T には以下の関係が成立する．

$$\text{d}\ln\frac{k}{\text{d}T} = \frac{E}{RT^2} \tag{11.13}$$

E を温度に依存しない定数として式 (11.13) を積分すれば

$$\ln k = C - \frac{E}{RT} \tag{11.14}$$

すなわち $\ln k$ と $1/T$ のプロットは直線となる．この形の式をアレニウス式 (Arrhenius equation) という．式の C および E はそれぞれアレニウスプロットの切片および勾配である．式 (11.14) を指数関数に変換すると次式になる．

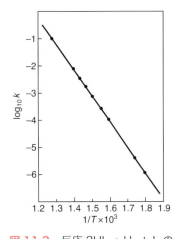

図11.3 反応 2HI → H$_2$ + I$_2$ のアレニウスプロット

$$k = A\exp\left(-\frac{E}{RT}\right) \tag{11.15}$$

A は頻度因子(frequency factor)と呼ばれる．

二つの温度 T_1, T_2 での速度定数をそれぞれ k_1, k_2 とすると

$$\ln\frac{k_2}{k_1} = -\frac{E}{R}\left(\frac{1}{T_2} - \frac{1}{T_1}\right) \tag{11.16}$$

表11.4 には反応 2HI → H$_2$ + I$_2$ での k の温度変化を，図11.3 には対応するアレニウスプロットを示した．

表11.4 反応 2HI → H$_2$ + I$_2$ の速度定数 k の温度変化

T(K)	k(L mol^{-1} s^{-1})	T(K)	k(L mol^{-1} s^{-1})
556	3.52×10^{-7}	683	5.12×10^{-4}
575	1.22×10^{-6}	700	1.16×10^{-3}
629	3.02×10^{-6}	716	2.50×10^{-3}
647	8.59×10^{-5}	781	3.95×10^{-2}
666	2.20×10^{-4}		

[N$_2$O$_5$] (mol L^{-1})	ln[N$_2$O$_5$]	時間 (s)
0.1000	−2.303	0
0.0707	−2.649	50
0.500	−2.996	100
0.0250	−3.689	200
0.0125	−4.382	300
0.00625	−5.075	400

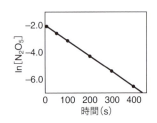

例題11.4　速度定数

N$_2$O$_5$(g) の定圧での分解反応の結果は左の通りである．この反応の速度定数を求めよ．

$$2\text{N}_2\text{O}_5(\text{g}) \rightarrow 4\text{NO}_2(\text{g}) + \text{O}_2(\text{g})$$

【解】ln[N$_2$O$_5$]を時間に対してプロットすると左図の直線が得られるので，一次反応であることがわかる．プロットの両端，$t = 0$ と $t = 400$ の 2 点を結ぶ直線の勾配から速度定数が得られる．

$$\text{勾配} = \frac{\Delta(\ln[\text{N}_2\text{O}_5])}{\Delta t} = -6.93 \times 10^{-3}\,\text{s}^{-1} \quad \therefore \quad k = 6.93 \times 10^{-3}\,\text{s}^{-1}$$

活性化エネルギー

アレニウスは分子と分子が衝突して反応するためには高エネルギー中間状態，すなわち活性化状態（activated state）を経由しなければならないと考えた．活性化状態に達するのに必要なエネルギー，すなわち活性化エネルギー (activation energy) は，アレニウス式ではエネルギーの次元をもつ E で与えられる．また，無次元数 A を頻度因子(frequency factor)と定義した．図11.4 に活性化状態，活性化エネルギーと反応経路を模式的に示す．

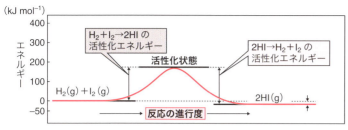

図11.4 反応 $H_2 + I_2 \to 2HI$ の活性化状態と活性化エネルギー

例題 11.5　活性化エネルギー

(1) 温度が 20 ℃から 30 ℃に上昇すると，ある反応の速度定数は 2 倍になる．この反応の活性化エネルギーを求めよ．

(2) 温度が 20 ℃から 120 ℃に上昇すると，速度定数は何倍になるか．

【解】(1) 式(11.16); $\ln \dfrac{k_2}{k_1} = -\dfrac{E}{R}\left(\dfrac{1}{T_2} - \dfrac{1}{T_1}\right)$ で，$T_1 = 293\,\mathrm{K}$, $T_2 = 303\,\mathrm{K}$, $\dfrac{k_2}{k_1} = 2$ とすると

$$\ln 2 = -\dfrac{E}{8.314\,\mathrm{J\,K^{-1}\,mol^{-1}}}\left(\dfrac{1}{303\,\mathrm{K}} - \dfrac{1}{293\,\mathrm{K}}\right)$$

∴ $E = 5.12 \times 10^4\,\mathrm{J\,mol^{-1}} = 51.2\,\mathrm{kJ\,mol^{-1}}$

(2) 式(11.16)で $\ln \dfrac{k_2}{k_1}$ を未知数とすればよい．

$$\ln x = -\dfrac{5.12 \times 10^4\,\mathrm{J\,mol^{-1}}}{8.314\,\mathrm{J\,K^{-1}\,mol^{-1}}}\left(\dfrac{1}{393\,\mathrm{K}} - \dfrac{1}{293\,\mathrm{K}}\right) = 5.35$$

∴ $x = 210$ 倍

触媒(catalyst)

常温でエチレンと水素を混合しても反応は起こらない．しかし特別に処理した白金を共存させると，水素の付加反応が起こる．

$$CH_2=CH_2 + H_2 \to C_2H_6$$

反応が完結した際，触媒自身には化学変化が起こっていない．この反応は触媒反応(catalysis)および触媒(catalyst)の作用のよい例である．触媒は以下の特徴をもつ．

① 触媒と反応物は化学量論的関係にはない．
② 触媒は可逆反応の化学平衡の位置に影響を与えない．
③ 触媒は正反応の速度も，逆反応の速度も同じ割合だけ増大させる．

触媒は反応経路を変えて，活性化エネルギーの低い別の反応経路を作る．たとえばエステル化反応での酸触媒は，カルボン酸のカルボニル酸素に付加してカルボニル炭素を陽性にし，アルコールの電気陰性な酸素原子の付加，さらに脱水によるエステル生成を促進する．

例題 11.6　触媒

アンモニアの分解反応

$$2NH_3 = N_2 + 3H_2 \; ; \; E_a = 335 \, \text{kJ mol}^{-1}$$

を触媒（W，Os）の表面で行ったところ，活性化エネルギーが以下のように減少した．

　　W：$163 \, \text{kJ mol}^{-1}$，Os：$197 \, \text{kJ mol}^{-1}$

(1) どちらの触媒が有効か．理由をつけて答えよ．

(2) 298 K において W を触媒に用いたときの反応速度は，無触媒のときの反応速度の何倍か．

(3) 触媒存在下での分解反応の速度定数は以下の式に従う．反応速度が $[H_2]$ に逆比例する理由を考えよ．

$$\text{速度} = \frac{k[NH_3]}{[H_2]}$$

【解】(1) W；活性化エネルギーをより低くするため．

(2) 無触媒のときの反応速度を k_1，触媒を用いたときの反応速度を k_2 とする．式(11.14)；$\ln k = C - \dfrac{E}{RT}$ を用いる．

$$\ln k_1 = C - \frac{E_1}{R \times 298 \, \text{K}} = C - \frac{335 \, \text{kJ mol}^{-1}}{8.314 \, \text{J K}^{-1} \text{mol}^{-1} \times 298 \, \text{K}}$$

$$\ln k_2 = C - \frac{E_2}{R \times 298 \, \text{K}} = C - \frac{163 \, \text{kJ mol}^{-1}}{8.314 \, \text{J K}^{-1} \text{mol}^{-1} \times 298 \, \text{K}}$$

$$\therefore \; \ln k_2 - \ln k_1 = \frac{(-163000) - (-335000)}{8.314 \times 298 \, \text{K}} = \frac{172000}{8.314 \times 298 \, \text{K}}$$

$$= 69.4$$

よって　$\dfrac{k_2}{k_1} = 1.38 \times 10^{30}$ 倍

(3) 反応が進行するためには NH_3 が触媒表面に吸着される必要があるが，H_2 も競争的に吸着され，反応速度を低下させるから．

実際に反応するのは活性分子（activated molecule）のみであり，通常の分子と活性分子のエネルギー差が活性化エネルギーに相当する．ボルツマン分布則

によると，分子数がそれぞれ N_1, N_2 の二つの状態のエネルギーが E_1, E_2（エネルギー差 $\Delta E = E_2 - E_1$）であるとき，分子数の比は次式で表される．

$$\frac{N_2}{N_1} = \frac{N\exp\left(-\dfrac{E_2}{kT}\right)q}{N\exp\left(-\dfrac{E_1}{kT}\right)q} = \frac{\exp\left(-\dfrac{E_2}{kT}\right)}{\exp\left(-\dfrac{E_1}{kT}\right)} = \exp\left(-\frac{E_2 - E_1}{kT}\right) = \exp\left(-\frac{\Delta E}{kT}\right)$$

ここで N は全分子数である．すなわち，反応する分子の総数 N_1 と活性分子の数 N_2 の比がボルツマン則から求められる．

11-4 反応機構の理論

衝突説

分子間で化学反応が起こるためには，分子どうしの衝突が必要であるという理論を衝突説(collision theory)という．それによると，反応物の濃度が高ければ衝突回数も増え，それに比例して反応速度も増大する．

例　反　応 $H_2 + I_2 \rightarrow 2HI$　　$v_1 = k_1[H_2][I_2]$
　　　逆反応 $2HI \rightarrow H_2 + I_2$　　$v_2 = k_2[HI]^2$

この反応では，上記の速度式は先に実験結果から導いた速度式と一致するが，これは例外的である．一般には反応は複雑で反応速度は単純に反応物の濃度の積に比例するとは限らない．

律速段階

これまでほとんどの反応速度式が化学反応式とよく対応していた[*2]．しかし前述のようにこれは決して一般的な関係ではない．たとえば気相反応

$$H_2 + Br_2 \rightarrow 2HBr$$

は上記の反応でヨウ素が臭素に代わっただけだから二次反応で，その速度式は $v_1 = k_1[H_2][I_2]$ と同型と予想される．ところが実験によると，HBr の生成速度は

$$\frac{d[HBr]}{dt} = k[H_2][Br_2]^{1/2}$$

で表される．HBr が生成する反応は水素分子 H_2 と臭素原子 Br との反応であって，水素分子と臭素分子との反応ではないため $[Br_2]^{1/2}$ の項が入る．

$$H_2 + Br \rightarrow HBr + H$$

[*2] 例外は擬一次反応の場合．

実はこの反応に先行して，臭素分子から臭素原子が生じる平衡反応が起こる．

$$Br_2 \rightleftharpoons 2Br$$

*3 複雑な化学反応の要素となっている簡単な反応．

この例のように，全反応がいくつかの簡単な反応，すなわち素反応[*3]（elementary reaction）から成り立っている場合，全反応の速度は最も遅い素反応で決定される．この最も遅い素反応を律速段階（rate-determining step）と呼ぶ．反応 $H_2 + Br_2 \rightarrow 2HBr$ での律速段階は $H_2 + Br \rightarrow HBr + H$ である．そのため全反応の反応速度は次式になる．

$$v = k[H_2][Br]$$

素反応と反応機構

前述のように多くの場合，反応はいくつかの素反応からなる複合反応である．各素反応は単純な一次反応あるいは二次反応であり，高次反応はまれである．

五酸化二窒素の分解反応は複合反応で，次の三つの素反応からなる．

$$N_2O_5 \rightarrow NO_2 + NO_3$$
$$NO_2 + NO_3 \rightarrow NO_2 + O_2 + NO$$
$$NO + NO_3 \rightarrow 2NO_2$$

実験で求められた速度式から，律速段階は第一の過程であると推定される．複雑な反応を素反応に分解し律速段階を定めることによって，反応が起こる仕組み，すなわち反応機構（reaction mechanism）が次第に明らかになってくる．ただし実際には，複雑な反応を素反応に分解することはきわめて困難である場合が多い．

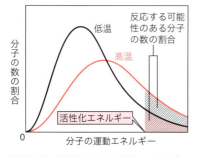

図 11.5 気体分子の運動エネルギーと温度との関係

活性化エネルギーと気体分子の運動エネルギー

常温付近で温度が 10 K 上昇すると，分子の熱運動が激しくなり，分子どうしの衝突回数は 1～2% 程度増加する．しかし，分子の衝突回数の増加からだけでは，温度が 10 K 上昇すると反応速度が 2～4 倍にも増大する現象を説明できない．温度の上昇とともに反応速度が急激に増大するのは，活性化エネルギーを超える大きな運動エネルギーをもつ分子の割合が急激に増え，分子が衝突した際に活性化状態になりやすいためである（図 11.5）．

遷移状態理論

前項までの反応速度論は，分子間の衝突が反応の原動力であることを前提としていた．反応の経過をより詳細に，微視的に考察する試みが，遷移状態（transition state）と活性錯合体[*4]（activated complex）に基礎をおく理論，す

*4 活性錯体ともいう．

なわち遷移状態理論(transition state theory)である．

遷移状態理論によると，反応物が近づくとそのエネルギーは高くなり，値は極大に達して活性錯合体が生じる．反応 $H_2 + I_2 \rightarrow 2HI$ に対して仮定された活性分子がその一例である．

アレニウスが提案した活性分子に対して，すでに述べた高エネルギー化学種である活性錯合体が提案された．活性錯合体はきわめて不安定，短寿命であり，単離してその構造を決定するのは著しく困難であるが，たとえば反応 $H_2 + I_2 \rightarrow 2HI$ では

$$H_2 + I_2 \rightarrow \begin{bmatrix} H \cdots\cdots H \\ \vdots \qquad \vdots \\ I \cdots\cdots I \end{bmatrix} \rightarrow 2HI$$

で示されるような活性分子(クラスター)を経由して反応が進行すると考えられている．

活性錯合体はいくつかの原子の集団で，その再編によって新しい分子（生成物）が生じることもあるし，壊れてもとの反応物に戻ることもある．気相反応の場合だけではなく，液相反応の場合でも溶媒が関与した活性錯合体が考えられる．

A と B から C が生じる反応で，中間に活性錯合体 $C^{\ddagger}$ が生じる場合，活性錯合体の濃度を $[C^{\ddagger}]$ とすると，その存在量を反応の平衡定数すなわち

$$A + B \rightleftharpoons C^{\ddagger} ; K^{\ddagger} = \frac{[C^{\ddagger}]}{[A][B]} \quad \therefore \quad [C^{\ddagger}] = K^{\ddagger}[A][B] \qquad (11.17)$$

から求められる．生成物 C の生成速度は活性錯合体の濃度 $[C^{\ddagger}]$ に比例するとすれば

$$\frac{d[C]}{dt} = a \times K^{\ddagger}[A][B] \qquad (11.18)$$

比例定数 a を kT/h とおけば(ここで k はボルツマン定数, h はプランク定数)

$$\frac{d[C]}{dt} = \frac{kT}{h} K^{\ddagger}[A][B] \qquad (11.19)$$

この式を反応の一般的な速度式，$d[C]/dt = k_{rate}[A][B]$ と比較すれば（k_{rate} は速度定数）

$$k_{rate} = \frac{kT}{h} K^{\ddagger} \qquad (11.20)$$

の関係式が得られる．反応の平衡定数と標準ギブズエネルギー[*5]との関係

[*5] ギブズエネルギーについては 9-6 節参照．

$$-RT \ln K = \Delta_r G^{\ddagger} \tag{11.21}$$

を用いれば，反応の活性化ギブズエネルギー $\Delta^{\ddagger} G$ が定義できる．ゆえに平衡定数 $K^{\ddagger}$ は

$$K^{\ddagger} = \exp\left(-\frac{\Delta G}{RT}\right) \tag{11.22}$$

活性化ギブズエネルギー $\Delta^{\ddagger} G$ に対して，活性化エンタルピー $\Delta^{\ddagger} H$，活性化エントロピー $\Delta^{\ddagger} S$ を定義すれば

$$\Delta^{\ddagger} G = \Delta^{\ddagger} H - T \Delta^{\ddagger} S \tag{11.23}$$

$$\therefore \quad k_{\text{rate}} = \frac{kT}{h} \exp\left(-\frac{\Delta^{\ddagger} H - T \Delta^{\ddagger} S}{RT}\right) \tag{11.24}$$

この式はアレニウス式 $k = A \exp\left(-\dfrac{E}{RT}\right)$ と同じ形である．

章末問題

11.1 一次反応

五酸化二窒素の 25 ℃での分解反応

$$2N_2O_5(g) \rightarrow 4NO_2(g) + O_2(g)$$

は左の表に示した経過をたどる．この反応が $[N_2O_5]$ について一次であることを確かめ，反応速度定数を求めよ．なお，速度は $-\Delta[N_2O_5]/\Delta t$ で近似されるものとする．

$[N_2O_5]$ (mol L^{-1})	時間(s)
0.1000	0
0.0707	50
0.0500	100
0.0250	200
0.0125	300
0.00625	400

11.2 半減期

ラジウムは α 粒子を放出して，1000 年でその 35.10％がラドンに壊変する．

$$^{226}_{88}\text{Ra} \rightarrow\, ^{222}_{86}\text{Rn} + ^{4}_{2}\text{He}$$

ラジウムの壊変の速度定数 k と半減期 $t_{1/2}$ を求めよ．

11.3 二次反応

ある物質の①型の二次反応で，その 20％が分解するのに 100 s を要した．その物質が二次反応で 60％分解するのに要する時間を求めよ．

11.4 アレニウス式

ある反応について，いくつかの温度で反応速度を測定した(左の表)．この反応の E_a を求めよ．

k(s^{-1})	T(℃)	T(K)
2.0×10^{-5}	20	293
7.3×10^{-5}	30	303
2.7×10^{-4}	40	313
9.1×10^{-4}	50	323
2.9×10^{-3}	60	333

11.5 活性化エネルギー

ある反応の 500 K での反応速度は，490 K での速度の 2 倍である．この反応の活性化エネルギーを求めよ．

11.6 触媒

酸によって触媒される発熱反応 A + B → AB において，さまざまな条件下での反応時間と生成物 AB の濃度の関係を右の図の曲線①～⑤に示した．以下の反応条件に対応する曲線を図の中から選べ．

(1) 触媒を用いない場合．
(2) 少量の触媒を用いた場合．
(3) (2)の条件よりも高温で反応を行った場合．
(4) (2)で用いたものよりも強い触媒を用いた場合．
(5) (2)の条件よりも A の濃度を高めた場合．

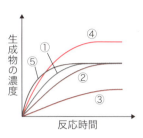

化学マメ知識

元素を予言したメンデレーエフの周期表

メンデレーエフは，19世紀当時の他の化学者がしたように，元素をその原子量の順に並べたが，性質の周期性との対応がうまくいかない場合があった．そこで彼は原子量より性質の周期性を重視した説を1869年に提案した．この説は，従来のものと違って説得力があった．メンデレーエフ説のポイントは以下の2点にある．

① 元素のリストは必ずしも完成されたものではなく，未発見の元素がある．
② 元素の性質には周期性があるから，未発見元素の性質も予測可能である．

当時は化学者によって異なる原子量が提唱されていたので，メンデレーエフが原子価を重視したのは賢明だった．下図にメンデレーエフが1871年に発表した周期表を示す．

メンデレーエフの予測した未知元素の性質と発見された元素の性質

性質	エカアルミニウム Ea	ガリウム Ga	エカケイ素 Es	ゲルマニウム Ge
原子量	$ca.$ 8	69.9	72	72.6
密度	5.9	5.93	5.5	5.47
融点(℃)	低い	30.1	−	−
原子価	−	−	4	4
比熱	−	−	4.7	4.703
酸化物の式	Ea_2O_3	Ga_2O_3	EsO_2	GeO_2

メンデレーエフの説も初めは注目されなかったが，ボアボードランが1875年に発見したガリウムの性質が，メンデレーエフがその存在と性質を予測した元素エカアルミニウムに一致することが明らかになって，メンデレーエフの周期表が注目されるようになった．さらに1886年にウィンクラーが発見したゲルマニウムは，メンデレーエフが予言したエカケイ素の性質にほとんど一致した（表）．こうしてメンデレーエフの説の意義が認められるようになった．

メンデレーエフの周期表（1871年版）

12章 酸・塩基

基本事項 12-1　酸・塩基

酸・塩基の詳細な定義は 12-1 節で述べる．

───◆ **イオン濃度[H⁺] (ion concentration)** ◆───

【1価の酸 HA の水素イオン濃度】$[H^+]$ は（初濃度 × 電離度），すなわち $[H^+] = c_0\alpha$ である．

　例　$0.10\,\mathrm{mol\,L^{-1}}$ 酢酸水溶液（電離度 0.017）；$[H^+] = 0.10 \times 0.017$
$$= 1.7 \times 10^{-3}\,\mathrm{mol\,L^{-1}}$$

【1価の塩基 BOH の水酸化物イオン濃度】$[OH^-]$ は（初濃度 × 電離度），すなわち $[OH^-] = c_0'\alpha$ である．

　例　$0.20\,\mathrm{mol\,L^{-1}}$ アンモニア水溶液（電離度 0.028）；
$$[OH^-] = 0.20 \times 0.028 = 5.6 \times 10^{-3}\,\mathrm{mol\,L^{-1}}$$

*1　pH の語源については諸説あるが，power of hydrogen の略という説が有力である．power については文字通り「力」だという見方と，「累乗」を表すという見方がある．現代化学では，逆数の常用対数 (decimal cologarithm) を意味する．pK_a の p も同じ意味に用いられている．

───◆ **水素イオン指数 (hydrogen ion exponent)　pH** [*1] ◆───

【水素イオン指数】水素イオン濃度の逆数の対数（常用対数）．$pH = -\log_{10}[H^+]$

【pH が [H⁺] より多用される理由】$[H^+]$ では同程度の濃度の酸と塩基の間で 10^{14} と 14 桁も違いが出るが，pH を使えば 14 の変化で済む．

【pH の範囲】通常は，1（以下）< pH < 7 が酸性，pH = 7 が中性，7 < pH < 14（以上）が塩基性（図 12.1）．

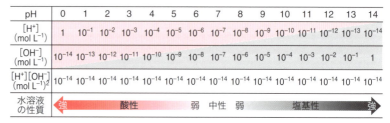

図 12.1　pH と $[H^+]$，$[OH^-]$ の関係

基本事項 12-2　酸・塩基の電離

───◆ **電離度** ◆───

【電離説】水溶液中の電解質は電圧がかかっていない状態でも構成イオンに解離（電離：electrolysis）するというアレニウスの理論．

【電離度 (α)】電解質を溶媒，特に水に溶かしたとき，構成イオンに電離してい

る割合.

【強酸】 電離の際,$\alpha \fallingdotseq 1$ とみなせる酸.たとえば $HCl \rightarrow H^+ + Cl^-$

【強塩基】 電離の際,$\alpha \fallingdotseq 1$ とみなせる塩基.たとえば $NaOH \rightarrow Na^+ + OH^-$

【弱酸】 水溶液中で一部だけが電離して($\alpha < 1$)プロトンを生じる酸.

　　例　$CH_3COOH \rightleftharpoons H^+ + CH_3COO^-$

【弱酸の電離定数 (electric dissociation constant) K_a】 解離平衡の平衡定数に相当.

　　例　酢酸の $K_a = \dfrac{[H^+][CH_3COO^-]}{[CH_3COOH]} = 1.75 \times 10^{-5} \mathrm{\,mol\,L^{-1}}$ (25 ℃)

【弱酸の電離指数 (ionization exponent) pK_a】 電離定数 K_a の逆数の常用対数.すなわち

$$pK_a = -\log_{10} K_a \quad {}^{*2} \tag{12.1}$$

【[OH$^-$]と[H$^+$]との関係】 $[OH^-] = K_w/[H^+]$ なので,酸性溶液では$[OH^-]$は低くなる.

【弱塩基】 水溶液中で一部だけが電離して水酸化物イオンを生じる塩基.

　　例　アンモニア $NH_3 + H_2O \rightleftharpoons NH_4^+ + OH^-$

【弱塩基の電離定数 K_b】 水の濃度は一定とみなせるから

　　例　$K_b = \dfrac{[NH_4^+][OH^-]}{[NH_3]} = 1.76 \times 10^{-5} \mathrm{\,mol\,L^{-1}}$

【弱塩基の電離指数 pK_b】 電離定数 K_b の逆数の常用対数.すなわち

$$pK_b = -\log_{10} K_b \tag{12.2}$$

*2　単に log とあるときは常用対数であり,底の 10 を省略することが多い.

◆ 酸・塩基の価数 ◆

【1価の酸】 水溶液中で1個のプロトンを放出する酸.たとえば HCl.

【2価の酸】 水溶液中で2個のプロトンを放出する酸.たとえば H_2SO_4.

【1価の塩基】 水溶液中で1個の水酸化物イオンを放出する塩基.たとえば NH_3.

【2価の塩基】 水溶液中で2個の水酸化物イオンを放出する塩基.たとえば $Ca(OH)_2$.

【多価の酸の電離】 第2段の電離定数は第1段の電離定数より著しく小さい.

　　$H_3PO_4 \rightleftharpoons H^+ + H_2PO_4^-$; $K_1 = 7.5 \times 10^{-3} \mathrm{\,mol\,L^{-1}}$

　　$H_2PO_4^- \rightleftharpoons H^+ + HPO_4^{2-}$; $K_2 = 6.2 \times 10^{-8} \mathrm{\,mol\,L^{-1}}$

　　$HPO_4^{2-} \rightleftharpoons H^+ + PO_4^{3-}$; $K_3 = 4.8 \times 10^{-13} \mathrm{\,mol\,L^{-1}}$

◆ 塩 (salt) ◆

【塩】 酸と塩基の反応で,酸,塩基のそれぞれの対イオンから生じる物質.

【正塩 (normal salt)】 酸の H も塩基の OH も残っていない塩.たとえば NaCl.

【酸性塩 (acid salt)】 酸の H が残っている塩.たとえば $NaHSO_4$.

【塩基性塩 (basic salt)】 塩基の OH が残っている塩.たとえば $CaCl(OH)$.

12章 酸・塩基

12-1 酸・塩基の理論

アレニウスの理論

アレニウスは1884年に，酸は「水溶液中で電離し，プロトン（H^+）を生じる物質」，塩基は「水溶液中で電離し，水酸化物イオン（OH^-）を生じる物質」と定義した．

ブレーンステズ・ローリイの理論

■ Johannes Nicolaus Brønsted
1879～1947，デンマークの物理化学者．イギリスのローリイと同時にプロトン授受を基礎にした酸塩基理論を提案し，触媒の権威として著名になった．同じ年にアメリカのルイスが電子授受を基礎にした酸塩基理論を提案した．

ブレーンステズ

ブレーンステズとローリイは1923年に，酸は「相手にプロトンを与えることができる物質（プロトン供与体 proton donor）」，塩基は「相手からプロトンを受け取ることができる物質（プロトン受容体 proton acceptor）」と定義した．アレニウスの理論より適用範囲が広い，より一般的な酸・塩基理論である．

ルイスの理論

ブレーンステズ・ローリイの理論と同年に，ルイスは原子構造理論に基礎を置いた新しい酸・塩基理論を提案した．彼は酸を「電子対を受け取ることのできる物質」，塩基を「電子対を与えることのできる物質」と定義した．

ルイス理論によると，酸と塩基の反応は電子対の授受，いいかえれば配位結合の形成である．プロトンは電子対を受け取れるから，アレニウスの理論による酸はルイス理論でも酸である．中和反応 $H^+ + OH^- \rightarrow H_2O$ において，酸（H^+）は塩基（OH^-）の非共有電子対と配位結合している．

ブレーンステズ・ローリイの理論で初めて酸・塩基反応と認められた気相反応に対しても，ルイスの理論は同様に適用できる．

$$HCl(g) + NH_3(g) \rightarrow NH_4Cl(s)$$

ここで塩化水素 HCl が出すプロトンは，窒素の非共有電子対と配位結合を作る．

$$H^+ + :NH_3 \rightarrow NH_4^+$$

■ Thomas Martin Lowry
1874～1936，イギリスの物理化学者．デンマークのブレーンステズと同時に，プロトン授受を基礎にした酸塩基理論を提案した．

ローリイ

水素イオン濃度の決め方

酸の濃度を c_0 とする．簡略化のため1価の酸を考える．

① 強酸の場合　　$[H^+] = c_0$

② 弱酸の場合

・電離度 α が与えられている場合　　$[H^+] = c_0\alpha$

・電離定数 K_a が与えられている場合　　$HA \rightleftarrows H^+ + A^-$ で $\alpha \ll 1$ とすれば

$$[H^+] = [A^-],\ [HA] \approx c_0\ ;\ K_a = \frac{[H^+][A^-]}{[HA]} = \frac{[H^+]^2}{c_0}$$

$$\therefore\ [H^+] = \sqrt{c_0 K_a}$$

> **例題 12.1　水素イオン濃度**
> 解離定数 $K_a = 1.75 \times 10^{-5}\,\mathrm{mol\,L^{-1}}$（25 °C）を用いて，次の濃度の酢酸水溶液の水素イオン濃度と pH を計算せよ．
> (1) 濃度 $0.002\,\mathrm{mol\,L^{-1}}$
> (2) 濃度 $0.02\,\mathrm{mol\,L^{-1}}$
> (3) 濃度 $0.2\,\mathrm{mol\,L^{-1}}$
>
> **【解】** 弱酸だから，$[\mathrm{H^+}] = \sqrt{c_s K_a}$ が用いられる．
> (1) $[\mathrm{H^+}] = \sqrt{0.002 \times 1.75 \times 10^{-5}} = \sqrt{3.5 \times 10^{-8}} = 1.87 \times 10^{-4}\,\mathrm{mol\,L^{-1}}$
> $\mathrm{pH} = 4 - \log 1.87 = 4 - 0.27 = 3.73$
> (2) $[\mathrm{H^+}] = \sqrt{0.02 \times 1.75 \times 10^{-5}} = \sqrt{35 \times 10^{-8}} = 5.92 \times 10^{-4}\,\mathrm{mol\,L^{-1}}$
> $\mathrm{pH} = 4 - \log 5.92 = 4 - 0.77 = 3.23$
> (3) $[\mathrm{H^+}] = \sqrt{0.2 \times 1.75 \times 10^{-5}} = \sqrt{3.5 \times 10^{-6}} = 1.87 \times 10^{-3}\,\mathrm{mol\,L^{-1}}$
> $\mathrm{pH} = 3 - \log 1.87 = 3 - 0.27 = 2.73$

ルイス酸・ルイス塩基

アレニウスの理論ではもちろん，ブレーンステズ・ローリイの理論でも酸・塩基反応には含まれない形の反応も，ルイス理論では酸・塩基反応となる場合も多い．たとえば三フッ化ホウ素 $\mathrm{BF_3}$ とフッ化物イオン $\mathrm{F^-}$ との反応

$$\mathrm{BF_3 + F^- \rightarrow BF_4^-}$$

は，$\mathrm{BF_3}$ が $\mathrm{F^-}$ の非共有電子対に配位するから，$\mathrm{BF_3}$ は酸である．プロトンを放出する酸（プロトン酸，proton acid：アレニウスの理論やブレーンステズ・ローリイの理論の枠の中で酸であるもの）と区別するために，$\mathrm{BF_3}$ のような酸をルイス酸(Lewis acid)と呼ぶ．ホウ素は八隅則(octet rule)に従わない（オクテットが欠けている)，つまりルイス酸となる化合物を作る代表的な元素である．

ブレーンステズ・ローリイ塩基は反応の際にプロトンに非共有電子対を供与するから，同時にルイス塩基である．しかし，すべてのルイス酸がブレーンステズ・ローリイ酸ではない．すなわち，3通りの酸・塩基理論の中で最も狭い範囲を規定したものがアレニウス理論，最も広い範囲を規定したものがルイス理論である．

水溶液中の反応ではブレーンステズ・ローリイの理論が当てはまるが，プロトンを含まないが酸・塩基反応と同じ型の反応をする物質に対してはルイスの理論が適当である．

> **例題 12.2　ルイス酸・ルイス塩基**
> 以下の各反応において，ルイス酸，ルイス塩基を指摘せよ．
> (1) $\mathrm{Cu^{2+} + 4NH_3 \rightleftarrows [Cu(NH_3)_4]^{2+}}$
> (2) $\mathrm{I^- + I_2 \rightleftarrows I_3^-}$
> (3) $\mathrm{BF_3 + NH_3 \rightarrow F_3BNH_3}$

【解】(1) Cu^{2+} + $4NH_3$ $\rightleftarrows$ $Cu(NH_3)_4^{2+}$
　　　　ルイス酸　ルイス塩基

(2) I^- + I_2 $\rightleftarrows$ I_3^-
　　ルイス塩基　ルイス酸

(3) BF_3 + NH_3 $\rightleftarrows$ F_3BNH_3
　　ルイス酸　ルイス塩基

共役酸・共役塩基

　酸，たとえば塩化水素 HCl の水溶液中では，水 H_2O は HCl からプロトンを受け取ってヒドロニウムイオン H_3O^+ になるので，塩基として働くといえる．この反応に関与する物質の中で，HCl と Cl^- はプロトンの有無だけの違いしかなく，しかもこれらの間の相互変換は可逆的である．このような関係を共役（conjugate）関係といい，HCl と Cl^- は共役酸・塩基対と呼ばれる．同様に，H_3O^+ と H_2O は共役酸・共役塩基対である．

　　HCl + H_2O → Cl^- + H_3O^+
　　酸　　塩基　　共役塩基　共役酸

一方，炭酸イオン CO_3^{2-} は水溶液中で水と反応して塩基性を示すから，CO_3^{2-} は塩基，水は酸としての役割を果たしながら，共役対を作る．

　　H_2O + CO_3^{2-} → OH^- + HCO_3^{2-}
　　酸　　　塩基　　　共役塩基　共役酸

酸としても塩基としても働く物質を両性（amphoteric）物質という．水は典型的な両性物質である．2分子の H_2O から H_3O^+ と OH^- が生じる反応がその例である．

　　H_2O + H_2O → OH^- + H_3O^+
　　酸　　　塩基　　共役塩基　共役酸

例題 12.3　共役酸・共役塩基

次の反応での共役酸・塩基対を指摘せよ．
(1) HCOOH + H_2O → H_3O^+ + $HCOO^-$
(2) $HClO_4$ + H_2O → H_3O^+ + ClO_4^-
(3) H_2S + NH_3 → HS^- + NH_4^+

【解】(1) HCOOH + H_2O $\rightleftarrows$ H_3O^+ + $HCOO^-$
　　　　　酸　　　塩基　　共役酸　　共役塩基

(2) $HClO_4$ + H_2O $\rightleftarrows$ H_3O^+ + ClO_4^-
　　酸　　　塩基　　共役酸　　共役塩基

(3) H_2S + NH_3 → HS^- + NH_4^+
　　酸　　塩基　　共役塩基　共役酸

12-2 中和反応

中和滴定

酸と塩基との反応で塩と水が生成する反応を中和 (neutralization)(反応) という．

$$H^+ + OH^- \rightarrow H_2O \quad あるいは \quad H_3O^+ + OH^- \rightarrow 2H_2O$$

濃度未知の塩基(または酸)の水溶液の濃度を，濃度既知の酸(または塩基)の水溶液との中和反応を利用して求める方法を中和滴定 (neutralization titration)，あるいは単に滴定という．酸と塩基が過不足なく反応して，中和反応が完了する点を当量点[*3] (equivalent point) という．当量点では以下の関係が成立している．

*3 中和点 (point of neutralization) ともいう．しかし中和点は他の滴定，たとえば酸化還元滴定などには用いられないので，当量点がより一般的な用語といえる．

> 酸の価数 × 酸の物質量 ＝ 塩基の価数 × 塩基の物質量
>   (H^+ の物質量)   (OH^- の物質量)

濃度 c (mol L^{-1})，体積 V (mL) の a 価の酸を，濃度 c' (mol L^{-1})，体積 V' (mL) の b 価の塩基で滴定するとき，当量点では H^+ の物質量 ＝ OH^- の物質量 であるから，次式が成り立つ．

$$\frac{acV}{1000} = \frac{bcV'}{1000} \quad または \quad acV = bcV' \tag{12.3}$$

当量点の pH は必ずしも 7 とはならず，弱酸と強塩基の中和では当量点は塩基性側 (pH > 7)，強酸と弱塩基の中和では当量点は酸性側 (pH < 7) に傾く．この理由(加水分解)は後述する．

よく用いられる弱酸を表 12.1 に示す．

表 12.1 おもな弱酸の電離定数と電離指数 (25 °C)*

酸	構造式	電離定数 K_a	電離指数 pK_a
ギ酸	HCOOH	1.77×10^{-4}	3.55
酢酸	CH_3COOH	1.75×10^{-5}	4.56
モノクロロ酢酸	$ClCH_2COOH$	1.40×10^{-3}	2.68
安息香酸	C_6H_5COOH	6.30×10^{-5}	4.20
フェノール	C_6H_5OH	1.6×10^{-10}	9.82
シアン化水素	HCN	6.2×10^{-10}	9.22
炭酸	H_2CO_3	K_1 4.3×10^{-7}	6.35
		K_2 5.6×10^{-11}	10.33
硫化水素	H_2S	K_1 5.7×10^{-8}	7.02
		K_2 1.2×10^{-15}	13.9

> **例題 12.4　中和滴定**
>
> シュウ酸 $(COOH)_2 \cdot 2H_2O$ 3.15 g を 500 mL の水に溶かし，その 25 mL を濃度未知の水酸化ナトリウム水溶液で滴定したところ，20.00 mL で当量点に達した．水酸化ナトリウム溶液の濃度 $c(\text{mol L}^{-1})$ を求めよ．
>
> **【解】** シュウ酸 $(COOH)_2 \cdot 2H_2O$ の分子量 $= 126$ なので，$\dfrac{3.15}{126} = 0.025$ mol．これが 500 mL の水に溶けているから，濃度は 0.050 mol L^{-1} である．シュウ酸が 2 価の酸であることを考慮すれば
>
> $$2 \times 0.050 \text{ mol L}^{-1} \times 25 \text{ mL} = c(\text{mol L}^{-1}) \times 20 \text{ mL} \quad \therefore \quad c = 0.125 \text{ mol L}^{-1}$$

指示薬

中和滴定の完了は，溶液の pH によって変色する色素である pH 指示薬 (pH indicator) で確認する (表 12.2)．これらの指示薬は弱酸で，ある特定の pH の範囲ではっきりした色の変化を示す．その範囲を変色域 (transition interval) という．

表 12.2　おもな指示薬

名　　称	変色域	色の変化	用　　途
フェノールフタレイン (PP)	8.3 〜 10.0	無色–赤紫	強塩基による滴定
メチルオレンジ (MO)	3.1 〜 4.4	赤–橙	強酸による滴定
ブロモチモールブルー (BTB)	6.0 〜 7.6	黄–青	
チモールブルー	1.2 〜 2.8	赤–黄	
リトマス	4.5 〜 8.3	赤–青	

12-3　滴定曲線

酸を塩基で滴定する際，加えた酸 (または塩基) の体積に対して溶液の pH の変化をプロットした曲線を滴定曲線 (titration curve) という (図 12.2)．

強塩基による強酸の滴定：「強酸＋強塩基」

0.10 mol L^{-1} の塩酸 10 mL を 0.10 mol L^{-1} の水酸化ナトリウムで滴定する場合の滴定曲線を図 12.2(a) に示す．塩基を加え始めた当初は pH の変化は緩やかだが，当量点 ($V_B = 10 \times 10^{-3}$ L) 近傍での pH の変化は著しく，当量点付近では pH は 3 → 11 と急激に変化する．指示薬は変色域がこの範囲にあるメチルオレンジ (MO)，フェノールフタレイン (PP) を用いる．1 滴で pH が数単位も変わる．

滴定の間の pH の実際の変化は以下のようになる．ここで添字 A, B はそれぞれ酸，塩基を，M は酸，塩基のモル濃度 (図 12.2 では 0.10 mol L^{-1}) を，V は酸，塩基溶液の体積を表す．なお簡便のため，酸，塩基ともに 1 価とする．

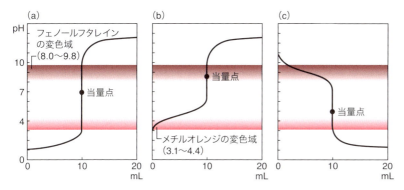

図 12.2 滴定曲線

(a) 強酸(HCl)を強塩基(NaOH)で滴定．(b) 弱酸(CH_3COOH)を強塩基(NaOH)で滴定．当量点付近での pH 変化は 6 → 11．指示薬はフェノールフタレインを用いる．(c) 弱塩基(NH_3)を強酸(HCl)で滴定．当量点付近での pH の変化は 8 → 3．指示薬はメチルオレンジを用いる．

① 当量点以前

水の電離は無視できるから，水素イオンの物質量は残っている酸の物質量に等しい．

$$[\text{H}^+] = \frac{M_A V_A - M_B V_B}{V_A + V_B} = \frac{0.10 V_A - 0.10 V_B}{V_A + V_B} \tag{12.4}$$

② 当量点

酸に由来するプロトンはないが，この段階では水の電離が無視できないから

$$[\text{H}^+] = \sqrt{K_w} = 10^{-7}\,\text{mol L}^{-1} \tag{12.5}$$

③ 当量点以後

過剰の塩基の物質量が水酸化物イオンの物質量であるから，溶液の体積で割って水酸化物イオン濃度を求める．これを水のイオン積を用いて水素イオン濃度に換算する．当量点に近い $V_B \fallingdotseq V_A$ の範囲では，グラフは当量点を軸に対称的である．

$$[\text{OH}^-] = \frac{M_B V_B - M_A V_A}{V_A + V_B} = \frac{0.1 V_B - 0.1 V_A}{V_A + V_B} \tag{12.6}$$

$$[\text{H}^+] = \frac{K_w}{[\text{OH}^-]} = \frac{(V_A + V_B) K_w}{M_B V_B - M_A V_A} = \frac{(V_A + V_B) K_w}{0.1 V_B - 0.1 V_A} \tag{12.7}$$

強塩基による弱酸の滴定：「弱酸＋強塩基」

$0.1\,\text{mol L}^{-1}$ の酢酸 10 mL を $0.1\,\text{mol L}^{-1}$ の水酸化ナトリウムで滴定する場合の滴定曲線は図 12.2(b)になる．

① $V_B = 0$

出発点の pH は塩酸の場合より大きい．酢酸の電離度を α とすれば

$$[\text{H}^+] = M_A \alpha = 0.1\alpha$$

② 当量点以前

当量点に達するまでの過程での緩やかな pH の変化は，酢酸ナトリウム（弱酸・強塩基の塩）と酢酸（弱酸）の共存による緩衝作用(12-4 節参照)のためである．

③ 当量点 ($V_B = 10$ mL)

ここでは酢酸ナトリウムのみが存在するから，塩の加水分解（12-4 節参照）の結果を利用して水素イオン濃度を求める．

④ 当量点以後

溶液の水素イオン濃度は酢酸ナトリウムの濃度ではなく，過剰の水酸化ナトリウムの濃度で決まる．

強酸による弱塩基の滴定：「弱塩基＋強酸」

この場合の滴定曲線は，強塩基による弱酸の滴定のものとよく似ていて，横軸に関してほぼ対称的である．0.1 mol L^{-1} のアンモニア水を，0.1 mol L^{-1} の塩酸で滴定する場合（図 12.2 c），当量点の pH は強酸・強塩基の組合せの場合よりはいくぶん小さい値であるが，当量点付近では曲線は切り立っていて，その変化はやはり急激である．

逆滴定

場合によっては弱塩基を過剰の一定量の強酸(濃度，体積既知)と反応させた後，残った酸を強塩基で滴定する（逆滴定，reverse titration）．気体として発生させたアンモニアの定量は逆滴定を用いる場合が多い．

例題 12.5　逆滴定

不純物を含む塩化アンモニウム NH$_4$Cl 0.500 g を過剰の水酸化ナトリウムと加熱して得たアンモニア(g)を 0.200 mol L^{-1} 硫酸 25.0 mL に吸収させた．過剰な硫酸を 0.200 mol L^{-1} の水酸化ナトリウム溶液で滴定したところ，5.64 mL で当量点に達した．初めの塩化アンモニウムの純度を求めよ．ただし不純物には塩化アンモニウム以外にアンモニアを生じるような物質は含まれないものとする．

【解】 発生したアンモニアの物質量を x (mol)，水酸化ナトリウムの物質量を y (mol)，硫酸の物質量の 2 倍を z (mol) とする．

NH$_3$ (mol)	NaOH (mol)	$2 \times$ H$_2$SO$_4$ (mol)
x (mol)	$y = 0.200$ mol L$^{-1} \times 5.64 \times 10^{-3}$ L $= 1.128 \times 10^{-3}$ mol	$z = 2 \times 0.200$ mol L$^{-1} \times 25.0 \times 10^{-3}$ L $= 10.00 \times 10^{-3}$ mol

$$x + 1.128 \times 10^{-3} = 10.0 \times 10^{-3} \quad \therefore \quad x = 8.872 \times 10^{-3} \text{ mol}$$

> 塩化アンモニウムの質量 $= 8.872 \times 10^{-3} \times 53.5 = 0.475\,\mathrm{g}$
>
> 純度 $= \dfrac{0.475\,\mathrm{g}}{0.500\,\mathrm{g}} \times 100 = 95\,\%$

弱塩基(弱酸)の弱酸(弱塩基)による滴定：「弱塩基(弱酸)＋弱酸(弱塩基)」

当量点でも曲線が立ち上がることがなく変化する．したがってどの指示薬を用いても，色の際立った変化が起こらないので，滴定が事実上不可能である．

Na_2CO_3 の 2 段階中和

炭酸ナトリウムは NaOH(強塩基)と CO_2(弱酸)との正塩で，水溶液は塩基性を示す．塩酸による炭酸ナトリウム水溶液の中和反応では，2 カ所で pH が急激に変化する．つまり二つの当量点が存在する．これは，Na_2CO_3 と HCl の中和反応が，次のように 2 段階で進行することを示している．

① $Na_2CO_3 + HCl \rightarrow NaHCO_3 + NaCl$
② $NaHCO_3 + HCl \rightarrow H_2CO_3 + NaCl$

反応①が完了してからでないと反応②は起こらない．1 回目の当量点を第一当量点といい，生じた $NaHCO_3$ のため，水溶液は pH = 8.5 程度の弱塩基性を示す．これは，フェノールフタレインの変色(赤色→無色)で判定できる．

2 回目の当量点を第二当量点といい，生じた H_2CO_3 のため，水溶液は pH = 3.5 程度の弱酸性を示す．これは，メチルオレンジの変色(黄色→赤色)で判定できる．

12-4　塩の加水分解

加水分解

塩と水との反応で，塩がその成分の酸と塩基に分解する反応を一般に(塩の)加水分解(hydrolysis)という．しかし，通常は問題になるのは弱酸，または弱塩基を含む塩の加水分解である．

塩は中和の結果生じるのであるから，その性質は中性であると考えたくなる．実際，塩化ナトリウムの水溶液は中性である．しかし，ある種の塩の水溶液は酸性または塩基性を示す．たとえば，弱酸と強塩基の塩である酢酸ナトリウム CH_3COONa の水溶液は，弱い塩基性を示す．また，アンモニアのような弱塩基と強酸の塩，たとえば塩化アンモニウム NH_4Cl の水溶液は弱い酸性を示す．

塩の水溶液の性質

塩の水溶液の性質をまとめると，以下のようになる．

　　強酸＋強塩基の塩：水溶液は中性

強酸＋弱塩基の塩：水溶液は酸性
弱酸＋強塩基の塩：水溶液は塩基性
弱酸＋弱塩基の塩：水溶液の液性は塩の種類により異なる．弱酸と弱塩基の強さが同程度ならほぼ中性を示すが，差がある場合には強いほうの性質を示す．

弱酸と強塩基の塩 XY の加水分解

弱酸 HX と強塩基 YOH の塩 XY の加水分解を模式的に図 12.3 に示す．

縦方向の平衡：水溶液中では X^+ と Y^- は水の電離で生じるごくわずかな H^+，OH^- と平衡にあり，酸 HX，塩基 YOH を生じる．HX はほとんど電離しないが YOH はほぼ完全に電離する．

横方向の平衡：HX は弱酸なので $[H^+]$ は小さいが YOH は強塩基なので $[OH^-]$ は大きい．

$$\begin{array}{ccc} XY & \rightleftharpoons & X^- + Y^+ \\ & & +\quad\ \ + \\ H_2O & \rightleftharpoons & H^+ + OH^- \\ & & \downarrow\quad\ \ \uparrow \\ & & HX\quad YOH \end{array}$$

図 12.3 加水分解

YOH は強塩基なのでほぼ完全に電離しているから，$[OH^-]$ の減少はない．すなわち，水の電離によって H^+，OH^- は同じ量だけ生じるが，図 12.3 において縦方向の平衡が酸では下向きに，塩基では上向きに傾く．こうして水溶液中では OH^- が多くなり，溶液は塩基性となる．これは弱酸と強塩基からなる塩のすべてに当てはまる．

加水分解定数

弱酸と強塩基の塩 XY の陰イオン X^- の一部が水と反応して OH^- を生じる反応 $X^- + H_2O \rightarrow HX + OH^-$ を平衡反応として扱うと，塩の加水分解を定量的に処理できる．

$$X^- + H_2O \xrightleftharpoons{h} HX + OH^-$$

ここで h は平衡時に加水分解されている塩の割合を表す加水分解度である．この平衡反応に対する平衡定数を加水分解定数 (hydrolysis constant) K_h と定義する．

$$K_h = \frac{[HX][OH^-]}{[X^-]} = \frac{(c_s h)^2}{c_s(1-h)} = \frac{c_s h^2}{1-h} \tag{12.8}$$

ここで c_s は塩の初濃度である．HX の酸電離定数 K_a と加水分解定数 K_h の積は，次の関係にある．

$$K_a K_h = K_w \tag{12.9}$$

よって，$h \ll 1$ の場合は $\quad K_h \fallingdotseq c_s h^2 \quad \therefore\ h \fallingdotseq \sqrt{\dfrac{K_h}{c_s}} = \sqrt{\dfrac{K_w}{K_a c_s}}$

ゆえに $\quad [\mathrm{OH}^-] = c_s h = \sqrt{\dfrac{c_s K_w}{K_a}}$ (12.10)

$\therefore \quad [\mathrm{H}^+] = \dfrac{K_w}{[\mathrm{OH}^-]} \fallingdotseq \sqrt{\dfrac{K_w K_a}{c_s}}$ (12.11)

弱酸では $K_a/c_s < 1$ だから

$[\mathrm{H}^+] < \sqrt{K_w} = 10^{-7}$ (12.12)

すなわち，弱酸と強塩基の塩は塩基性を示す．

同様に，弱塩基と強酸の塩の水素イオン濃度は次で与えられる．

$[\mathrm{H}^+] = c_s h = \sqrt{\dfrac{c_s K_w}{K_b}}$

弱塩基では $c_s/K_b > 1$ だから

$[\mathrm{H}^+] > \sqrt{K_w} = 10^{-7}$ (12.13)

すなわち，弱塩基と強酸の塩は酸性を示す．

例題 12.6　加水分解

表 12.1 を見て，シアン化水素酸ナトリウム NaCN の 0.10 mol L^{-1} 溶液の [H^+] と [OH^-] を求めよ．

【解】弱酸 HCN と強塩基 NaOH の塩だから

$[\mathrm{H}^+] \approx \sqrt{\dfrac{K_w K_a}{c_s}} = \sqrt{\dfrac{(10^{-14}) \times (6.2 \times 10^{-10})}{0.10}} = \sqrt{62 \times 10^{-24}}$
$\quad = 7.87 \times 10^{-12} \text{ mol L}^{-1}$

$[\mathrm{OH}^-] = \dfrac{K_w}{[\mathrm{H}^+]} = \dfrac{10^{-14}}{7.87 \times 10^{-12}} = 1.27 \times 10^{-3} \text{ mol L}^{-1}$

緩衝作用

酸や塩基を加えても溶液の pH がほとんど変化しない作用を緩衝作用 (buffer action) といい，緩衝作用を示す溶液を緩衝液 (buffer solution) という．緩衝液は弱酸・強塩基の塩と弱酸の組合せによるものが多い．生物の体液は緩衝液であり，生命の営みに有害な，急激な pH 変化に耐えられるような仕組みになっている．代表的な緩衝液を表 12.3 にまとめた．

前述した酢酸の水酸化ナトリウムによる滴定において，当量点以前の段階では，生じた酢酸ナトリウム ($\mathrm{CH_3COO^-}$ を生じる) のため酢酸の電離平衡

$\mathrm{CH_3COOH} \rightleftharpoons \mathrm{H}^+ + \mathrm{CH_3COO}^-$

表 12.3 緩衝液の例

成 分	pH の範囲
フタル酸 + フタル酸カリウム	2.2〜3.8
トリス + HCl	7〜9
$CH_3COOH + CH_3COONa$	3.7〜5.6
$NaH_2PO_4 + Na_2HPO_4$	5.8〜8.0
$H_3BO_3 + Na_2B_4O_7$	6.8〜9.2

は左側に移動し，水素イオン濃度は減少する．酸の濃度を c_0 とすると，酸の電離度は小さいと前提できるから，近似的に $[CH_3COO^-] = c_S$，$[CH_3COOH] \fallingdotseq c_0$ であり，次式が成り立つ．

$$\frac{[H^+]c_S}{c_0} = K_a \quad \therefore \quad [H^+] = \frac{c_0 K_a}{c_S} \tag{12.14}$$

この混合溶液に酸を加えると，溶液中には酢酸イオンが大量にあるから，平衡 $CH_3COOH \rightleftharpoons H^+ + CH_3COO^-$ は左に移動し，加えられた酸を中和したような効果が生じる．逆に塩基を加えた場合は酢酸がそれを中和する．すなわち $CH_3COOH + OH^- \rightleftharpoons H_2O + CH_3COO^-$ となるので，水素イオン濃度はほとんど変化しない．弱酸とその塩が作る緩衝液の場合，水素イオン指数 pH は次式で計算される．

$$pH = pK_a + \log\frac{c_s}{c_0} \tag{12.15}$$

例題 12.7　緩衝液

プロパン酸（CH_3CH_2COOH）（プロピオン酸；$K_a = 1.80 \times 10^{-5}$ mol L^{-1}）0.10 mol L^{-3} とプロパン酸ナトリウム（CH_3CH_2COONa）をそれぞれ次の濃度で含む 3 種類の溶液がある．この 3 種類の溶液の pH を計算せよ．

(1) 0.10 mol L^{-1}，(2) 0.30 mol L^{-1}，(3) 0.50 mol L^{-1}

【解】 $pK_a = 4.74$ として，式 $pH = pK_a + \log\dfrac{c_s}{c_0}$ に必要な数値を代入する．

(1) $pH = 4.74 + \log\dfrac{0.10}{0.10} = 4.74$

(2) $pH = 4.74 + \log\dfrac{0.30}{0.10} = 5.22$

(3) $pH = 4.74 + \log\dfrac{0.50}{0.10} = 5.44$

(c_s/c_0) の値は 1 から 5 まで変化したのに，pH の値は 0.7 しか変わっていないことがわかる．

特殊な塩

2 種類以上の塩が一定の割合で結合した塩を複塩（double salt）という．硫酸アルミニウム $Al_2(SO_4)_3$ と硫酸カリウム K_2SO_4 から得られるミョウバン（硫酸カリウムアルミニウム十二水和物）$AlK(SO_4)_2 \cdot 12H_2O$ は，水溶液中で次のように電離し，もとの混合水溶液と同じ種類のイオンを生じる．

$$AlK(SO_4)_2 \cdot 12H_2O \rightarrow Al^{3+} + K^+ + 2SO_4^{2-} + 12H_2O$$

すなわち水溶液中にはもとになった塩に含まれている Al^{3+}, K^+, SO_4^{2-} 以外のイオンはない.

錯イオン (complex ion) を含む塩を錯塩 (complex salt) という. 錯イオンは銅や銀などの金属イオンを中心として, 非共有電子対をもつ分子 (水, アンモニアなど) や陰イオン (シアン化物イオン CN^-, 塩化物イオンなど) が配位結合で結合したイオンである. 配位結合する分子や陰イオンを配位子 (ligand), ある錯イオンに含まれる配位子の数を配位数 (coordination number) という. 錯イオンの中心となる金属イオンの多くは, 遷移元素のイオンである. 元素の種類によって, 錯イオンに含まれる配位数や立体構造はほぼ一定である.

錯イオンは, たとえばテトラアクア銅(II)イオン $[Cu(H_2O)_4]^{2+}$, テトラアンミン銅(II)イオン $[Cu(NH_3)_4]^{2+}$ のように, [ ] を用いた化学式で示される.

12-5 HSAB則

酸, 塩基の硬軟

HSAB 則 (hard and soft acids and bases) では, 酸と塩基を硬いものと軟らかいものに分類する. 一般に軟らかい酸と軟らかい塩基の対, 硬い酸と硬い塩基の対は反応しやすく, 強い結合を形成する. ただし, HSAB 則でいう酸, 塩基はルイス酸, ルイス塩基であり, おもに錯体中の金属 (ルイス酸) と, 配位子 (ルイス塩基) の相性に関して用いられる. また, 酸や塩基の硬軟と, 酸や塩基の強弱とは無関係である.

硬い酸 (HA), 硬い塩基 (HB) は以下の共通の特徴をもつ.

- 原子半径, イオン半径が小さい
- 高酸化状態にある
- 分極率が低い
- 電気陰性度が高い(塩基の場合)

一方, 軟らかい酸 (SA), 軟らかい塩基 (SB) は以下の共通の特徴をもつ.

- 原子半径, イオン半径が大きい
- ゼロまたは低酸化状態にある
- 分極率が高い
- 電気陰性度が低い(塩基の場合)

表 12.4 に実例を示す. 酸や塩基の硬軟と, 酸や塩基の強弱とは無関係であることがよくわかる.

表 12.4 酸, 塩基の HSAB 則による分類

酸		塩基	
硬(HA)	軟(SA)	硬(HB)	軟(SB)
H^+	Ag^+	OH^-	H^-
Na^+	Hg_2^{2+}	Cl^-	RS^-
BF_3	BH_3	NH_3	I^-
CO_2	Au^+	CH_3COO^-	C_6H_6

章末問題

12.1 水素イオン濃度

次の溶液の水素イオン濃度と pH を計算せよ．

(a) $0.010\ \mathrm{mol\ L^{-1}}$ の塩酸
(b) $0.010\ \mathrm{mol\ L^{-1}}$ の水酸化ナトリウム水溶液
(c) $0.010\ \mathrm{mol\ L^{-1}}$ の酢酸 〔$K_a = 1.75 \times 10^{-5}\ \mathrm{mol\ L^{-1}}$ (25 ℃)〕

12.2 ルイス酸・ルイス塩基

以下の各反応で，ルイス酸，ルイス塩基を同定せよ．

(a) $\mathrm{Ni^{2+}(aq) + 6NH_3(aq) \rightarrow Ni(NH_3)_6^{2+}(aq)}$
(b) $\mathrm{H^+(aq) + H_2O(aq) \rightarrow H_3O^+(aq)}$
(c) $\mathrm{Fe^{2+} + 6H_2O \rightleftarrows Fe(H_2O)_6^{2+}}$

12.3 共役酸・共役塩基

次の反応での共役酸・塩基対を指摘せよ．

(a) $\mathrm{HCO_2H + PO_4^{3-} \rightarrow HPO_4^{2-} + HCO_2^-}$
(b) $\mathrm{H_3O^+ + OH^- \rightarrow 2H_2O}$
(c) $\mathrm{HCN + H_2O \rightarrow CN^- + H_3O^+}$

12.4 中和滴定

アンモニアを含む洗剤 25.37 g を水に溶かして 250 mL とし，その 25.0 mL を $0.360\ \mathrm{mol\ L^{-1}}$ の硫酸で滴定したところ，37.3 mL を要した．洗剤中のアンモニアの質量％を求めよ．

12.5 逆滴定

未知物質 0.500 g のすべての窒素成分をアンモニアとして発生させ，これを $0.50\ \mathrm{mol\ L^{-1}}$ 硫酸 50.0 mL に吸収させた．過剰の硫酸を $1.00\ \mathrm{mol\ L^{-1}}$ の水酸化ナトリウム溶液で滴定したところ，44.5 mL で当量点に達した．未知試料中の窒素の質量％を求めよ．

12.6 加水分解

塩化アンモニウム $\mathrm{NH_4Cl}$ の $0.10\ \mathrm{mol\ L^{-1}}$ 水溶液の pH を求めよ．アンモニアの K_b は 1.8×10^{-5} である．

12.7 緩衝液

(1) ギ酸（$K_a = 1.77 \times 10^{-4}\ \mathrm{mol\ L^{-1}}$）の濃度が $0.250\ \mathrm{mol\ L^{-1}}$，ギ酸ナトリウムの濃度が $0.100\ \mathrm{mol\ L^{-1}}$ の緩衝液の pH を求めよ．

(2) この緩衝溶液 500 mL に濃度 $6.00\ \mathrm{mol\ L^{-1}}$ の水酸化ナトリウム水溶液 10 mL を加えると，pH はどう変わるか．

化学マメ知識

意外に新しい酸と塩基の歴史

古代から近代まで

今日のわれわれにとっては，酸と塩基は化学実験室の薬品棚に常備されている，最もありふれた化学薬品である．しかし，酸と塩基が自由に使えるようになったのは，実は近年になってからである．

錬金術師たちが知っていた酸は不純な酢酸などであり，塩基は植物の灰から得られる炭酸カリウムなどであった．強塩基の別名アルカリ (alkali) はもともと植物の灰を意味するアラビア語に由来する．中世になってアラビアの錬金術師たちは，塩酸や硝酸などのいわゆる鉱酸や強塩基の製法を開発し，利用した．

酸と塩基の化学の始まり

近代化学が何時始まったかについては議論もあろうが，ボイルが『懐疑的な化学者』を発表した1661年が一つの区切りになるのは確かである．ボイルは，その著書でアリストテレス的な物質観(四元素説)を否定し，何が元素であるかは実験で決めるべきだと主張した．

このころから酸と塩基に関する基礎的な研究も始まった．酸は酸っぱい性質をもつ物質，アルカリはそれをうち消しあるいは中和する物質として理解されていた．ボイルは酸と塩基の問題にも関心をもち，早くからリトマスゴケなどの植物の絞り汁を指示薬として用いていた．

当初は，ある物質が酸であるために酸素が不可欠と考えられていた．実際，酸素の名称はギリシャ語で「酸っぱいものを作るもの」に由来する．だが19世紀半ば，デービーは塩酸には酸素が含まれていないことから，酸素が酸に不可欠な要素であるという考え方を否定した．

酸・塩基の本性は19世紀末になってようやく定量的に理解されるようになった．1884年にアレニウスは「酸・塩基，塩などは水溶液中で電離して成分のイオンに分かれている」という「電離説」を唱えた．電離説によると，これらの物質は電解質 (electrolyte) と呼ばれる．電解質のあるものはほぼ完全に電離する強電解質と，部分的にしか電離しない弱電解質に二分される．本章で述べたように，電離説を出発点として，酸・塩基理論は急速に発展した．

酸・塩基の工業的生産のはしり

近代に入ると，人口の増加と生活水準の向上が顕著になり，たとえば石けんやガラスの製造，繊維の漂白などに必要な酸・塩基の需要が急増した．17世紀半ばにオランダを中心に仕事をしたドイツのグラウバー (1604～1670) は，種々の酸・塩基，さらには種々の化学装置を製造販売した，化学工業家のはしりであった(図)．彼は硫酸ナトリウムをグラウバー塩と名づけ，医薬として販売し，巨利を得たことでも知られている．

緑ばん ($FeSO_4 \cdot 7H_2O$) を焼いて硫酸を製造するグラウバーの装置
『新しい哲学の炉』(グラウバー著)より．

13章 酸化・還元

> ### 基本事項 13-1　酸化・還元

◆ **酸化・還元と酸素** ◆

【酸化(oxidation)】物質が酸素を得る化学変化．
　例　$2Cu + O_2 \rightarrow 2CuO$〔銅が酸化された(酸素が還元された)〕
【還元(reduction)】物質が酸素を失う化学変化．
　例　$CuO + H_2 \rightarrow Cu + H_2O$〔酸化銅が還元された(水素が酸化された)〕

◆ **酸化・還元と水素** ◆

【酸化】物質が水素を失う化学変化．
　例　$H_2O_2 + H_2S \rightarrow 2H_2O + S$〔硫化水素が酸化された(過酸化水素が還元された)〕
【還元】物質が水素を得る化学変化．
　例　$CuO + H_2 \rightarrow Cu + H_2O$〔酸化銅が還元された(水素が酸化された)〕

◆ **酸化・還元と電子** ◆

【酸化】物質が電子を失う化学変化．
　例　$Mg + Cl_2 \rightarrow MgCl_2$（Mg が酸化された：$Mg \rightarrow Mg^{2+} + 2e^-$）
【還元】物質が電子を得る化学変化．
　例　$Mg + Cl_2 \rightarrow MgCl_2$（$Cl_2$ が還元された：$Cl_2 + 2e^- \rightarrow 2Cl^-$）

◆ **酸化・還元のまとめ** ◆

【酸化】ある物質が酸素を得る，水素を失う，電子を失う→その物質は酸化された．
【還元】ある物質が酸素を失う，水素を得る，電子を得る→その物質は還元された．

> ### 基本事項 13-2　原子の酸化数

◆ **酸化数** ◆

【酸化数(oxidation number)】化合物中の原子の電荷が，元素[*1]のとき(電荷ゼロ)と比較してどの程度増減したかを知る目安の値．イオン結合からなる化合物の場合は電荷の値が酸化数となる．
【形式電荷(formal charge)】共有結合からなる化合物の場合は，一定の約束のもとに電子を割り当てた結果決まる形式的な電荷．

[*1] 「単体」という用語を避けるために，ここでは「元素」とした．

◆ 酸化数の決め方 ◆

① 元素の酸化数は常にゼロ(同素体も含めて).
② 酸素の酸化数は -2〔ただし過酸化物(H_2O_2 など)では -1〕.
③ 水素の酸化数は $+1$〔ただし金属水素化物(NaH など)では -1〕.
④ 構成原子の酸化数の総和を,その化学種の正味の電荷に等しくなるように定める.
⑤ 電荷をもたない化合物では,構成する原子の酸化数の総和は 0.
⑥ 単原子イオンの酸化数はイオンの電荷に等しい.
⑦ 多原子イオンの場合,構成原子の酸化数の総和はイオンの電荷に等しい.
⑧ 多原子分子の場合,構成原子の酸化数の総和は 0.
⑨ アルカリ金属 ($+1$),アルカリ土類 ($+2$) など,一種類の酸化数しかとらない原子もある.

【反応と酸化数の変化】一つの酸化・還元反応の中では「酸化された原子の酸化数の増加量の総和 = 還元された原子での酸化数の減少量の総和」となる.

例 $MnO_2 + 4HCl \rightarrow MnCl_2 + 2H_2O + Cl_2$

1 個の Mn 原子の酸化数が $+4$ から $+2$ に減少(酸化数の減少量 2)
2 個の Cl 原子の酸化数が -1 から 0 に増加(酸化数の増加量 2)

基本事項 13-3 酸化・還元反応

◆ 酸化・還元反応式 ◆

【半反応】酸化されるもの,あるいは還元されるものだけを取り出した反応を半反応(half-reaction)という.

【半反応式】半反応に電子を加えた式を半反応式(half-reaction equation)という.

例 $Cl_2 + 2e^- \rightarrow 2Cl^-$ (酸化剤の半反応)
    $Mg \rightarrow Mg^{2+} + 2e^-$ (還元剤の半反応)

【反応式の組立て】酸化剤の半反応と還元剤の半反応を選び,授受される電子の数が等しくなるように係数を選ぶ.両式を組み合わせ,質量保存則が成り立つように整理する.反応が複雑な場合は未定係数法を用いる.

◆ 酸化剤・還元剤(表 13.1) ◆

【酸化剤(oxidizing agent)】相手から電子を得る物質.
【還元剤(reducing agent)】相手に電子を与える物質.

13-1 酸化・還元滴定

おもな酸化剤・還元剤

おもな酸化剤・還元剤を表13.1に示す．

表13.1 酸化剤・還元剤の例

	酸化剤と還元剤	水溶液中での反応
酸化剤	オゾン O_3	$O_3 + 2H^+ + 2e^- \longrightarrow O_2 + H_2O$
	過酸化水素 H_2O_2	$H_2O_2 + 2H^+ + 2e^- \longrightarrow 2H_2O$
	過マンガン酸カリウム $KMnO_4$（酸性）	$MnO_4^- + 8H^+ + 5e^- \longrightarrow Mn^{2+} + 4H_2O$
	（中性・塩基性）	$MnO_4^- + 2H_2O + 3e^- \longrightarrow MnO_2 + 4OH^-$
	二クロム酸カリウム $K_2Cr_2O_7$	$Cr_2O_7^{2-} + 14H^+ + 6e^- \longrightarrow 2Cr^{3+} + 7H_2O$
	希硝酸 HNO_3	$NO_3^- + 4H^+ + 3e^- \longrightarrow NO + 2H_2O$
	濃硝酸 HNO_3	$NO_3^- + 2H^+ + e^- \longrightarrow NO_2 + H_2O$
	熱濃硫酸 H_2SO_4	$SO_4^{2-} + 4H^+ + 2e^- \longrightarrow SO_2 + 2H_2O$
	ハロゲン Cl_2, Br_2, I_2	$Cl_2 + 2e^- \longrightarrow 2Cl^-$
	二酸化硫黄 SO_2	$SO_2 + 4H^+ + 4e^- \longrightarrow S + 2H_2O$
還元剤	金属 Na, Mg, Al など	$Na \longrightarrow Na^+ + e^-$
	シュウ酸 $(COOH)_2$（$H_2C_2O_4$ とも書く）	$(COOH)_2 \longrightarrow 2CO_2 + 2H^+ + 2e^-$
	塩化スズ(II) $SnCl_2$	$Sn^{2+} \longrightarrow Sn^{4+} + 2e^-$
	硫化水素 H_2S	$H_2S \longrightarrow S + 2H^+ + 2e^-$
	二酸化硫黄 SO_2	$SO_2 + 2H_2O \longrightarrow SO_4^{2-} + 4H^+ + 2e^-$
	ヨウ化カリウム KI	$2I^- \longrightarrow I_2 + 2e^-$
	過酸化水素 H_2O_2	$H_2O_2 \longrightarrow O_2 + 2H^+ + 2e^-$
	硫酸鉄(II) $FeSO_4$	$Fe^{2+} \longrightarrow Fe^{3+} + e^-$

例題 13.1 半反応式

以下の各酸化・還元反応について，表13.1を見ないで酸化剤と還元剤の半反応式を書け．

(1) $3Cu + 8HNO_3 \rightarrow 3Cu(NO_3)_2 + 2NO + 4H_2O$

(2) $H_2O_2 + 2KI + H_2SO_4 \rightarrow K_2SO_4 + I_2 + 2H_2O$

(3) $SO_2 + Cl_2 + 2H_2O \rightarrow HCl + H_2SO_4$

【解】(1) 酸化剤：$NO_3^- + 4H^+ + 3e^- \rightarrow NO + 2H_2O$
　　　 還元剤：$Cu \rightarrow Cu^{2+} + 2e^-$

(2) 酸化剤：$H_2O_2 + 2H^+ + 2e^- \rightarrow 2H_2O$
　　還元剤：$2I^- \rightarrow I_2 + 2e^-$

(3) 酸化剤：$Cl_2 + 2e^- \rightarrow 2Cl^-$
　　還元剤：$SO_2 + 2H_2O \rightarrow SO_4^{2-} + 2H^+ + 2e^-$

酸化・還元の化学量論

還元剤が放出する電子の数と酸化剤が受け取る電子の数が等しいとき，酸化剤と還元剤は当量関係にある．すなわち溶液反応では次式が成り立つ．

$$\underset{(n_\text{O} M_\text{O} V_\text{O})}{酸化剤が受け取る電子の物質量} = \underset{(n_\text{R} M_\text{R} V_\text{R})}{還元剤が放出する電子の物質量}$$

添字 O は酸化剤, R は還元剤, n は酸化数の変化(絶対値), M はモル濃度, V は各成分の体積

上記の量的関係を用いて, 濃度既知の酸化剤(還元剤)(標準溶液)で濃度未知の還元剤(酸化剤)の濃度を求める操作を酸化・還元滴定という. 器具や操作などは中和滴定に似ている. 酸化・還元滴定で当量点を示す酸化・還元指示薬は, 中和滴定の場合ほど多様, 簡便ではない. たとえば過マンガン酸カリウム溶液は, 酸化剤であり, 同時に指示薬でもある.

例題 13.2　酸化・還元滴定

市販の過酸化水素水 H_2O_2 を 300 倍にうすめ, その 25 mL を 0.02 mol L^{-1} の過マンガン酸カリウム $KMnO_4$ 水溶液で滴定したところ, 13.2 mL を加えた点で当量点に達した. 過酸化水素水のモル濃度(mol L^{-1})を求めよ.

【解】反応式は次の通り.

$$5H_2O_2 + 2KMnO_4 + 3H_2SO_4 \rightarrow 5O_2 + 2MnSO_4 + K_2SO_4 + 8H_2O$$

各半反応は

酸化剤：$MnO_4^- + 8H^+ + 5e^- \rightarrow Mn^{2+} + 4H_2O$

還元剤：$H_2O_2 \rightarrow O_2 + 2H^+ + 2e^-$

であり, 当量関係は過酸化水素：過マンガン酸カリウム = 5 mol : 2 mol であるから, 過酸化水素水のモル濃度を x (mol L^{-1})とすれば

$$5 \times 0.02 \,\text{mol L}^{-1} \times 13.2 \times 10^{-3} \,\text{L} = \frac{2 \times x (\text{mol L}^{-1}) \times 25.0 \times 10^{-3} \,\text{L}}{300}$$

$$\therefore \quad x = 7.92 \,\text{mol L}^{-1}$$

13-2　金属の酸化・還元反応

金属のイオン化傾向と反応性

金属が水溶液中で電離して陽イオンになる傾向をイオン化傾向 (ionization tendency), イオン化傾向を大きさの順に並べたものをイオン化列という (表 13.2). H は金属ではないが, 挙動が金属に似ているためイオン化列に加える.

ある金属がイオン化列のどのあたりに位置するかは, いくつかの物質との反応で見当をつけることができる.

水との反応

イオン化傾向の大きい Li, K, Ca, Na などの金属は, 常温の水と反応して

表 13.2 金属のイオン化列と反応性

イオン化列	Li	K	Ca	Na	Mg	Al	Zn	Fe	Ni	Sn	Pb	H₂	Cu	Hg	Ag	Pt	Au
常温の空気中での反応	すみやかに酸化される				酸化される．表面に酸化物の被膜を生じる								酸化されない				
水との反応	常温で反応する				熱水と反応	高温の水蒸気と反応する		反応しない									
酸との反応	塩酸や希硫酸と反応して水素を発生する												硝酸や熱濃硫酸には溶ける			王水にだけ溶ける	
天然での存在状態	酸化物や塩化物，硫酸塩，炭酸塩，水溶液中では陽イオンとして存在する				酸化物や硫化物などとして存在する											単体として存在する	

水素を発生しながら溶け，陽イオンとなる．

例　$2Na + 2H_2O \rightarrow 2NaOH + H_2$

酸との反応

水素よりもイオン化傾向が大きい金属は，塩酸や希硫酸の H^+ を還元して H_2 を発生しながら溶け，陽イオンとなる．

例　$Zn + 2HCl \rightarrow ZnCl_2 + H_2$
　　$Fe + H_2SO_4 \rightarrow FeSO_4 + H_2$

水素よりもイオン化傾向が小さい Cu, Hg, Ag などの金属は H^+ を還元できないため，塩酸や希硫酸には溶けない．

強い酸化剤の酸との反応

イオン化傾向の小さい金属（Cu, Ag, Ha）も硝酸や熱濃硫酸のような強い酸化剤の酸とは反応する．ただし H_2 の発生を伴わない．

例　（濃硝酸）$Cu + 4HNO_3 \rightarrow Cu(NO_3)_2 + 2NO_2 + 2H_2O$
　　（希硝酸）$3Cu + 8HNO_3 \rightarrow 3Cu(NO_3)_2 + 2NO + 4H_2O$
　　（熱濃硫酸）$Cu + 2H_2SO_4 \rightarrow CuSO_4 + SO_2 + 2H_2O$

濃硝酸が Al, Fe, Ni に作用して，表面に緻密な酸化物の被膜を作る．この状態を不動態(passive state)という．

13-3　酸化数の変化

典型元素の酸化数

酸化・還元反応では，元素の酸化数が必ず変化するので，各元素の酸化数の変化の幅を知ることは，酸化・還元反応の理解に不可欠である（図 13.1）．それぞれの元素がとりうる酸化数とその範囲は，その元素の周期表上の位置と明白な関係がある．特に典型元素では，酸化数の多くは，原子が電子を取り込み，

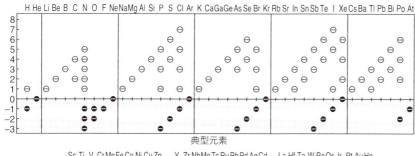

図 13.1 元素の酸化数

あるいは放出して，オクテットを満たした状態，すなわち最外殻が ns^2np^6（第1周期を除く）または nd^{10}（$4d^{10}$, $5d^{10}$）となった閉殻状態に対応している．

この傾向は 1，2，13 族の低周期元素に顕著である．高周期元素では np 電子を失ったが，ns 電子が残っている電子配置に対応した酸化数が重要になってくる．たとえば 14 族のスズや鉛では np^2 電子を失ったが ns^2 電子が残った +2 の酸化数が，ns^2 電子を失った +4 の酸化数とともに有力である．表 13.3 に両者の電子配置を示す．一般的傾向として，ns^2 の電子を残した酸化状態の重要性は低周期から高周期に進むにつれて大きくなる．窒素やリンの化合物では +5 の酸化数が重要であるが，ビスマスでは +3 が主で，+5 はほとんど見られない（表 13.4）．

負の酸化数は金属元素，半金属元素（Si や Ge など）ではほとんど認められないが，非金属元素ではごく当たり前であり，窒素やリンの水素化物 NH_3，PH_3 では酸化数は –3 である．ここでも高周期元素ではこの性質が次第に失われ，ビスマスでは負の酸化数は事実上存在しない．

16 族元素では，酸素の例のように –2 の酸化数が重要であるが，その重要性は高周期元素では次第に失われる．たとえば酸素は原則として負の酸化数しかとらないが，硫黄は正の酸化数（+4, +6）が重要である．

表 13.3 スズと鉛の酸化数

$_{50}$Sn	$[_{36}$Kr$]4d^{10}5s^25p^2$	$_{82}$Pb	$[_{54}$Xe$]4f^{14}5d^{10}6s^26p^2$
$_{50}$Sn^{2+}	$[_{36}$Kr$]4d^{10}5s^2$	$_{82}$Pb^{2+}	$[_{54}$Xe$]4f^{14}5d^{10}6s^2$
$_{50}$Sn^{4+}	$[_{36}$Kr$]4d^{10}$	$_{82}$Pb^{4+}	$[_{54}$Xe$]4f^{14}5d^{10}$

表 13.4 リンとビスマスの酸化数

$_{15}$P	$[_{10}$Ne$]2s^22p^3$	$_{83}$Bi	$[_{54}$Xe$]4f^{14}5s^25p^65d^{10}6s^26p^3$
$_{15}$P^{3+}	$[_{10}$Ne$]2s^2$	$_{83}$Bi^{3+}	$[_{54}$Xe$]4f^{14}5s^25p^65d^{10}6s^2$
$_{15}$P^{5+}	$[_{10}$Ne$]$		

遷移元素の酸化数

遷移元素の場合，複数の酸化数を示す元素が多いが，その中にも一定の規則性が認められる．d軌道に電子が5個かそれ以下しか入っていない原子の最高酸化数は，$(n-1)$d軌道とns軌道の電子のすべてが失われた状態に対応する．たとえば $(n-1)$d$^1 n$s^2 の電子配置をもつスカンジウムは +3 の酸化数しかとらず，これが最高酸化数である（表13.5）．Mnの電子配置は $(n-1)$d$^5 n$s^2 であるから，その最高酸化数は +7 である．

しかしd電子の数が5を超えると状況は異なってくる．$(n-1)$d$^6 n$s^2 の電子配置をもつ $_{26}$Fe の主要な酸化数は +2 と +3 で，その他にまれに +6 があるだけである．つまりd軌道の電子をすべて出してしまうことはほとんどない．重要な遷移元素であるコバルト，ニッケル，銅，亜鉛と同族の元素では，最高酸化数は$(n-1)$d電子とns電子のすべてが失われたときの酸化数より低い（表13.6）．

同族元素の中では高周期になるほど，高酸化数が重要になってくる．

表13.5 スカンジウムとマンガンの酸化数

$_{21}$Sc	[$_{18}$Ar]3d^{1}4s^2	$_{25}$Mn	[$_{18}$Ar]3d^{5}4s^2
$_{21}$Sc^{3+}	[$_{18}$Ar]	$_{25}$Mn^{7+}	[$_{18}$Ar]

表13.6 鉄と銅の酸化数

$_{26}$Fe	[$_{18}$Ar]3d^{6}4s^2	$_{29}$Cu	[$_{18}$Ar]3d^{10}4s^1
$_{26}$Fe^{2+}	[$_{18}$Ar]3d^6	$_{29}$Cu$^+$	[$_{18}$Ar]3d^{10}
$_{26}$Fe^{3+}	[$_{18}$Ar]3d^5	$_{29}$Cu^{2+}	[$_{18}$Ar]3d^9

> **例題 13.3 酸化数**
> 以下の化合物について，指示した原子の酸化数を求めよ．
> (1) $MnSO_4$，Mn_2O_3，MnO_2，MnO_4^-，MnO_4^{2-} の中のマンガン Mn．
> (2) As_2O_3，AsO_2^-，AsO_4^{3-}，AsH_3 の中のヒ素 As．
> (3) I^-，IO^-，IO_3^-，I_2，ICl_3，ICl_2^- の中のヨウ素 I．
> (4) SO_2，SO_3，H_2SO_4，H_2S の中の硫黄 S．
> 【解】(1) +2, +3, +4, +7, +6, (2) +3, +3, +5, -3, (3) -1, +1, +5, 0, +3（塩素の電気陰性度のほうが大），+1, (4) +4, +6, +6, -2

原子がとりうる酸化数の範囲

原子がとりうる酸化数の範囲は，各原子に固有である．ある原子がとりうる上限の酸化数を最高酸化数，下限の酸化数を最低酸化数という．図13.2 にい

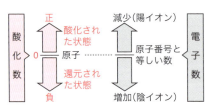
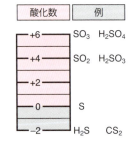

図13.2 酸化数の幅
硫黄原子の酸化数．

くつかの原子の酸化数の範囲を，わかりやすいようにはしご状に示した．

図 13.2 の硫黄の例が示すように，非金属元素の場合は，原子がその価電子をすべて失ったときに最高酸化数を示し，原子の最外殻が 8 個の電子で満たされてオクテットの状態にあるときに最低酸化数を示す．すなわち，各原子の取り得る酸化数の範囲は，最外殻に電子が 0 個の状態から 8 個入った状態まで，最大でも 8 段階しかない．

図 13.3 に，他の非金属原子でも同じ規則が成立することを示す．酸素原子は例外で，酸素より電気陰性度が大きいフッ素 F との化合物 OF_2（O の酸化数は +2）以外には，酸化数が正になることはない．

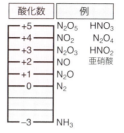

図 13.3 窒素原子，塩素原子の酸化数

有機化合物での酸化・還元

有機化合物の酸化・還元反応も，酸素の授受または水素の授受で説明できる．ニトロベンゼンのアニリンへの還元は酸素の授受を，エテン（エチレン）に水素付加してエタンを生じる反応は水素の授受を伴う．

$$C_6H_5NO_2 + 3H_2 \rightarrow C_6H_5NH_2 + 2H_2O \quad (還元)$$
$$CH_2=CH_2 + H_2 \rightarrow CH_3CH_3 \quad (還元)$$

メタンの炭素原子の酸化数を -4 とすれば，図 13.4 のように，炭素原子のとりうる酸化数の範囲は -4 から $+4$ である[*2]．非金属の原子は正と負の酸化数をとりうるが，金属の原子は正の酸化数しかとらない（図 13.5）．

[*2] 炭素の酸化数はこのように簡単には扱えないという説もある．

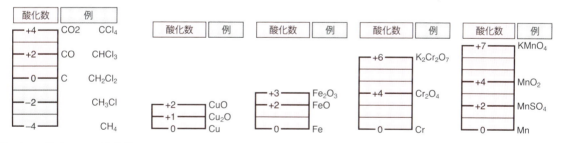

図 13.4 炭素原子の酸化数　　**図 13.5** 金属原子の酸化数

13-4 酸化・還元反応式の組立て

酸化されるもの，あるいは還元されるものだけを取り出した反応を半反応（half-reaction），酸化されたもの，あるいは還元されるものの半反応に電子を加えた式を半反応式（half-reaction equation）という．

例　　$Mg \rightarrow Mg^{2+} + 2e^-$ 　（酸化半反応）
　　　$Cl_2 + 2e^- \rightarrow 2Cl^-$ 　（還元半反応）

半反応式の作り方

表 13.1 に示したような酸化剤,還元剤の半反応は,以下のような手順で組み立てられる.

① 酸化剤(還元剤)の反応式を書く.
② 酸素のバランスは水 H_2O を書き加えて調節する.
③ 水素のバランスはプロトン H^+ を書き加えて調節する.
④ 電子を加えて電荷を揃える.

全反応式の組立て

酸化剤と還元剤の半反応式を組み合わせれば,全反応式が組み立てられる.酸化・還元反応では,酸化剤の酸化数の減少と,還元剤の酸化数の増加とを釣り合わせる点がポイントである.

⑤ 実際に反応する酸化剤,還元剤の半反応式を選び,授受される電子数が等しくなるように係数を加える.
⑥ 両式を足し合わせる(電子の項は消える).
⑦ 酸,塩基,塩については対イオンも書く.この場合は物質のバランスを保つために式の両辺に書き加える.

過マンガン酸カリウム(硫酸酸性)によるヨウ素の酸化を例に,酸化・還元反応式を作ってみよう.まずは酸化剤の半反応式を作る.

① $MnO_4^- \rightarrow Mn^{2+}$
② $MnO_4^- \rightarrow Mn^{2+} + 4H_2O$
③ $MnO_4^- + 8H^+ \rightarrow Mn^{2+} + 4H_2O$
④ $MnO_4^- + 8H^+ + 5e^- \rightarrow Mn^{2+} + 4H_2O$

次に還元剤の半反応式を作る.反応式に酸素も水素もないので②,③は不要

① $I^- \rightarrow 1/2\, I_2$　　$2I^- \rightarrow I_2$ (分数を消すために 2 倍する)
④ $2I^- \rightarrow I_2 + 2e^-$

酸化剤の④と還元剤の④を足し合わせる前に電子の数を両式で等しくする.

⑤ $2MnO_4^- + 16H^+ + 10e^- \rightarrow 2Mn^{2+} + 8H_2O$
　$10I^- \rightarrow 5I_2 + 10e^-$
⑥ 両式を足し合わせると電子の項が消える.
　$2MnO_4^- + 16H^+ + 10I^- \rightarrow 2Mn^{2+} + 5I_2 + 8H_2O$
⑦ 両辺に $(12K^+ + 4SO_4^{2-})$ を補うとすべてのイオン項が消え,電子 10 個の授受を伴う全反応式が完成する.

$$2KMnO_4 + 8H_2SO_4 + 10KI \rightarrow 5I_2 + 2MnSO_4 + 8H_2O + 6K_2SO_4$$

> **例題 13.4　酸化・還元反応の組み立て**
>
> 銅と硝酸との反応で硝酸銅と酸化窒素が生じる反応
>
> $$a\mathrm{Cu} + b\mathrm{HNO_3} \rightarrow c\mathrm{Cu(NO_3)_2} + d\mathrm{NO} + e\mathrm{H_2O}$$
>
> の係数 $a \sim e$ を定めよ．
>
> 【解】① 各係数について次の連立方程式を立てる
>
> $\mathrm{Cu}: a\mathrm{Cu} = c\mathrm{Cu(NO_3)_2}$ 　　　　　　　　 $\therefore\ a = c$
> $\mathrm{H}: b\mathrm{HNO_3} = e\mathrm{H_2O}$ 　　　　　　　　　　 $\therefore\ b = 2e$
> $\mathrm{N}: b\mathrm{HNO_3} = c\mathrm{Cu(NO_3)_2} + d\mathrm{NO}$ 　　　 $\therefore\ b = 2c + d$
> $\mathrm{O}: b\mathrm{HNO_3} = c\mathrm{Cu(NO_3)_2} + d\mathrm{NO} + e\mathrm{H_2O}$ 　　$3b = 6c + d + e$
>
> 5個の未知数に対して式は4個であるから，係数そのものではなく，係数の比が求められる．
>
> $b = 1$ として整理すると
>
> $a : b : c : d : e = 3/8 : 1 : 3/8 : 1/4 : 1/2$
>
> ② 係数を最も簡単な整数にするために，全体を8倍して，
>
> $a : b : c : d : e = 3 : 8 : 3 : 2 : 4$
>
> すなわち
>
> $3\mathrm{Cu} + 8\mathrm{HNO_3} \rightarrow 3\mathrm{Cu(NO_3)_2} + 2\mathrm{NO} + 4\mathrm{H_2O}$

章末問題

13.1　半反応式

以下の各酸化・還元反応について，表13.1を見ないで酸化剤と還元剤の半反応式を書け．

(1) $\mathrm{Zn} + 2\mathrm{HCl} \rightarrow \mathrm{ZnCl_2} + \mathrm{H_2}$

(2) $2\mathrm{KMnO_4} + \mathrm{H_2O_2} + 3\mathrm{H_2SO_4} \rightarrow \mathrm{K_2SO_4} + 2\mathrm{MnSO_4} + 3\mathrm{O_2} + 4\mathrm{H_2O}$

(3) $\mathrm{SO_2} + 2\mathrm{H_2S} \rightarrow 3\mathrm{S} + 2\mathrm{H_2O}$

13.2　酸化・還元滴定

$0.12\ \mathrm{mol\,L^{-1}}$ の硫酸鉄(II) $\mathrm{Fe_2SO_4}$ 水溶液 $20.0\ \mathrm{mL}$ 中の $\mathrm{Fe^{2+}}$ を酸化して完全に $\mathrm{Fe^{3+}}$ にするのに，過マンガン酸カリウム $\mathrm{KMnO_4}$ 水溶液 $30.0\ \mathrm{mL}$ が必要だった．この反応の半反応式を書き，$\mathrm{KMnO_4}$ の濃度 $(\mathrm{mol\,L^{-1}})$ を計算せよ．

13.3　酸化数

以下の化合物の中で，下線を引いた原子の酸化数を書け．

(1) $\underline{\mathrm{H}}\mathrm{Br}$　(2) $\mathrm{Li}\underline{\mathrm{H}}$　(3) $\underline{\mathrm{C}}\mathrm{Cl_4}$　(4) $\underline{\mathrm{C}}\mathrm{O}$　(5) $\underline{\mathrm{Cl}}\mathrm{O^-}$　(6) $\underline{\mathrm{Cl}}_2\mathrm{O_7}$　(7) $\mathrm{H_2}\underline{\mathrm{O}}_2$
(8) $\underline{\mathrm{Cr}}\mathrm{O_3}$　(9) $\underline{\mathrm{Cr}}\mathrm{O_4^{2-}}$　(10) $\underline{\mathrm{Cr}}_2\mathrm{O_7^{2-}}$　(11) $\mathrm{H_3}\underline{\mathrm{B}}\mathrm{O_3}$　(12) $\mathrm{Na_2}\underline{\mathrm{Si}}\mathrm{O_3}$

13.4　酸化・還元反応の組み立て

トルエン $\mathrm{C_6H_5CH_3}$ は硫酸酸性の過マンガン酸カリウムで酸化されて安息香酸 $\mathrm{C_6H_5COOH}$ となる．この反応の反応式を書け．

14章 電池と電気分解

基本事項 14-1 化学電池

◆ 化学電池 ◆

【化学電池 (Galvanic cell)】単に電池ともいう．化学変化を利用して化学エネルギーを電気エネルギー（電流）のかたちで取り出す装置．

【半電池 (half cell)】電極を電解液に浸した装置．電池の構成単位で，電池は半電池2個を組み合わせた装置．

【負極 (cathode)】電子を放出する電極．酸化反応が起こる．

【正極 (anode)】電子を受容する電極．還元反応が起こる．

【隔壁】二つの電極を隔てる素焼き板，塩橋などの隔壁．正極，負極の両水溶液の混合を防ぐ．放電すると正負両イオンは隔壁を通って移動する．

【放電 (discharge)】電池から電流を取り出す過程．

【正極活物質】正極で酸化剤として働く物質．自身は還元される．

【負極活物質】負極で還元剤として働く物質．自身は酸化される．

*1 電池式ともいう．

◆ 電池表記[*1] (cell notation) ◆

【基本情報】負極の極板，負極の電解質溶液（濃度）｜正極の電解質溶液（濃度）｜正極の極板の順に左側（負極側 −）から右側（正極側 +）に向かって書く．

【仕切り線】各項目の間に仕切り線｜を入れる．

【隔壁】隔壁がある場合には，二重仕切り線‖を入れる．

　例　$(-)$ 陰極の極板｜陰極の電解質溶液（濃度）‖正極の電解質溶液（濃度）｜正極の極板 $(+)$ [*2]

*2 電池表記では左側に負極を書くことに決められているので，$(-)$ および $(+)$ 符号は書かなくてもよい．イオンの代わりに分子を書く場合は濃度を書くこともある．

◆ 歴史的に重要な電池 ◆

【ボルタ電池 (Voltaic pile)】イタリアのボルタによって発明された最初の化学電池（1800年）．起電力は 1.1 V．電流を流すとすぐに 0.4 V 程度まで低下する（分極）．

　　電池表記　$(-)$ Zn ｜ H_2SO_4(aq) ｜ Cu $(+)$

【ダニエル電池[*3] (Daniell cell)】ボルタ電池の改良型．起電力は約 1.1 V．

　　電池表記　$(-)$ Zn ｜ Zn^{2+}(aq) ‖ Cu^{2+}(aq) ｜ Cu $(+)$

　　電極反応　負極 $\frac{1}{2} Zn \rightarrow \frac{1}{2} Zn^{2+} + e^-$

　　　　　　　正極 $\frac{1}{2} Cu^{2+} + e^- \rightarrow \frac{1}{2} Cu$

　　　　　　全反応 $\frac{1}{2} Cu^{2+} + \frac{1}{2} Zn \rightarrow \frac{1}{2} Cu + \frac{1}{2} Zn^{2+}$

*3 起電力が正確に知られている標準電池．起電力が 1.0183 V (298.15 K) のウエストン標準電池を用いる場合が多い．水素電極は気体を扱うので面倒である．

基本事項 14-2　電気分解

◆ 電気分解 ◆

【電気分解 (electrolysis)】電解質の水溶液や融解塩に電極を入れ，直流電流を流して酸化還元反応を起こさせる過程．

【陰極】電源(電池)の負極につないだ電極．最も還元されやすい物質が電子を受容する．

【陽極】電源(電池)の正極につないだ電極．最も酸化されやすい物質が電子を放出する．

【電池と電気分解の比較】表 14.1，図 141 に要点を示す．

【電極反応】例：塩化銅(II)の電気分解

陰極：$Cu^{2+} + 2e^- \rightarrow Cu$

陽極：$2Cl^- \rightarrow Cl_2 + 2e^-$

表 14.1　電池と電気分解との比較

電池	電気分解
正極(+)，負極(−)	陰極(−)，陽極(+)
負極で生じた電子が正極へ向かって自然に流れ出し，正極に起こる反応で消費される．	電源から陰極に電子が流れ込み，そこで起こる反応で消費される．陽極では電子が生じる反応が起こる．
自発的な酸化還元反応が起こる．	強制的に酸化還元反応を起こさせる．
負極(−)では酸化反応，正極(+)では還元反応が起こる．	陰極(−)では還元反応，陽極(+)では酸化反応が起こる．

◆ 電極の呼び名 ◆

【酸化が起こる(電子が流れ出る)電極】電池では負極，電気分解では陽極．英語ではどちらもアノード(anode)[*4]という．

【還元が起こる(電子が流れ込む)電極】電池では正極，電気分解では陰極．英語ではどちらもカソード(cathode)という．このように，日本語では電池と電気分解で用語を使い分けている[*5]．

【用語の対応】日本語，英語の対応を図 14.1 に示す．

■ Alessandro Giuseppe Antonio Anastasio Volta
1745 ～ 1827, イタリアの化学者，物理学者．ボルタの電堆を考案した他にも，当時はっきりとは区別されていなかった電位(V)と電荷(C)を区別し，それらの関係を明らかにした．電位の単位ボルト(V)は彼の名にちなむ．

ボルタ

■ John Frederic Daniell
1790 ～ 1845, イギリスの化学者，物理学者．電気に関する研究がきわめて盛んになってきた当時，ダニエル電池はタイムリーな発明だった．彼はファラデーと親交があった．

*4 アノード，カソードはファラデー(後述)により命名された用語．ギリシャ語で上り口を意味する anodos と下り口を意味する cathodos に由来する．
*5 将来，英語の論文を読む際には注意．

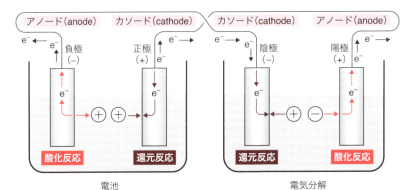

図 14.1　電極の呼び名

14-1 電池に用いられる電極

金属−金属イオン電極

イオン化傾向が比較的小さい金属(極板用)を，その金属のイオンを含む溶液に浸した電極を金属−金属イオン電極という．ダニエル電池の正極・負極はこれに属する．

電極表記　$M \mid M^+(c)$
電極反応　$M \rightleftharpoons M^{n+} + ne^-$

気体電極

水素や塩素のような気体を不活性な金属，たとえば白金（活性化処理を施したもの）極板と組み合わせた電極を気体電極 (gas electrode) という．白金は気体分子の原子への解離やイオン化を促進する触媒となる．

水素電極は標準電極として重要であり，H_2 分子は H^+ イオンを含む溶液（通常は HCl 溶液）と接触している（図 14.2）．実際には原子状水素が関与していると考えられる．

電極表記　$Pt \mid H_2\, P(atm) \mid HCl(c)$，あるいは $Pt \mid H_2\, P(atm) \mid H^+(c)$
電極反応　$\frac{1}{2}H_2 \rightleftharpoons H^+ + e^-$

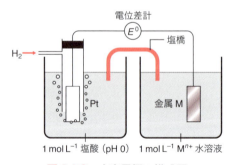

図 14.2　水素電極の模式図

酸化・還元電極

二つの異なった酸化状態にある物質を含む溶液に浸した不活性金属極板からなる電極を酸化・還元電極という．代表的なものは，Fe^{2+} イオンと Fe^{3+} イオンを含む電極である．Fe^{2+} イオンと Fe^{3+} イオンが同じ溶液に含まれていることを，カンマを用いて示す．

電極表記　$(-)\, Pt \mid Fe^{2+}(c_1),\, Fe^{3+}(c_2)\, (+)$
電極反応　$Fe^{2+} \rightleftharpoons Fe^{3+} + e^-$

14-2 代表的な電池

電池の中で起こる反応

酸化還元反応では，電子が還元剤から酸化剤に移動した．典型的な酸化還元反応

$$MnO_4^- + 5Fe^{2+} + 8H^+ \rightarrow Mn^{2+} + 5Fe^{3+} + 4H_2O$$

をそれぞれ還元反応と酸化反応の二つの半反応に分けると

還元反応：$MnO_4^- + 8H + 5e^- \rightarrow Mn^{2+} + 4H_2O$
酸化反応：$5Fe^{2+} \rightarrow 5Fe^{3+} + 5e^-$

となり，電子の移動が確認できる．しかし，この反応を一つの溶液の中で行うと，MnO_4^- イオンと $5Fe^{2+}$ イオンが衝突した瞬間に電子の移動が起こり，反応によって生じた化学エネルギーは仕事に使われることなく，熱として消費されてしまう．

そこで酸化剤と還元剤を別容器に入れ，両者を導線でつなぐことによって電子の移動を電流として捕らえ，反応によって生じる化学エネルギーを仕事に用いることができる．その工夫が電池である．実際には反応によって生じた正負の電荷を一つの容器の中で分けておくことは困難なので，二つの容器を塩橋で結んだり，一つの容器を隔壁で分けたりする．

一次電池 (primary cell) は放電 (discharge) し続けると起電力が低下し，回復不能となる電池で，身の周りで最もよく用いられるマンガン乾電池やアルカリマンガン乾電池がその例である．

二次電池 (secondary cell) は外部から放電時とは逆向きに電流を流す（充電：charge）と起電力を回復する電池で，蓄電池 (storage battery) ともいう．自動車のバッテリーに使われる鉛蓄電池や，携帯用電子機器に用いられるリチウムイオン電池がその例である．充電は放電の逆過程で，起電力を回復させる操作である．

マンガン乾電池

最も広く用いられる一次電池で，起電力は約 1.5 V．

電池表記　　(−) Zn | $ZnCl_2$ aq, NH_4Cl aq | $MnO_2 \cdot C$ (+)
または　　　(−) Zn | $ZnCl_2$ aq, NH_4Cl aq | MnO_2 (+)
電極反応　負極　　$\frac{1}{2}Zn \rightarrow \frac{1}{2}Zn^{2+}$ aq + e^-
　　　　　正極　　$MnO_2 + NH_4^+ + e^- \rightarrow MnO(OH) + NH_3$
　　　　　　　　（これが主要な反応と考えられている）

■ Georges Leclanché
1839〜1882，フランスの技術者．1866年に現代のマンガン乾電池の原型であるルクランシェ電池を発明した．パリには彼を記念した「ジョルジュ・ルクランシェ通り」があるという．

ルクランシェ

アルカリマンガン乾電池

マンガン乾電池の電解液に酸化亜鉛を含む水酸化カリウムを水溶液を用いた電池で，電気容量が大きく，長時間安定である．

電池表記　$(-)\mathrm{Zn} \mid \mathrm{KOH\ aq} \mid \mathrm{MnO_2}(+)$

鉛蓄電池

自動車に用いられる代表的な二次電池で，起電力は約 2 V．自動車用には，6 個の電池を直列につなぎ，12 V の電池として使用している．

電池表記　$(-)\mathrm{Pb} \mid \mathrm{H_2SO_4\ aq} \mid \mathrm{PbO_2}(+)$

電極反応　負極　$\mathrm{Pb + SO_4^{2-} \rightarrow PbSO_4 + 2e^-}$

正極　$\mathrm{PbO_2 + 4H^+ + SO_4^{2-} + 2e^- \rightarrow PbSO_4 + 2H_2O}$

全反応　$\mathrm{Pb + PbO_2 + 2H_2SO_4 \rightarrow 2PbSO_4 + 2H_2O}$（放電時）

リチウムイオン電池

携帯電話やノート型パソコンなどの電源として広く用いられている．電解液に水を含まないため，低温でも凍らないという利点がある．正極活物質にコバルト酸リチウムを，負極活物質に Li とグラファイトを用いる．

燃料電池

電池表記　$(-)\mathrm{Pt \cdot H_2} \mid \mathrm{H_2SO_4\ aq} \mid \mathrm{O_2 \cdot Pt}(+)$

電極反応　負極　$\mathrm{2H_2 \rightarrow 4H^+ + 4e^-}$

正極　$\mathrm{O_2 + 4H^+ + 4e^- \rightarrow 2H_2O}$

全反応　$\mathrm{2H_2 + O_2 \rightarrow 2H_2O}$

14-3　電池の起電力

起電力の定義

ダニエル型電池を例にして電池の起電力を説明する．電流が流れていないとき，反応は平衡状態にある．このときの負極(左側)に対する正極(右側)の電位差をこの電池の起電力(electromotive force)と定義する．

電池表記　$(-)\mathrm{M_1} \mid \mathrm{M_1^{n+}} \parallel \mathrm{M_2^{n+}} \mid \mathrm{M_2}(+)$

電極反応　負極　$\mathrm{M_1 \rightarrow M_1^{n+}} + n\mathrm{e^-}$

正極　$\mathrm{M_2^{n+}} + n\mathrm{e^-} \rightarrow \mathrm{M_2}$

全反応　$\mathrm{M_1 + M_2^{n+} \rightarrow M_1^{n+} + M_2}$

表14.2 標準電極電位

反応	$E°$ (V)	反応	$E°$ (V)
$F_2 + 2e^- \rightarrow 2F^-$	2.87	$SO_4^{2-} + 4H^+ + 2e^- \rightarrow H_2SO_3 + H_2O$	0.171
$Co^{3+} + e^- \rightarrow Co^{2+}$	1.92	$Sn^{4+} + 2e^- \rightarrow Sn^{2+}$	0.154
$H_2O_2 + 2H^+ + 2e^- \rightarrow 2H_2O$	1.776	$Cu^{2+} + e^- \rightarrow Cu^+$	0.153
$MnO_4^- + 4H^+ + 3e^- \rightarrow MnO_2 + 2H_2O$	1.695	$2H^+ + 2e^- \rightarrow H_2$	0.00
$PbO_2 + 4H^+ + SO_4^{2-} + 2e^- \rightarrow PbSO_4 + 2H_2O$	1.685	$Pb^{2+} + 2e^- \rightarrow Pb$	−0.129
$MnO_4^- + 8H^+ + 5e^- \rightarrow Mn^{2+} + 4H_2O$	1.51	$Sn^{2+} + 2e^- \rightarrow Sn$	−0.138
$Au^{3+} + 3e^- \rightarrow Au$	1.50	$Ni^{2+} + 2e^- \rightarrow Ni$	−0.228
$PbO_2 + 4H^+ + 2e^- \rightarrow Pb^{2+} + 2H_2O$	1.455	$PbSO_4 + 2e^- \rightarrow Pb + SO_4^{2-}$	−0.355
$Cl_2(aq) + 2e^- \rightarrow 2Cl^-$	1.396	$Cd^{2+} + 2e^- \rightarrow Cd$	−0.402
$Cr_2O_7^{2-} + 14H^+ + 6e^- \rightarrow 2Cr^{3+} + 7H_2O$	1.29	$Cr^{3+} + e^- \rightarrow Cr^{2+}$	−0.424
$O_2 + 4H^+ + 4e^- \rightarrow 2H_2O$	1.229	$Fe^{2+} + 2e^- \rightarrow Fe$	−0.440
$MnO_2 + 4H^+ + 2e^- \rightarrow Mn^{2+} + 2H_2O$	1.23	$Cr^{3+} + 3e^- \rightarrow Cr$	−0.67
$Br_2(aq) + 2e^- \rightarrow 2Br^-$	1.087	$Zn^{2+} + 2e^- \rightarrow Zn$	−0.763
$NO_3^- + 4H^+ + 3e^- \rightarrow NO + 2H_2O$	0.957	$2H_2O + 2e^- \rightarrow H_2(g) + 2OH^-$	−0.828
$Ag^+ + e^- \rightarrow Ag$	0.799	$Mn^{2+} + 2e^- \rightarrow Mn$	−1.18
$2Hg^{2+} + 2e^- \rightarrow 2Hg$	0.789	$Al^{3+} + 3e^- \rightarrow Al$	−1.662
$Fe^{3+} + e^- \rightarrow Fe^{2+}$	0.771	$H_2 + 2e^- \rightarrow 2H^-$	−2.25
$O_2 + 2H^+ + 2e^- \rightarrow H_2O_2$	0.682	$Mg^{2+} + 2e^- \rightarrow Mg$	−2.37
$MnO_4^- + e^- \rightarrow MnO_4^{2-}$	0.558	$Na^+ + e^- \rightarrow Na$	−2.714
$I_2 + 2e^- \rightarrow 2I^-$	0.535	$Ca^{2+} + 2e^- \rightarrow Ca$	−2.84
$Cu^+ + e^- \rightarrow Cu$	0.521	$Ba^{2+} + 2e^- \rightarrow Ba$	−2.92
$O_2 + 2H_2O + 4e^- \rightarrow 4OH^-$	0.401	$K^+ + e^- \rightarrow K$	−2.925
$Cu^{2+} + 2e^- \rightarrow Cu$	0.337	$Li^+ + e^- \rightarrow Li$	−3.045

電極電位

片方に基準となる電極を用いた電池の起電力を測れば，基準になる電極に対する起電力の（符号を含めた）相対的大きさがわかる．この基準となる電極が標準水素電極(standard hydrogen electrode)（全温度範囲で電位はでゼロとする）である．これを下式のように任意の半電池[*6]と組み合わせて電池の起電力を求めることによって，すべての電極(半電池)の相対的起電力が決められる．

[*6] 電池の一方の電極を半電池(half-cell)または単極(single electrode)と呼ぶ．

$$Pt, \; H_2(1\,atm) \;|\; H^+(c=1) \;|\; M^{n+} \;|\; M$$

たとえば，次の電池の起電力（−0.763 V）を亜鉛電極 $Zn^{2+} | Zn$ の標準電極電位(standard electrode potential)($E°$)と呼ぶ．

$$Pt, \; H_2(1\,atm) \;|\; H^+(c=1) \;|\; \tfrac{1}{2}Zn^{2+}(c=1) \;|\; \tfrac{1}{2}Zn$$

$E°$ を決める反応は Zn の還元反応（$1/2\,H_2 + 1/2\,Zn^{2+} = H^+ + 1/2\,Zn$）であって，Zn の酸化反応（$1/2\,Zn + H^+ = 1/2\,H_2 + 1/2\,Zn^{2+}$）ではない．表14.2に代表的な半電池の標準電極電位(25℃)をまとめた．

> **例題 14.1　電池の起電力**
> 表14.2を用いて以下の式で表される電池の25℃における標準起電力を計算し，実際に電池として働くかどうかを考えよ．
> (1) $Mg + 2H^+ \rightarrow Mg^{2+} + H_2$
> (2) $3Fe^{2+} + Al^{3+} \rightarrow 3Fe^{3+} + Al$
> (3) $Cu^{2+} + 2Ag \rightarrow Cu + 2Ag^+$
> (4) $2Zn^{2+} + 4OH^- \rightarrow 2Zn + O_2 + 2H_2O$
>
> 【解】(1) 標準電極電位はそれぞれ
> $Mg \rightarrow Mg^{2+} + 2e$；$E° = +2.37\,V$
> $2H^+ + 2e^- \rightarrow H_2$；$E° = 0.00\,V$
> 起電力 = +2.37 − 0 = +2.37 V
> 電池として働く．
> (2) 標準電極電位はそれぞれ
> $Fe^{2+} + e^- \rightarrow Fe^{3+}$；$E° = 0.771\,V$
> $Al^{3+} + 3e^- \rightarrow Al$；$E° = -1.662\,V$
> 起電力 = −1.662 − (−0.771) = −0.891 V
> 電池として働かない．
> (3) 標準電極電位はそれぞれ
> $Cu^{2+} + 2e^- \rightarrow Cu$；$E° = 0.337\,V$
> $Ag + e^- \rightarrow Ag$；$E° = -0.799\,V$
> 起電力 = −0.799 − 0.337 = −1.261 V
> 電池として働かない．
> (4) 標準電極電位はそれぞれ
> $Zn^{2+} + 2e^- \rightarrow Zn$；$E° = -0.763\,V$
> $O_2 + 2H_2O + 4e^- = 4OH$；$E° = 0.401\,V$
> 起電力 = −1.16 V
> 電池として働かない．
> 　金属の反応性やイオン化傾向の知識から，これらが電池として働くかどうかの予想は可能であるが，それが理論的に証明されたことになる．

14-4　電池の起電力と自由エネルギー

電極電位とギブズエネルギー

　半電池の電極電位から，二つの半電池を任意に組み合わせた電池の起電力が求められる．ある電池の全反応の $\Delta G°$ は，それらの半反応の $\Delta G°$ の差に等しい．後述するように，電極反応におけるギブズエネルギー変化 $\Delta G°$ と対応する標準電極電位 $E°$ の間には次の関係がある．

$$\Delta G° = -nFE° \tag{14.1}$$

ここで n は反応に伴って移動する電子の数，F はファラデー定数である．たとえばダニエル電池の起電力は次のように求められる．それぞれの還元半反応式は

$$Cu^{2+}(aq) + 2e^- \rightarrow Cu(s) \qquad E° = +0.337\,V$$
$$Zn^{2+}(aq) + 2e^- \rightarrow Zn(s) \qquad E° = -0.762\,V$$

上式から下式を引くと

$$Cu^{2+}(aq) + Zn(s) \rightarrow Cu(s) + Zn^{2+}(aq) \qquad E° = +1.10\,V$$

$E° > 0$ だから，この反応は自発的に起こる．ダニエル電池の起電力よりもわずかに小さい電圧を電池にかけながら回路を閉じると，電子は Zn 極から Cu 極に流れる．

$$\frac{1}{2}Cu^{2+} + \frac{1}{2}Zn \rightarrow \frac{1}{2}Cu + \frac{1}{2}Zn^{2+}$$

起電力に等しい電圧を逆向きにかければ電流は流れず，反応は進行しない．起電力よりわずかに大きい電圧を逆向きに働かせれば，反応は上式とは逆向きに進行し，電子は Cu 極から Zn 極のほうに流れる．

$$\frac{1}{2}Cu + \frac{1}{2}Zn^{2+} \rightarrow \frac{1}{2}Cu^{2+} + \frac{1}{2}Zn$$

すなわち，ダニエル電池は可逆電池(reversible cell)である．

定圧条件で可逆変化する系になされる正味の仕事は，反応の自由エネルギー変化に等しい．すなわち可逆電池から得られる電気的仕事は，電池内で起こる化学反応に伴う自由エネルギーの減少に等しい．一方，電気的仕事は電池の起電力と流れる電気量の積に等しい．

可逆電池の起電力が E で，nFC の電気量が流れるとき，電池がする仕事は nFE (VC = J)である．ゆえに式(14.1)が得られる．

式(14.1)を用いれば可逆電池の起電力から電池内で起こる化学変化に伴う自由エネルギー変化が求められる．式(14.1)によると電池の起電力が正($E > 0$)のとき $\Delta G < 0$, すなわち電池の反応は正方向に自発的に起こる．起電力が負($E < 0$)のときは，反応はその逆の方向に起こる．

例題 14.2 ギブズエネルギー

以下の反応の $\Delta G°$ を求めよ．この反応は自発的か．

$$Cu^{2+} + Fe(s) \rightarrow Cu(s) + Fe^{2+}(aq)$$

【解】
$$\begin{array}{lll}
Cu^{2+} + 2e^- \rightarrow Cu & & E° = 0.34\,V \\
+ \quad Fe \rightarrow \quad Fe^{2+} + 2e^- & & E° = 0.44\,V \\
\hline
Cu^{2+} + Fe(s) \rightarrow Cu(s) + Fe^{2+}(aq) & & E° = 0.78\,V
\end{array}$$

■ Walther Hermann Nernst
1864〜1941，ドイツの物理学者，物理化学者で，1920 年ノーベル化学賞受賞．熱力学第三法則の定理の発見とネルンストの式の提案が主要な業績だが，白熱電球（ネルンスト電球）を考案し，生涯に 18 台の自動車をもつなど，公私に渡って活動的な人物だった．

*7 Q；反応商（10-6 節参照）．

*8 298 K での RT/F = (8.315 J mol^{-1} K^{-1}) × 298 K / 96500 C mol^{-1} = 0.0257 J / 0.0257 C V．これに自然対数を常用対数に変換する係数 2.303 をかけると 0.0592 が得られる．

$$\Delta G° = -nFE° = -2 \text{ mol} \times 96500 \text{ C mol}^{-1} \times 0.78 \text{ J C}^{-1} = -1.5 \times 10^5 \text{ J}$$

$\Delta G° < 0$ だから反応は自発的に起こる．

ネルンストの式

反応 $aA + bB \rightleftharpoons xX + yY$ での自由エネルギー変化は各成分の濃度に依存する．

$$\Delta G = \Delta G° + RT \ln Q \tag{14.2}$$

ここで Q は上の反応の反応商（反応濃度比）*7，すなわち $Q = ([X]^{x_0}[Y]^{y_0})/([A]^{a_0}[B]^{b_0})$ である．また，$\Delta G = -nFE$，$\Delta G° = -nFE°$ であるから

$$E = E° - \frac{RT}{nF} \ln Q \quad *8 \tag{14.3}$$

電池の起電力と電解液の濃度の関係を示すこの式はネルンストの式と呼ばれる．R，T にそれぞれの値を代入し，25℃では次のようになる．

$$E = E° - \frac{0.0592}{n} \log Q \tag{14.4}$$

$Q = K$ のときは $E = 0$ となり，電池は仕事をすることができない．

例題 14.3　ネルンストの式

酸性条件での二クロム酸カリウム水溶液の半反応式は次の通りで，起電力は 1.29 V である．

$$\text{Cr}_2\text{O}_7^{2-} + 14\text{H}^+ + 6\text{e}^- \rightarrow 2\text{Cr}^{3+} + 7\text{H}_2\text{O} \quad \text{（標準状態）}$$

次の二つの条件での電池の起電力を求めよ．なお，計算にはネルンストの式（式 14.4）を用いよ．
(1) $[\text{Cr}_2\text{O}_7^{2-}] = [\text{Cr}^{3+}] = [\text{H}^+] = 1.0 \text{ mol L}^{-1}$（酸性条件）
(2) $[\text{Cr}_2\text{O}_7^{2-}] = [\text{Cr}^{3+}] = 1.0 \text{ mol L}^{-1}$，$[\text{H}^+] = 10^{-7} \text{ mol L}^{-1}$（中性条件）

【解】ネルンストの式に必要な値を代入する．

(1) $E = E° - \dfrac{0.0592}{6} \log \dfrac{[\text{Cr}^{3+}]^2}{[\text{Cr}_2\text{O}_7^{2-}][\text{H}^+]^{14}} = E° = 1.29 \text{ V}$

この条件では電池の起電力は硫酸酸性の二クロム酸カリウム水溶液の起電力に等しく，酸化剤として有効である．

(2) $E = E° - \dfrac{0.0592}{6} \log \dfrac{1.0^2}{1.0 \times (1.0 \times 10^{-7})^{14}} = 1.29 - 0.97 = 0.32 \text{ V}$

中性条件では電池の起電力は著しく低下し，したがって弱い酸化剤になってしまう．酸化剤として二クロム酸カリウムを用いる場合には硫酸酸性と条件が限定されているのはこのためである．

濃淡電池

ネルンストの式によれば，電池の起電力は電極だけではなく，電極液の濃度[*9]によっても変化する．したがって，電極も電極液も同一だが，電極液の濃度だけが異なる電池がある．たとえば，電池

$$\mathrm{M} \mid \mathrm{M}^+ (a = a_1) \mid \mathrm{M}^+ (a = a_2) \mid \mathrm{M}$$

は，$a_1 \neq a_2$ のとき，以下の起電力を示す電池となる．

$$\Delta E = 0 - 0.0592 \log \frac{a_2}{a_1}$$

[*9] 厳密には濃度ではなく，電解質間の相互作用を考慮した活量（activity）を用いる必要がある．

この種の電池を濃淡電池（concentration cell）という．

濃淡電池で電子の流れる方向は，二つの電極液の濃度を等しくしようとする方向であると予測できる．たとえば電極液の濃度が $1.0\,\mathrm{M}\,\mathrm{Ag}^+$ と $0.1\,\mathrm{M}\,\mathrm{Ag}^+$ であれば，Ag^+ の濃度が両極で等しくなり，電池の起電力が0になるまで，電子は $0.1\,\mathrm{M}\,\mathrm{Ag}^+$ 極から $1.0\,\mathrm{M}\,\mathrm{Ag}^+$ 極に流れる．

例題 14.4　濃淡電池

以下の濃淡電池について，電子が流れる方向と電池の起電力を求めよ．

$$\mathrm{Ag(s)} \mid \mathrm{Ag}^{2+}(0.02\,\mathrm{M}) \mid\mid \mathrm{Ag}^{2+}(3.0\,\mathrm{M}) \mid \mathrm{Ag(s)}$$

【解】電極液の濃度が等しくなるまで電子は左極から右極に流れる．
電池の起電力は

$$E = E^\circ - \frac{0.0592}{2} \log \frac{0.02}{3.0} = 0.0644\,\mathrm{V}$$

濃淡電池では E° は0であるのに注意．

起電力と平衡定数

反応 $a\mathrm{A} + b\mathrm{B} \rightleftharpoons x\mathrm{X} + y\mathrm{Y}$ が平衡状態にあれば，$Q = K$，$\Delta G = 0$ であるから，$\Delta G = \Delta G^\circ + RT \ln Q$ から

$$\Delta G^\circ = -RT \ln K \tag{14.5}$$

これと式 (14.3) から

$$E^\circ = \frac{RT}{nF} \ln K \tag{14.6}$$

K, $E°$ はともに平衡がどちらに傾くかを示す．$K>1$ なら $E°>0$ であり（平衡は右に移動），$K<1$ ならば $E°<0$ である（平衡は左に移動）．上式を用いることによって起電力から平衡定数が算出できる．

例題 14.5　平衡定数

25 °C において，以下の条件で次の反応はどちらかに移動するか，あるいは平衡状態になるか．ただし，$\Delta G° = -33.3 \, \mathrm{kJ \, mol^{-1}}$ である．

$$N_2(g) + 3H_2(g) \rightleftarrows 2NH_3(g)$$

(1) $P(NH_3) = 1.00 \, \mathrm{atm}$, $P(N_2) = 1.00 \, \mathrm{atm}$, $P(H_2) = 1.00 \, \mathrm{atm}$
(2) $P(NH_3) = 1.00 \, \mathrm{atm}$, $P(N_2) = 1.00 \, \mathrm{atm}$, $P(H_2) = 1.00 \times 10^2 \, \mathrm{atm}$
(3) $P(NH_3) = 1.00 \, \mathrm{atm}$, $P(N_2) = 1.47 \, \mathrm{atm}$, $P(H_2) = 1.00 \times 10^{-2} \, \mathrm{atm}$

【解】 まずこの反応の反応商 $Q = \dfrac{P(NH_3)^2}{P(N_2)P(H_2)^3}$ を，ついで $\Delta G = \Delta G° + RT \ln Q$ に従って ΔG を求める．

(1) $Q = 1$, よって $\ln Q = 0$ だから $\Delta G = \Delta G° + \ln Q = -33.3 \, \mathrm{kJ \, mol^{-1}}$
$\Delta G < 0$ であるから反応は右に移動して平衡に達する．

(2) $Q = \dfrac{(1.00)^2}{(1.00 \times 10^2)^3 \times 1.0} = 1.00 \times 10^{-6}$　∴　$\ln Q = -13.82$

また　$\Delta G° = -33.3 \, \mathrm{kJ \, mol^{-1}} = -3.33 \times 10^4 \, \mathrm{J \, mol^{-1}}$

∴　$\Delta G = (-3.33 \times 10^4 \, \mathrm{J \, mol^{-1}}) + \{(8.315 \, \mathrm{J \, K^{-1} \, mol^{-1}}) \times (298 \, \mathrm{K}) \times (-13.82)\}$
$= -3.33 \times 10^4 - 3.42 \times 10^4 = -6.75 \times 10^4 \, \mathrm{J \, mol^{-1}}$

$\Delta G < 0$ であるから反応は右に移動して平衡に達する．しかし ΔG の絶対値が小さいから，初期状態は (1) の場合に比べて，平衡の位置に近いといえる．

(3) $Q = \dfrac{(1.00)^2}{(1.00 \times 10^{-2})^3 \times 1.47} = 6.80 \times 10^5$

∴　$\ln Q = 13.4$
$\Delta G = (-3.33 \times 10^4 \, \mathrm{J \, mol^{-1}}) + \{(8.315 \, \mathrm{J \, K^{-1} \, mol^{-1}}) \times (298 \, \mathrm{K}) \times (13.4)\}$
$= (-3.33 \times 10^4 \, \mathrm{J \, mol^{-1}}) + (3.320 \times 10^4 \, \mathrm{J \, mol^{-1}}) \approx 0$

$\Delta G = 0$ であるから反応は平衡状態にある．

14-5　電気分解の反応

電池では，酸化還元反応が自発的に起こる際に電流を生じ，生じた電気エネルギーは化学反応を引き起こす．これに対して電気分解では，電池に似た電解

槽に電流を強制的に送り，起電力が負の，したがって自発的には起こりえない反応を起こさせる．

電池，たとえばダニエル電池で起こる反応は

$$Zn + Cu^{2+} \rightarrow Zn^{2+} + Cu$$

であるが，電気分解ではその逆反応になる．

$$Zn^{2+} + Cu \rightarrow Zn + Cu^{2+}$$

電気分解では，電極に次のような物質を用いる．陰極として，白金 Pt，金 Au，黒鉛 C 以外の金属を用いた場合，金属自身が酸化されて電子を放出し，陽イオンとなって溶け出す．最も還元されやすい物質が放出された電子を陽極で受け取る．

陽極には，安定な白金 Pt，金 Au，黒鉛 C を用いる．陽極では，最も酸化されやすい物質が電子を放出して酸化される．Cl^- や I^- などの場合はそれ自身が酸化されて Cl_2 や I_2 を生じる．SO_4^{2-} や NO_3^- などの場合は H_2O（塩基性溶液では OH^-）が酸化されて O_2 が発生する．

14-6 電気分解の法則

ファラデーは 1833 年に，「陰極または陽極で変化する物質の量は，流した電気量に比例する」というファラデーの法則を発表した．たとえば $AgNO_3$ 水溶液の電気分解(白金電極)で，陰極では次の反応が生じる．

$$Ag^+ + e^- \rightarrow Ag$$

1 価の Ag^+ 1 mol を電気分解して金属 1 mol を得るのに要する電気量は，電子 1 mol あたりの電気量に等しい．この電気量をファラデー定数（Faraday constant）F と定義する．すなわち，F は電子 1 個の電気量の大きさとアボガドロ定数の積だから，次式が成り立つ．

$$1F = 1.602 \times 10^{-19} \text{ C} \times 6.022 \times 10^{23} \text{ mol}^{-1} \fallingdotseq 9.65 \times 10^4 \text{ C mol}^{-1}$$

■ Michael Faraday
1791〜1867，イギリスの科学者．電磁誘導は高校物理の，電気分解は高校化学の重要な学習項目である．一人の科学者が二つの科目で取り上げられる例は他にはあまりない．ある化学史家は「ファラデーは一生の間にノーベル賞に値する業績を少なくとも六つはあげた」と述べている．それらは電気関係の二つの他に，物質の磁性(特に反磁性)の発見，ベンゼンの発見，ファラデー効果の発見，場の概念の導入である．ファラデーはこれらの業績を文字通り，ただ一人でなしとげた．

> **例題 14.6　ファラデーの法則**
>
> Ag^+ を含む水溶液に 5.00 A の電流を通して 5.40 g の銀を得た．電流を通じた時間を求めよ．
>
> 【解】 Ag 5.40 g は　$\dfrac{5.40}{107.9} = 0.050$ mol
>
> 必要な電気量は　　$0.050 \text{ mol} \times 96500 \text{ C mol}^{-1} = 4825$ C
>
> 所用時間を $x(s)$ とすれば　$x(s) \times 5.00 \text{ C s}^{-1} = 4825$ C　∴　$x = 965$ s

ファラデー

14-7 代表的な電気分解

水の電気分解

実験では両極の材料には腐食されにくい白金を用い，溶液の電気伝導性をよくするために，少量の電解質を加える．この電解質が酸性の場合と塩基性の場合で，反応が異なる．

① 電解液が水酸化ナトリウム水溶液の場合

陰極：$2H_2O + 2e^- \rightarrow H_2 + 2OH^-$　　（還元）
陽極：$2OH^- \rightarrow \frac{1}{2}O_2 + H_2O + 2e^-$　　（酸化）
全反応：$H_2O \rightarrow H_2 + 1/2 O_2$

② 電解液が硫酸水溶液の場合

陰極：$2H^+ + 2e^- \rightarrow H_2$　　（還元）
陽極：$H_2O \rightarrow \frac{1}{2}O_2 + 2H^+ + 2e^-$　　（酸化）
全反応：$H_2O \rightarrow H_2 + 1/2 O_2$

塩化銅(II) $CuCl_2$ 水溶液の電気分解

電極には炭素棒を使う．各電極での反応は次の通り．

陰極：$Cu^{2+} + 2e^- \rightarrow Cu$　　（還元）
陽極：$2Cl^- \rightarrow Cl_2 + 2e^-$　　（酸化）
全反応：$Cu^{2+} + 2Cl^- \rightarrow Cu + Cl_2$

塩化ナトリウムの電気分解（水酸化ナトリウム NaOH の製造）

塩化ナトリウム水溶液を電気分解すると，陰極では H_2O が還元されて H_2 と OH^- が生じる．一方，陽極では Cl^- が酸化されて，塩素 Cl_2 が発生する．

陰極：$2H_2O + 2e^- \rightarrow H_2 + 2OH^-$　　（還元）
陽極：$2Cl^- \rightarrow Cl_2 + 2e^-$　　（酸化）

電気分解によって水溶液中の Cl^- が減少し，その分 OH^- 濃度が増加するので，陰極側の水溶液を濃縮すると水酸化ナトリウム NaOH が得られる．

両極を多孔質の隔膜で仕切って塩化ナトリウム水溶液を電気分解すると，水酸化ナトリウムと塩素を製造できるが，得られる NaOH には不純物として原料の NaCl が混入する．そこで現在では，電極間に陽イオンだけを通過させる膜を用いたイオン交換膜法によって，より純度の高い水酸化ナトリウムを得ている．イオン交換膜法による水酸化ナトリウムの製造の模式図を図 14.3 に示す．

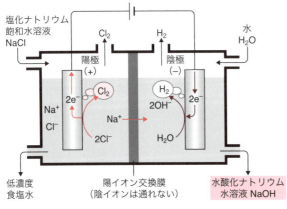

図 14.3　水酸化ナトリウムの製造（イオン交換膜法）

> **例題 14.7　金属の同定**
> 3価の金属イオン M^{3+} を含む水溶液を 5.0 A の電流で 20 分間電気分解したところ，2.36 g の金属が析出した．この金属は何か．
> **【解】**流れた電気量は　$5.0\,A \times (20 \times 60)s = 6000\,C$　　$6000\,C = 0.0622\,mol$
> よって，この電気量で還元される金属は　$\frac{1}{3} \times 0.0622\,mol = 0.0207\,mol$
> 金属の原子量を M とすれば　　$M \times 0.0207 = 2.36$　　$\therefore\ M = 114.0$
> これはインジウム(原子量 114.8)と推定できる．

14-8　金属の精錬

　金属を含む鉱石から目的の金属の単体を取り出すために，多くの化学反応が用いられている．また，不純物の多い金属から純度の高い金属を取り出す過程を金属の精錬（metallurgy）という．特に電気分解を利用して純粋な金属を取り出すことを電解精錬（electrolytic metallurgy）と呼ぶ．中でも，銅の電解精錬は大規模に行われている．

銅の電解精錬

　銅鉱石から得られる銅は，純度が約 99% の粗銅で，金，銀，ニッケルなどの不純物を含む．粗銅板を陽極，純銅板を陰極として，硫酸酸性にした硫酸銅(II)水溶液中で約 0.3 V の電圧を加えて長時間電気分解を行う．

陰極：$\frac{1}{2}Cu^{2+} + e^- \rightarrow \frac{1}{2}Cu$

陽極：$\frac{1}{2}Cu \rightarrow \frac{1}{2}Cu^{2+} + e^-$

　陽極からは，銅と，銅よりもイオン化傾向が大きい鉄，ニッケル，亜鉛などが陽イオンとなって溶け出す．金や銀などの銅よりもイオン化傾向の小さい金属は，電解槽の底に沈殿する．これを陽極泥という．
　陰極には，陽極から溶け出した銅(II)イオンや，もともと硫酸銅(II)水溶液に含まれていた銅(II)イオンが還元されて，99.99% 以上の純度の銅が析出する．図 14.4 に銅の電解精錬の模式図を示す．

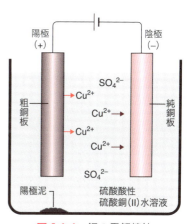

図 14.4　銅の電解精錬

アルミニウムの電解精錬

　電気分解によるアルミニウムの製造は二人の科学者によって同時に，しかも独立に考案された．この電解法の鍵は鉱石（酸化アルミニウム；アルミナ Al_2O_3）の溶媒として溶融氷晶石 Na_3AlF_6 を用いた点である．
　水はアルミニウムより容易に還元されるから，アルミニウムイオンを含む水溶液の電気分解ではアルミニウムを製造できない．水の電気分解が起きてしまうのである．

■ Charles Martin Hall
1863〜1914，アメリカの技術者．彼とエルーが同時にアルミニウムの電解精錬に成功した当時（1886年），アルミニウムは銀とほぼ同じ価格であったので，安価にアルミニウムを生産する技術は魅力的なテーマであった．

■ Paul Louis Toussaint Heroult
1863〜1914，フランスの技術者．ホールと同時にアルミニウムの電解精錬に成功した．その他にも空中窒素の固定や電気製鋼に重要なアーク炉を発明した．ちなみにホールとエルーは同年生まれで同年に逝去しているが，二人は全く無関係で，互いに面識もなかった．

*10 陰極の反応式を4倍，陽極の反応式を3倍して電子の数を揃えてから両式を加えると全反応が得られる．

*11 しかしアルミニウムの製造には膨大な電力が必要であり「アルミニウムは電気の缶詰」などともいわれる．電力価格が高いため，日本国内のアルミニウム精錬事業は採算が取れなくなり，大部分は国外に拠点が移った．

$$Al^{3+} + 3e^- \rightarrow Al ; E° = -1.66\,V$$
$$2H_2O + 2e^- \rightarrow H_2 + 2OH^- ; E° = -1.83\,V$$

ボーキサイト（アルミニウムの鉱石）の主成分であるアルミナの融点は2050℃である．この温度を保持するのは難しいので，アルミナの融解電解でアルミニウムを精製することもできない．しかしアルミナと氷晶石Na_3AlF_6の混合物の融点は約1000℃で，これなら融解電解が可能である．

ボーキサイトはさまざまな金属酸化物を不純物として含んでいるから，これに強塩基を加えてアルミニウムを溶かし，他の金属酸化物と分け取る．ろ液に二酸化炭素を吹き込むと高純度のアルミナが析出する（加水分解）．このアルミナを氷晶石と混ぜて融解電解する．電流の電圧は4〜5V程度で，鉄製の電解槽はグラファイトで内張りされている．グラファイトは電極として用いられるが，生成した酸素によって二酸化炭素に酸化される．

$$陰極：Al^{3+} + 3e^- \rightarrow Al$$
$$陽極：2O^{2-} \rightarrow O_2 + 4e^-$$

実際に起こる反応はもう少し複雑で，まず電解槽の中でアルミナが氷晶石と反応し，続いて電極反応が起こる．

$$Al_2O_3 + 4AlF_6^- \rightarrow 3Al_2OF_6^{2-} + 6F^-$$
$$陰極：2Al_2OF_6^{2-} + 12F^- + C \rightarrow 4AlF_6^- + CO_2 + 4e^-$$
$$陽極：AlF_6^- + 3e^- \rightarrow Al + 6F^-$$
$$全反応^{*10}：Al_2O_3 + 3C \rightarrow 4Al + 3CO_2$$

この方法で得られるアルミニウムの純度は約99.55％である[*11]．

電気めっき

電気分解を利用して，ある金属表面に他の金属の薄膜を作る工程を電気めっき（electroplating）という．たとえば銅を陰極，銀を陽極にして硝酸銀$AgNO_3$水溶液中で電気分解すると，陽極の銀が溶け出し，陰極の銅の表面に銀が析出し，銀めっきができる．

$$陰極：Ag^+ + e^- \rightarrow Ag$$
$$陽極：\frac{1}{2}Cu \rightarrow \frac{1}{2}Cu^{2+} + e^-$$

章末問題

14.1 電池の起電力

表14.2を用いて，以下の電池の25℃における標準起電力を計算せよ．

(1) $Sn + Pb^{2+} = Sn^{2+} + Pb$

(2) $5Fe^{2+} + MnO_4^- + 8H^+ = 5Fe^{3+} + Mn^{2+} + 4H_2O$

14.2 ギブズエネルギー

メタノールの燃焼反応, $2CH_3OH(\ell) + 3O_2(g) \rightarrow 2CO_2(g) + 4H_2O(g)$ に伴う $\Delta G°$ を計算せよ. ただし, 反応に関連する物質の標準生成自由エネルギーの値としては表 9.5 の値を用いよ.

14.3 ネルンストの式

以下の式で表される電池の 25 °C における起電力を計算せよ.

$Cd + Pb^{2+} \rightarrow Cd^{2+} + Pb$; $[Cd^{2+}] = 0.010\,mol\,L^{-1}$; $[Pb^{2+}] = 0.100\,mol\,L^{-1}$

14.4 濃淡電池

一方の電極液の濃度が未知の濃淡電池

$Ag(s)\,|\,Ag^+(x\,M)\,\|\,Ag^+(1.0\,M)\,|\,Ag(s)$

の起電力は 0.26 V である. 電極液の濃度 x を求めよ.

14.5 平衡定数

次の反応の 25 °C における平衡定数を求めよ.

$Ba + Ca^{2+} \rightleftarrows Ba^{2+} + Ca$

14.6 ファラデーの法則

白金電極を用いて水酸化ナトリウム水溶液を電気分解した. 1.5 A の電流を 10 分間通実通じたとき, 両電極で発生する気体 (0 °C, 1 atm) の全体積を求めよ.

14.7 金属の同定

2 価の金属イオン M^{2+} を含む水溶液を 2.50 A の電流で 150 s 電気分解したところ, 0.2184 g の金属が析出した. この金属は何か.

ファラデーとダニエル
これはファラデー (右) とダニエルの写真である. 露出時間が分単位であった 1840 年代に, 二人はどうやってこのように動きのあるポーズをとり続けることができたのだろうか. 秘密はどうやらファラデーの右肘, ダニエルの左肘の下にある棒である. 二人はこの棒で肘を支えながら, 長い露出時間の間, このポーズをとり続けたのだろう.

◆ 参考書など ◆

(1) 辞典，用語集など
化学を学ぶ者が必ずお世話になる本である．どこにいけば読むことができるか確認しておきたい．

『学術用語集：化学編　増訂2版』，文部省，日本化学会 編，南江堂(1986)
『岩波理化学辞典　第5版』，長倉三郎 他編，岩波書店(1998)
『化学大辞典』，大木道則 他編，東京化学同人(1989)
『化学便覧・基礎編　改訂5版(全2冊)』，日本化学会 編，丸善(2004)
『物理化学で用いられる量・単位・記号　第3版』，J. G. Frey, H. L. Strauss 著，産業技術総合研究所計量標準総合センター 訳，日本化学会 監修，講談社(2009)

(2) 執筆に際して著者が参考にした本　これらの本の著者，出版社に厚く御礼を申し上げる．

『化学通論：大学演習』，吉岡甲子郎 著，裳華房(1980)
『基礎演習シリーズ　一般化学』，富田功著，裳華房(1987)
『Chemistry 9th edition』，S. S. Zumdahl, S. A. Zumdahl 著，Brooks Cole (2013)
『アトキンス物理化学要論　第5版』，P. Atkins, J. de Paula 著，千原秀昭，稲葉章 訳，東京化学同人 (2012)
『物理化学演習(化学入門コース／演習(1))』，森健彦，関一彦 著，岩波書店(2000)

(3) 執筆に際して著者が参考にした自著　これらの本の出版社に厚く御礼を申し上げる．

『基本化学』，竹内敬人 著，廣川書店 (1976)
『化学の基礎(化学入門コース1)』，竹内敬人 著，岩波書店 (1996)

索 引

索　引

◆人名索引◆

アインシュタイン	9, 14
アヴォガドロ	57
アレニウス	121, 141, 150, 152
ウイルヘルミー	138
ギブズ	115
クラウジウス	62, 70
クラペイロン	70
グレアム	65
ゲイリュサック	57
シジウィック	54
シャルル	57
ジュール	72
シュレーディンガー	16
ダニエル	176
チャドウィック	6
ドブロイ	14, 16
トムソン	6, 72
ドルトン	59
仁田	95
ネルンスト	184
ハイゼンベルグ	15, 16
ハイトラー	36, 37
パウリ	19, 20, 21
パッシェン	13
バルマー	8, 13
ファラデー	186
ファンデルワールス	60, 72
ファントホッフ	54
ブラッグ父子	95
プランク	9
ブレーンステズ	152
フント	21
ヘス	101
ヘルムホルツ	115
ヘンリー	77
ボーア	10
ボイル	56
ホジキン	95
ポーリング	28, 29
ボルタ	176
ボルツマン	62, 64
マクスウエル	62
マリケン	29
モーズリー	96
ライマン	13
ラウール	78
ラザフォード	6
ラングミュア	36
リュードベリ	8, 21
ルイス	36, 152
ルシャトリエ	120
ルベル	54
ローリイ	152
ロンドン	36, 37

◆用語索引◆
【英　字】

atm	56
d 軌道	30
Gold book	3
Green book	4
HGS 模型	45
HSAB 則	163
IUPAC	3
――命名法	51
LCAO MO 法	39
Pa	56
pH	150
p 軌道	30
SI	1
sp 混成	49
――軌道	49
sp^2 混成	48
――軌道	48
sp^3 混成	46
――軌道	46
s 軌道	30
VSEPR 理論	30, 54
X 線結晶解析	95

【あ】

アヴォガドロ定数	1, 65
アヴォガドロの仮説	2, 57
アヴォガドロの法則	2, 57
アクチノイド系列	32
アセチレン	51, 52
圧平衡定数	120, 125
圧力計	56
アノード	177
アモルファス	96
機能性――	97
アルカリマンガン乾電池	180
アルゴン	94
α 線	6
アレニウスの式	141
アレニウスの理論	152
アレニウスプロット	142
アレニウス理論	153
アレン	52
アンモニア	50, 55, 123
イオン	34
イオン化エネルギー	26, 33
イオン化傾向	169
イオン化列	169
イオン結合	34, 35
イオン結晶	84, 91, 94
イオン式	44
イオン性	28
イオン積	127
イオン半径	24, 91
イオン反応式	2
異核二原子分子	40, 42
1,3,5-シクロヘキサトリエン	53
一次元井戸形ポテンシャル	16, 22
一次電池	179
一次反応	136, 137
1 価の酸	151
陰イオン	34, 35, 91
陰極	177
インスリン	95
陰性	24, 26

索引

液体	56, 68	価電子	7, 26, 31, 90	均一触媒	134	
エタン	50	──数	25	金属イオンの分離	129	
エチレン	51	ガラス	96	金属結合	35	
エチン	51, 52	還元	166	金属結晶	84, 86, 90	
エテン	51, 54	還元剤	167	金属元素	24	
エネルギー	100	緩衝液	128, 161	金属性	24	
──準位	20	緩衝作用	161	金属の精錬	188	
──の符合	101	気圧	56	空間充填模型	45	
塩	151	気圧計	56	組立単位	1	
塩化セシウム	91	擬一次反応	138	クラウジウスクラペイロンの式	70	
塩化ナトリウム	91	気液平衡	68, 70	グラファイト	94	
塩化ベリリウム	54	気化	68	グレアムの法則	65	
塩基	150	幾何異性	51	クロロホルム	29	
硬い──	163	規格化	17, 37	クーロン力	35, 84	
強──	151	気相平衡	123	形式電荷	166	
共役──	154	気体	56	ケクレ構造式	53	
弱──	151	──定数	65	結合エネルギー	29, 108	
軟らかい──	163	──電極	178	結合解離エネルギー	107	
ルイス──	153	──の液化	72	結合距離	36	
塩基性塩	151	──の状態方程式	58	結合次数	40, 41, 42	
エンタルピー	102	──の分子量	58, 66	結合性	39	
生成──	104	──の溶解度	77	結合性分子軌道	40	
反応──	105	──分子運動論	62	結晶	84	
標準生成──	105	起電力	180	結晶系	85	
エントロピー	109	軌道半径	11	結晶格子	85	
混合──	112	軌道モデル	46, 50	ケルビン	56	
絶対──	113	機能性アモルファス	97	原子	3	
標準モル──	113	ギブズエネルギー	115, 118, 182	原子核	6	
──変化	111	基本物質量	1	原子価結合法	36, 37, 38, 39, 42	
		逆滴定	158	原子価電子対反発理論	54	
【か】		逆反応	134	原子軌道	39	
化学結合	34	球と棒模型	45	原子軌道関数	38, 39	
化学式	44	吸熱反応	98	原子スペクトル	8, 12	
化学電池	176	強塩基	151	原子の相対質量	1	
化学反応式	2	凝固点	69	原子半径	24	
化学平衡	120	凝固点降下	78	原子番号	6	
可逆過程	109	強酸	151	原子量	2, 6	
可逆電池	183	凝縮	68	元素	4	
可逆反応	120	凝縮熱	99	考古化学	138	
拡散速度	66	共通イオン効果	129	格子		
隔壁	176	強電解質	121	結晶──	85	
化合物	44	共鳴エネルギー	36, 53	体心立方──	85, 89, 90, 92	
加水分解	159	共役	154	単位──	85	
加水分解定数	160	──塩基	154	単純立方──	85, 90	
カソード	177	──酸	154	面心立方──	85, 86, 87, 90, 91	
硬い塩基	163	──酸塩基対	154	──定数	85	
硬い酸	163	共有結合	34	──点	85, 90	
活性化エネルギー	142, 146	共有結合結晶	94	構成原理	21	
活性化ギブズエネルギー	148	共有結合の結晶	84, 92, 93	構造決定	95	
活性化状態	142	共有電子対	54	構造式	44	
活性錯合体	146, 147	行列力学	16	光電効果	9	
活性分子	144	巨大分子	92	光電子	9	

高分子	44, 92
五角両錐	55
国際純正応用化学連合	3
国際単位系	1
黒体放射	9
固体	56, 84
固体の溶解度	77
骨格模型	45
コペルニシウム	33
混合エントロピー	112
混合気体	56
混成	21
混成軌道	46

【さ】

再結晶	77
最密充填	86
最密充填構造	86, 87
錯イオン	35
錯塩	163
酢酸	126
酢酸エチル	122
酸	150
1価の——	151
硬い——	163
強——	151
共役——	154
弱——	151, 155
多価の——	151
2価の——	151
軟らかい——	163
ルイス——	153
酸化	166
酸化還元	
——滴定	169
——電極	178
——と酸素	166
——と水素	166
——と電子	166
——反応式	167
三角形型分子	54
三角両錐	55
酸化剤	167
酸化数	166
——の範囲	172
——の変化	170
三重結合	34
三重点	73
酸性塩	151
散乱実験	6
四塩化炭素	29
視覚化	19

仕切り線	176
式量	2
磁気量子数	18
シグマ結合	37, 50
仕事	101, 103
指示薬	156
シス-トランス異性体	51
実在気体	60
——の状態方程式	60
実在溶液	78, 81
質量作用の法則	120, 131
質量数	1, 6
質量パーセント濃度	76
質量モル濃度	76
自発過程	111
弱塩基	151
弱酸	151, 155
弱電解質	121
シャルルの法則	57
自由エネルギー	114, 183
——変化	131
周期	25
周期性	24
周期表	25
周期律	20, 25
重合体	44
充電	179
自由電子	35, 90
充填率	86, 87, 89, 90, 93
主量子数	18, 30
ジュールトムソン効果	72
シュレーディンガー方程式	15
昇華	73
蒸気圧	68, 78
——曲線	68
——降下	78
状態図	72, 74
状態方程式	58
気体の——	58
実在気体の——	60
理想気体の——	63
状態量	101
衝突	135, 146
衝突説	145
蒸発	68
——熱	99
触媒	121, 134, 143
均一——	134
不均一——	135
シリカ	94
シリコンカーバイド	94
真空の誘電率	10

人工放射性元素	32
浸透圧	80
水酸化物イオン濃度	150
水素イオン指数	150
水素イオン濃度	150, 152
水素結合	35, 94
水素分子イオン	38
水素類似原子	17
スチュアート模型	45
スピン逆平行	19
スピン磁気量子数	18
正塩	151
正極	176
正極活物質	176
正四面体	93
——型分子	54
——構造	47, 49
生成エンタルピー	104
生成熱	98
静電気的引力	35
正八面体	55
正反応	134
絶対エントロピー	113
絶対温度	56, 63
絶対零度	56
全圧	59
遷移	8
遷移元素	24
遷移状態	146
——理論	146, 147
線形結合	37, 38
旋光度	138
線スペクトル	8
全反応式	174
相	72
双極子	29
——モーメント	29, 33
族	25
束一的性質	78
組成式	44
素反応	146

【た】

第1イオン化エネルギー	26, 27
体心立方格子	85, 89, 90, 92
ダイヤモンド	92
多価の酸	151
多原子分子	44
多重結合	34
多段平衡	128
ダニエル電池	176, 186
単位格子	85

索引

単位胞	85	燃料——	180	【は】		
単結合	34	濃淡——	184	配位結合	35	
短周期	30	半——	176, 181	配位子	163	
単純立方格子	85, 90	ボルタ——	176	配位数	85, 163	
炭素正四面体説	54	マンガン乾——	179	π 結合	37, 51	
単体	4	リチウムイオン——	179, 180	排他原理	19, 20, 36	
単量体	44	——表記	176	π 電子	53	
蓄電池	179	点電子式	44	ハイトラーロンドンの理論	36	
窒化ホウ素	94	電離	76	波数	8	
中和	155	——指数	151, 155	八隅則	153	
——滴定	155	——説	121	発熱反応	98	
——熱	99	——定数	126, 151, 155	波動関数	16	
——反応	155	——度	126, 150, 151	波動方程式	16, 36, 38	
長周期	30	——平衡	126	反結合性	39	
超臨界状態	73	同位体	7	——分子軌道	41	
直線型分子	54	放射性——	7, 137	半減期	137	
定圧熱容量	104	等核二原子分子	40	半電池	176, 181	
定温圧縮	111	——イオン	42	半透膜	80	
定温膨張	111	統計熱力学	62	バンド理論	35	
定積熱容量	104	同族元素	25	反応エンタルピー	105	
滴定曲線	156	当量点	157	反応機構	146	
デバイ	29	ドライディング模型	45	反応次数	134	
転化	138			反応商	130	
電荷	35	【な】		反応速度	134	
電解質	121, 126	内部エネルギー	100	——式	134	
電解精錬	189	鉛蓄電池	179	——定数	134	
電気陰性	26	2価の酸	151	反応熱	98	
電気陰性度	28, 29, 33	二酸化ケイ素	94	反応の自発性	116	
電気分解	177, 186	二次電池	179	反応の方向	109, 114	
電気めっき	190	二次反応	139	半反応式	168, 174	
電気陽性	26	二重結合	34	非共有電子対	35, 54	
電極		日本化学会	4	非金属元素	24	
気体——	178	二量化	140	非金属性	24	
酸化還元——	178	熱	100	非自発過程	111	
——電位	181	熱化学	100	非晶質	96	
典型元素	24	熱容量	103	非電解質	121	
電子	6	定圧——	104	比熱	103	
——雲	19	定積——	104	標準水素電極	181	
——殻	7	モル——	103	標準生成エンタルピー	105	
——親和力	26, 27, 28, 33	熱力学	62, 100, 131	標準生成自由エネルギー	117	
——素量	6	熱力学温度	56	標準電極電位	181	
——対	19	熱力学第一法則	100	標準沸点	69	
——配置	7, 20, 22, 30, 33	熱力学第二法則	110	標準モルエントロピー	113	
電池	176, 179	熱力学方程式	98, 102	表面張力	71	
アルカリマンガン乾——	180	ネルンストの式	184	頻度因子	142	
一次——	179	燃焼熱	98	ファラデーの法則	87, 186	
化学——	176	粘度	71	ファンデルワールス定数	60, 72	
可逆——	183	燃料電池	180	ファンデルワールス力	35, 85, 94	
ダニエル——	176, 186	濃淡電池	184	ファントホッフの式	80	
蓄——	179	濃度平衡定数	120, 122	不可逆過程	109	
鉛蓄——	179			不可逆反応	120	
二次——	179			不確定性原理	15, 22	

負極	176	——移動	121	溶液	76
——活物質	176	——状態	120	——の濃度	76
不均一触媒	135	——定数	120, 185	溶解度	77
複塩	162	ベクトル	29	気体の——	77
フッ化セシウム	92	ヘスの法則	101, 103, 106	——曲線	77
物質の三態	56	ヘルムホルツエネルギー	115	——積	128
物質波	14, 22	ベンゼン	53	溶解熱	99
物質量	1	ペンタエリトリトール	95	溶解平衡	77
沸点	69	ヘンリーの法則	77	陽極	177
——上昇	78	ボーア半径	11	陽子	6, 34
沸騰	69	ボーアモデル	10	溶質	76
ブラッグ条件	95	ボイルシャルルの法則	57	陽性	24, 26
ブレーンステズローリイの理論	152	ボイルの法則	56	溶媒	76
プロトン	34	方位量子数	18		
——酸	153	放射性炭素年代測定	138	【ら】	
分圧	59	放射性同位体	7, 137	ラウールの法則	78, 81
——の法則	59	放電	176, 179	ラザホージウム	32
分散系	76	飽和蒸気圧	68	ラジオアイソトープ	7
分散質	76	飽和溶液	77	ランタノイド系列	32
分散媒	76	ボルタ電池	176	リガンド	35
分子	4, 44	ボルツマン定数	64, 65	理想気体	60, 70
分子間相互作用	94	ボルツマン分布	64	——の状態方程式	63
分子間力	35	ボルツマン分布則	144	理想溶液	78, 81
分子軌道	39			リチウムイオン電池	179, 180
結合性——	40	【ま】		律速段階	145
反結合性——	41	マンガン乾電池	179	立方最密充填	86, 87
——関数	38, 39	密度	87	立方晶系	85
——図	39	未定係数法	3, 175	リュードベリ定数	8, 21
——法	38, 39, 40, 42	無機化合物	44	量子化	10
分子結晶	85, 86, 94	無定形	84	量子仮説	9
分子式	44	メタン	46, 50	量子数	18, 22
分子双極子モーメント	29	メチレン	46	量子力学	16, 36
分子模型	45	面心立方格子	85, 86, 87, 90, 91	量子論	9
分子量	2, 58	毛管現象	71	両性物質	154
気体の——	58, 66	モーズリーの法則	96	臨界圧力	61, 72
フントの規則	21	モル質量	2	臨界温度	61, 72
閉殻構造	26	モル熱容量	103	臨界状態	61
平均運動エネルギー	63	モル濃度	76	臨界点	73
平均的結合エネルギー	107, 108			ルイス塩基	153
平衡		【や】		ルイス酸	153
圧——定数	120, 125	軟らかい塩基	163	ルイス式	45
化学——	120	軟らかい酸	163	ルイスの理論	152, 153
気液——	68, 70	融解熱	99	ルシャトリエの原理	120, 122
気相——	123	有核原子	6	励起状態	13
多段——	128	有機化合物	44	連続スペクトル	8
電離——	126	融点	84	六方最密構造	88, 90
濃度——定数	120, 122	ユニットセル	85	六方晶系	85
溶解——	77	陽イオン	34, 35, 90, 91		

◆ 著者略歴 ◆

竹内　敬人（たけうち　よしと）
1934 年　東京都生まれ
1960 年　東京大学教養学部教養学科卒業
1962 年　東京大学大学院理学系研究科修士課程修了
1970 年　東京大学教養学部助教授
1984 年　東京大学教養学部教授
1995 年　神奈川大学教授
この間，放送大学客員教授(1992～2000)，国際教養大学客員教授(2005～2009)を歴任
現　在　東京大学名誉教授，神奈川大学名誉教授
理学博士
専　門　有機合成化学，物理有機化学

● 本書に関連するおもな著書
『基本化学』，廣川書店(1976)
『化学の基礎(化学入門コース 1)』，岩波書店(1996)
『ビジュアルエイド化学入門』，講談社サイエンティフィク(2008)
『人物で語る化学入門』，岩波新書(2010)

● 本書に関連するおもな翻訳書
『物理化学　生命科学へのアプローチ』，アンドリウス著，共訳，廣川書店(1972)
『化学の歴史』，アイザック・アシモフ著，玉虫文一との共訳，ちくま学芸文庫(2010)
『ロウソクの科学』，ファラデー著，岩波文庫(2010)

この他にも多数の著書，翻訳書を手がけた．

ベーシック化学――高校の化学から大学の化学へ

2015年1月31日　第1版　第1刷　発行	著　者　竹内　敬人
2025年2月10日　　　　　第12刷　発行	発行者　曽根良介
検印廃止	発行所　(株)化学同人

JCOPY 〈出版者著作権管理機構委託出版物〉

本書の無断複写は著作権法上での例外を除き禁じられています．複写される場合は，そのつど事前に，出版者著作権管理機構（電話 03-5244-5088，FAX 03-5244-5089，e-mail: info@jcopy.or.jp）の許諾を得てください．

本書のコピー，スキャン，デジタル化などの無断複製は著作権法上での例外を除き禁じられています．本書を代行業者などの第三者に依頼してスキャンやデジタル化することは，たとえ個人や家庭内の利用でも著作権法違反です．

乱丁・落丁本は送料当社負担にてお取りかえいたします．

〒600-8074　京都市下京区仏光寺通柳馬場西入ル
編集部　TEL 075-352-3711　FAX 075-352-0371
企画販売部　TEL 075-352-3373　FAX 075-351-8301
振替　01010-7-5702
e-mail　webmaster@kagakudojin.co.jp
URL　https://www.kagakudojin.co.jp
印刷所　(株)シナノ パブリッシングプレス

Printed in Japan　© Y. Takeuchi　2015　無断転載・複製を禁ず　ISBN978-4-7598-1593-1

基本物理定数

量	記号および等価な表現	値
真空中の光速	c_0	$299\ 792\ 458\ \mathrm{m\ s^{-1}}$
真空の誘電率	$\varepsilon_0 = (\mu_0 c_0^2)^{-1}$	$8.854\ 187\ 817 \times 10^{-12}\ \mathrm{F\ m^{-1}}$
電気素量	e	$1.602\ 176\ 53(14) \times 10^{-19}\ \mathrm{C}$
プランク定数	h	$6.626\ 069\ 3(11) \times 10^{-34}\ \mathrm{J\ s}$
	$\hbar = h/2\pi$	$1.054\ 571\ 68(18) \times 10^{-34}\ \mathrm{J\ s}$
アボガドロ定数	$L,\ N_\mathrm{A}$	$6.022\ 141\ 5(10) \times 10^{23}\ \mathrm{mol^{-1}}$
原子質量単位	$m_\mathrm{u} = 1u$	$1.660\ 538\ 86(28) \times 10^{-27}\ \mathrm{kg}$
電子の静止質量	m_e	$9.109\ 382\ 6(16) \times 10^{-31}\ \mathrm{kg}$
陽子の静止質量	m_p	$1.672\ 621\ 71(29) \times 10^{-27}\ \mathrm{kg}$
中性子の静止質量	m_n	$1.674\ 927\ 28(29) \times 10^{-27}\ \mathrm{kg}$
ファラデー定数	$F = Le$	$9.648\ 533\ 83(83) \times 10^4\ \mathrm{C\ mol^{-1}}$
リュードベリ定数	$R_\infty = me^4/8\varepsilon_0^2 ch^3$	$1.097\ 373\ 156\ 852\ 5(73) \times 10^7\ \mathrm{m^{-1}}$
ボーア半径	$a_0 = \varepsilon_0 h^2/\pi me^2$	$5.291\ 772\ 108(18) \times 10^{-11}\ \mathrm{m}$
気体定数	R	$8.314\ 472(15)\ \mathrm{J\ K^{-1}\ mol^{-1}}$
セルシウス温度目盛のゼロ	T_0	$273.15\ \mathrm{K}$ (厳密に)
標準大気圧	P_0	$1.013\ 25 \times 10^5\ \mathrm{Pa}$ (厳密に)
理想気体の標準モル体積	$V_0 = RT_0/P_0$	$22.710\ 981(40)\ \mathrm{L\ mol^{-1}}$
ボルツマン定数	$k = R/L$	$1.380\ 650\ 5(24) \times 10^{-23}\ \mathrm{J\ K^{-1}}$

各数値の後のかっこ内に示された数は，その数値の標準偏差を最終けたの1を単位として表したものである．

SI組立単位

物理量	名称	記号	定義
振動数	ヘルツ	Hz	$\mathrm{s^{-1}}$
エネルギー	ジュール	J	$\mathrm{kg\ m^2\ s^{-2} = N\ m}$
力	ニュートン	N	$\mathrm{kg\ m\ s^{-2} = J\ m^{-1}}$
仕事率	ワット	W	$\mathrm{kg\ m^2\ s^{-3} = J\ s^{-1}}$
圧力, 応力	パスカル	Pa	$\mathrm{kg\ m^{-1}\ s^{-2} = N\ m^{-2} = J\ m^{-3}}$
電荷	クーロン	C	$\mathrm{A\ s}$
電位差	ボルト	V	$\mathrm{kg\ m^2\ s^{-3}\ A^{-1} = J\ A^{-1}\ s^{-1} = J\ C^{-1}}$
電気抵抗	オーム	Ω	$\mathrm{kg\ m^2\ s^{-3}\ A^{-2} = V\ A^{-1}}$
電導度	ジーメンス	S	$\mathrm{A^2\ s^3\ kg^{-1}\ m^{-2} = \Omega^{-1}}$
電気容量	ファラッド	F	$\mathrm{A^2\ s^4\ kg^{-1}\ m^{-2} = A\ s\ V^{-1} = C\ V^{-1}}$
磁束	ウェーバー	Wb	$\mathrm{kg\ m^2\ s^{-2}\ A^{-1} = V\ s}$
インダクタンス	ヘンリー	H	$\mathrm{kg\ m^2\ s^{-2}\ A^{-2} = V\ s\ A^{-1} = Wb\ A^{-1}}$
磁束密度	テスラ	T	$\mathrm{kg\ s^{-2}\ A^{-1} = V\ s\ m^{-2}}$
光束	ルーメン	lm	$\mathrm{cd\ sr}$
照度	ルックス	lx	$\mathrm{m^{-2}\ cd\ sr}$
線源の放射能	ベクレル	Bq	$\mathrm{s^{-1}}$
放射線吸収量	グレイ	Gy	$\mathrm{m^2\ s^{-2} = J\ kg^{-1}}$